气田公司职业技能培训教程与试题集

采气工

（下册）

陕西延长石油（集团）有限责任公司气田公司　编

石油工业出版社

内 容 提 要

本书是由陕西延长石油（集团）有限责任公司气田公司依据采气工国家职业标准，统一组织编写的"气田公司职业技能培训教程与试题集"中的一本。本书包含采气工技师和高级技师2个级别的内容，分别介绍了采气工应掌握的理论知识、技能操作与相关知识，并给出了部分理论知识试题及技能操作试题。

本书语言通俗易懂，理论知识重点突出，且实用性和可操作性较强，是采气工职业培训的必备教材。

图书在版编目（CIP）数据

采气工. 下册／陕西延长石油（集团）有限责任公司气田公司编. —北京：石油工业出版社，2024.8

气田公司职业技能培训教程与试题集

ISBN 978－7－5183－6741－2

Ⅰ. TE37

中国国家版本馆 CIP 数据核字第 202489MB93 号

出版发行：石油工业出版社
　　　　　（北京市朝阳区安华里二区1号楼　100011）
　　　　　网　　址：www.petropub.com
　　　　　编辑部：（010）64269289
　　　　　图书营销中心：（010）64523633
经　　销：全国新华书店
印　　刷：北京晨旭印刷厂

2024年8月第1版　2024年8月第1次印刷
787毫米×1092毫米　开本：1/16　印张：21.25
字数：544千字

定价：75.00元
（如出现印装质量问题，我社图书营销中心负责调换）
版权所有，翻印必究

《采气工》编委会

主　　任：王遵贵
副 主 任：雷小承　万永平　李宝成
委　　员：崔海轮　高树生　高　扬　封建树　刘志行
　　　　　严云奎　孟祥振　崔延生　郑庆斌　郭向东
　　　　　王小纲　白传中　高　胜　马　东　吴春林
　　　　　陈根生　靳　弘　路朝阳　高志伟　李张鹏
　　　　　闫　飞　李　云　游海兵　赵秀飞　王　强
　　　　　刘建忠　吴赵平

《采气工》编审组

主　　编：雷小承
执行主编：万永平　李宝成
副 主 编：李张鹏　刘春林　闫　飞　刘小军　刘二虎
参编人员：白东昊　丁　倩　高小平　葛　宇　贺建英
　　　　　景亚锋　李濠宇　李　军　李凯林　刘海峰
　　　　　刘小军　刘洋洋　罗蕴鑫　马云贵　苗　涛
　　　　　仇栋杰　孙　冬　王少奇　王　帅　王志亮
　　　　　卫浩博　杨江涛　袁书龙　张　成　赵　琦
　　　　　赵　云　支龙飞　张小凤　张盼盼
参审人员：吴　勇　权　娇　邓　振　常　莉　马　雄
　　　　　刘子文　翟　敏　牛立冬　黄　靖　李　斌
　　　　　胡　鑫　高探军　李　锋　葛　宇

随着气田公司的不断发展壮大，先进的装备技术不断更新，对从业人员的素质和技能提出更高的要求。从 2019 年开始，陕西延长石油（集团）有限责任公司气田公司决定开发一套具有延长气田特色的职业技能培训教材——"气田公司职业技能培训教程与试题集"。本书是其中一本，书中内容依据采气工应掌握的理论知识和技能操作编写，符合气田公司采气工的技能特点和岗位需求，具有提升员工职业技能水平的作用。

本书包括技师理论知识和技能操作、高级技师理论知识和技能操作两大部分。理论知识由气井开采、天然气矿场集输、集输气管线、天然气计量基础知识及天然气安全生产等构成。技能操作是天然气仿真操作认定考核内容，突出采气工应掌握的典型采气操作。本书配套了相应等级的理论知识试题和技能操作试题，以便于员工对知识点的理解和掌握。

本书是按照国家职业技能等级标准相关要求编写而成，旨在提高气田公司员工队伍素质和技能水平，满足员工学习、培训、认定需要。本书适用于采气工职业技能认定前的培训，也可用于岗位培训和自学提高。

由于编者水平所限，书中难免存在疏漏和不足，请广大读者提出宝贵意见。

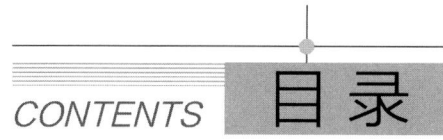

下 册

第一部分 技师理论知识

第一章 气井试井 3
- 第一节 天然气井底流动规律 3
- 第二节 稳定试井 6
- 第三节 关井压力恢复试井 9
- 第四节 现代试井 13
- 第五节 生产测井 15

第二章 集输气管线 18
- 第一节 集输气管线概述 18
- 第二节 集输气管线流量计算 20
- 第三节 采气管线参数计算 22

第三章 气井挖潜增产 25
- 第一节 气井的垂直管流 25
- 第二节 泡沫排水采气 27
- 第三节 气举排水采气 28
- 第四节 抽油机排水采气 35
- 第五节 电潜泵排水采气 41
- 第六节 气井酸化压裂 43

第四章 气井开采 52
- 第一节 无水气井的开采 52
- 第二节 气水同产井的开采 54
- 第三节 含硫气井的开采 58

第五章 集气管线的工艺计算 64
- 第一节 集气管线天然气流量相关计算 64
- 第二节 管线强度计算 68

理论知识模拟试题及答案 71
- 模拟试题一 71
- 模拟试题一答案 75
- 模拟试题二 77

模拟试题二答案 ··· 81
　　模拟试题三 ··· 84
　　模拟试题三答案 ··· 87
　　模拟试题四 ··· 89
　　模拟试题四答案 ··· 93
　　模拟试题五 ··· 95
　　模拟试题五答案 ··· 99

第二部分　技师技能操作

技能训练一　站场及管线吹扫 ·· 105
技能训练二　站场及管线试压 ·· 107
技能训练三　清管阀（筒）收发球操作 ·· 110
技能训练四　清管器（球）发送操作 ·· 111
技能训练五　清管器（球）接收操作 ·· 115
技能训练六　脱水装置日常维护操作（脱水剂为三甘醇） ································ 117
技能训练七　脱水装置开车操作（脱水剂为三甘醇） ···································· 119
技能训练八　脱水装置停车操作（脱水剂为三甘醇） ···································· 121
技能训练九　SCADA 系统计算机及相关设备操作和日常维护管理 ························ 123
技能训练十　气井综合动态分析的资料收集 ·· 130
技能训练十一　用指示曲线分析气井 ·· 131
技能训练十二　计算井底压力 ·· 132
技能训练十三　气藏动态分析 ·· 134
技能训练十四　试井 ·· 137
技能训练十五　计算开发参数 ·· 138
技能训练十六　常用基本地质图件识读 ·· 139
技能训练十七　绘制设备零件图纸 ·· 142
技师技能考核组卷示例 ·· 152

第三部分　高级技师理论知识

第一章　气藏中的流体及其性质 ·· 167
　　第一节　天然气的主要物理-化学性质 ··· 167
　　第二节　凝析油和原油 ·· 174
　　第三节　地层水 ·· 174
第二章　气藏气井生产管理 ·· 177
　　第一节　气层的温度 ·· 177
　　第二节　气井的压力 ·· 179
　　第三节　气井分析 ·· 181
　　第四节　气藏分析 ·· 187

第五节　单井系统分析 188
第三章　腐蚀与防腐 191
　　第一节　腐蚀机理及分类 191
　　第二节　金属防腐 199
第四章　天然气矿场集输工艺 213
　　第一节　单井站 213
　　第二节　集气站工艺流程及自控系统 217
　　第三节　三甘醇脱水工艺 220
　　第四节　固体吸附脱水工艺 228
　　第五节　脱水工艺的选择 230
第五章　采（集）气基层管理 232
　　第一节　天然气生产管理 232
　　第二节　井、站管理 237
理论知识模拟试题及答案 240
　模拟试题一 240
　模拟试题一答案 243
　模拟试题二 245
　模拟试题二答案 249
　模拟试题三 251
　模拟试题三答案 255
　模拟试题四 257
　模拟试题四答案 261
　模拟试题五 263
　模拟试题五答案 266

第四部分　高级技师技能操作

技能训练一　集气管线破裂更换施工作业 271
技能训练二　通球工艺参数的选择与计算 273
技能训练三　FJJ-2型地下管道防腐层检漏仪检漏操作 276
技能训练四　QDY电子清管器探测定位仪的操作 278
技能训练五　加缓蚀剂操作（滴注法） 280
技能训练六　哈里伯顿井口安全系统操作管理 282
技能训练七　集气管线阴极保护站日常操作管理 284
技能训练八　用采气曲线划分气井生产阶段 286
技能训练九　计算气田管理指标 287
技能训练十　利用压力梯度计算气层中部压力 289
技能训练十一　利用井筒压力值确定井筒液面深度（图解法） 290
技能训练十二　计算绝对无阻流量 291

技能训练十三　稳定试井 …………………………………………………………… 292
技能训练十四　关井压力恢复试井 ………………………………………………… 294
技能训练十五　编制气田开发方案 ………………………………………………… 296
技能训练十六　绘制井站工艺流程图 ……………………………………………… 300
技能训练十七　绘制气藏采气曲线 ………………………………………………… 302
技能训练十八　绘制单井工艺流程示意图 ………………………………………… 303
技能训练十九　绘制井身结构图 …………………………………………………… 304
高级技师技能考核组卷示例 …………………………………………………………… 305
参考文献 ………………………………………………………………………………… 327

第一部分

技师理论知识

第一章　气井试井

学习要点

1. 掌握天然气渗流基本规律。
2. 掌握稳定试井、关井压力恢复试井、现代试井、生产测井的相关基础知识。

第一节　天然气井底流动规律

一、天然气渗流及其基本规律

(一) 渗流的概念和方式

天然气储存在地层的孔隙或裂缝中，这些孔隙或裂缝不仅是天然气的储集空间，而且在开采过程中，又是天然气从地层流向井底的流动通道。天然气通过孔隙或裂缝的流动称为渗流。

根据不同的分类方法，渗流方式有以下几种。

1. 单相渗流和多相渗流

渗流系统中有一种流体流动时称为单相渗流；渗流系统中同时具有两种或两种以上流体流动时称为两相或多相渗流。

2. 稳定渗流和不稳定渗流

流体流动时，每一质点在某瞬间都占据着一定的空间点。如果在渗流系统中，每一空间点的运动参数（流速、压力、密度、温度等）都不随时间而改变，这样的流动称为稳定渗流；相反，在渗流系统中，每一空间点的运动参数（全部或部分）随时间而改变，这样的流动称为不稳定渗流。

在采气生产中，气井压力和产量在一定时间内保持不变的流动可视为稳定渗流；若气井开井或关井后，气井压力由高向低或由低向高而变化，则属于不稳定渗流。地层中天然气的流动大多是不稳定渗流，稳定渗流是很少的、相对的和暂时的。

3. 单向渗流、径向渗流和球向渗流

(1) 单向渗流（单向直线流）：渗流的流线彼此平行且向一个方向流动，如图 1-1-1(a) 所示。

(2) 径向渗流（平面径向流）：在水平面上流线沿半径向圆心汇聚的流动，如图 1-1-1(b) 所示。流体向位于产层中心的一口完善井（产层全部钻开，裸眼完成的井）汇聚流动时，可看作是平面径向渗流。

(3) 球向渗流（球形径向流）：流线是辐射状向球心汇聚的流动，如图 1-1-1(c) 所示。流体向一口钻开程度不完善井（产层未全部钻开或产层不是裸眼完成的井）的流动，可看作是球向渗流。

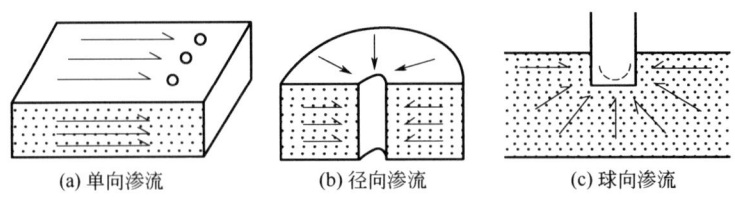

图 1-1-1 渗流的几何形态

4. 层流和紊流

流体流动时，质点互不混杂、流线相互平行的流动称为层流（图 1-1-2）。

流体流动时，质点相互混杂、流线紊乱的流动称为紊流（图 1-1-3）。

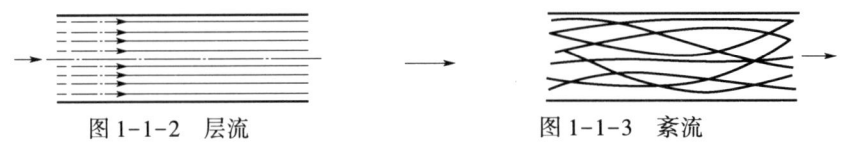

图 1-1-2 层流　　　　　　　　图 1-1-3 紊流

5. 线性渗流和非线性渗流

当渗流速度较低时，流体质点呈平行状流动，此种情况下渗流规律符合达西渗流定律，称为线性渗流；当渗流速度较高时，流体质点互相混杂，此种情况下流动规律不符合达西定律，称为非线性渗流。

（二）渗流的特点

地层中流体的渗流与管流不同，它具有"二大""二小""二复杂"的特点。

（1）"二大"是指岩石的比表面（单位岩石体积内所有颗粒的总面积）很大，高的可达 $10^4 m^2/m^3$ 以上，表面现象突出，毛细管力作用显著；由于流体本身的黏滞性和流动摩擦的面积很大，使得渗流阻力特别大。

（2）"二小"是指渗流通道（孔隙或裂缝）截面积小，多数孔隙截面积为 $10^{-8} \sim 10^{-4} cm^2$；流速很小，一般距井 100m 以外，液体流速小于 $10^{-6} m/s$。

（3）"二复杂"是指渗流通道结构复杂，孔道形状、连通形式和分布规律都有任一性和很大的非均质性；流体渗流过程中变化复杂，由压力和温度的变化会引起流体的相态（气-液-固）变化、气体的状态变化、介质储渗参数的变化，由于渗流通道复杂的形状，其截面、流态（层流、紊流）也会发生变化。因此，地层中流体的渗流经常是伴随着状态、相态、流态、介质的储渗参数的变化而变化的。

（三）渗流的基本规律

研究表明，单相均质流体在多孔介质中的渗流速度与压力梯度成正比，与流体的黏度成反比，该规律称为达西定律，又称线性渗流定律：

$$v = \frac{q_v}{A} = \frac{K}{\mu} \frac{\Delta p}{\Delta L} \tag{1-1-1}$$

式中　v——渗流速度，cm/s；
　　　q_v——单位时间内的渗流量，cm³/s；
　　　A——渗流截面积，cm²；
　　　K——渗透率，μm^2；
　　　μ——流体黏度，mPa·s；
　　　$\dfrac{\Delta p}{\Delta L}$——压力梯度，MPa/cm。

该定律是从实验中（图 1-1-4）得出的。在 $v-\dfrac{\Delta p}{\Delta L}$ 曲线上（图 1-1-5）上，表明：

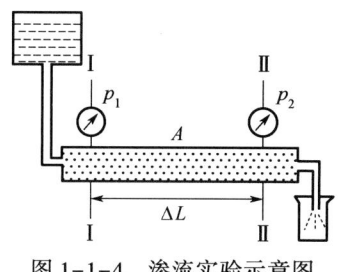
图 1-1-4　渗流实验示意图

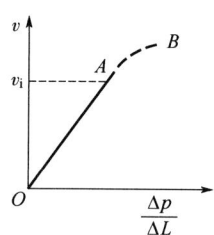
图 1-1-5　渗流速度与压力梯度关系曲线

（1）当渗流速度比较小，图 1-1-5 中 $v \leqslant v_i$ 时，渗流速度与压力梯度呈直线关系（图 1-1-5 中 OA 段），为线性渗流，符合达西定律。线性渗流流态为层流，渗流阻力是流体本身具有的黏滞性产生的，流体的黏滞摩擦阻力起主要作用。

（2）当渗流速度比较大，图 1-1-5 中 $v>v_i$ 时，渗流速度与压力梯度呈曲线关系（图 1-1-5 中 AB 段），为非线性渗流，不符合达西定律。非线性渗流流态为紊流，流体质点互相混杂，产生惯性附加阻力和摩擦阻力两种渗流阻力。

二、非线性稳定渗流的产气方程式

由于在气井开采过程中，渗流速度都比较大，不符合达西定律的条件，为非线性渗流，不能直接应用达西定律及其推导公式，经过实验及矿场生产实践表明，非线性稳定渗流规律可以用产气方程式来表示。

（一）二项式产气方程式

$$p_f^2 - p_{wf}^2 = Aq_g + Bq_g^2 \tag{1-1-2}$$

式中　q_g——产气量，m³/d；
　　　p_f——地层压力，MPa；
　　　p_{wf}——井底压力，MPa；
　　　A——摩擦阻力系数（简称摩阻系数），它与流体及岩层的性质有关，一般由试井求得；
　　　B——惯性附加阻力系数（简称惯阻系数），它与流体性质、岩层性质及渗流方式有关，一般由试井求得。

此式表明，气体从地层流到井底的总压降由两部分组成：Aq_g 表示压力差与产量的一次方成正比，这部分压降用来克服气流沿程的黏滞摩擦阻力；Bq_g^2 表示压力差与产量的平方成正比，这部分压降用来克服气流沿程产生的惯性附加阻力。如果气井产量小，流速低，Aq_g 起主要作用；如果气井产量大，流速高，Bq_g^2 起主要作用。

（二）指数式产气方程式

$$q_g = C(p_f^2 - p_{wf}^2)^n \qquad (1-1-3)$$

式中　C——采气指数，它与渗流方式、岩层性质及流体性质有关，一般由试井得；

　　　n——渗流指数，$0.5 \leqslant n < 1$，一般由试井求得。

该方程是以渗流指数的大小来区分线性和非线性渗流：当 $n=1$ 时，惯性附加阻力小，可忽略不计，为线性渗流；当 $0.5 < n < 1$ 时，惯性附加阻力不能忽略，为非线性渗流。

第二节　稳定试井

试井是研究气井和气藏的重要手段，是采气工作中经常进行的一项工作。气井试井的目的为：

（1）求取气井的产气方程式和绝对无阻流量，为确定气井合理产量及确定气井合理工作制度并对气井动态预测提供依据。

（2）确定气井的流入动态曲线，分析气井的流入动态特征。

（3）确定气井的采气指示曲线，分析井下气体流动状况。

（4）确定产层的物性参数，如渗透率、流动系数、地层系数等。

（5）分析影响气井产能的因素。

（6）为气田的科学开发提供理论依据。

气井试井可分为两种：

第一种是用来测定气井产能的试井，称为产能试井，主要有系统试井（又称稳定试井、回压法试井）、一点法试井、等时试井、修正等时试井。

第二种是用来了解储层特性的试井，称为不稳定试井，又分为单井不稳定试井（包括压力降落试井、压力恢复试井）及多井不稳定试井（包括干扰试井、脉冲试井）。

气井的稳定试井，就是通过改变气井的工作制度（即改变井底回压），待生产中流动达到稳定时，测取稳定的井口压力、气量、水量，然后求出产气方程式和气井的无阻流量，从而了解气井产能大小的方法。稳定试井又称系统试井或常规回压法试井，适用于中高产、渗透性好，且安装了输气管线的气井。

一、测试原理

当采气井以一个较小的产量稳定生产后，测取相应的稳定井底流压，然后增大产量，再测取相应的井底流压，如此改变 4~5 个工作制度。其测试过程中流量及井底流压变化关系如图 1-1-6 所示。

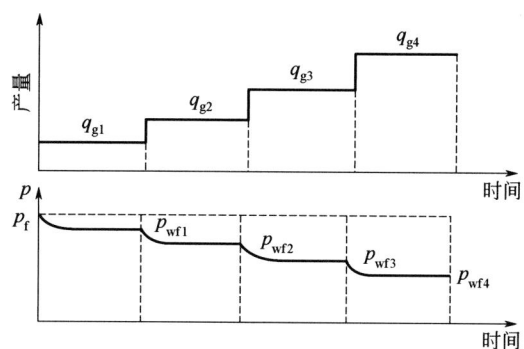

图 1-1-6 系统试井产量及井底压力变化示意图

二、测试产量的确定

（一）测试产量的确定原则
（1）所选择的最小产量至少应等于井筒中携液所需的产量。
（2）所选择的最小产量应足以使井口温度达到不生产水化物的温度。
（3）所选择的最大产量不能破坏井壁的稳定性。
（4）每一工作制度的产量，必须保持由小到大的序列。

（二）测试产量确定的经验方法

1. 以气井的无阻流量确定气井的测试产量

对已测试过的气井，最小产量为气井无阻流量的10%，最大产量为气井无阻流量的75%，再在最小产量和最大产量之间选择2~3个产量。

对未测试过的气井，可采用完钻测试资料或用静态资料估算。

2. 以气井的生产压差确定气井的测试产量

在确实难以估算无阻流量的情况下，可用气井的生产压差估算气井的测试产量，最小产量产生的生产压差为地层压力的5%，最大量产生的生产压差为地层压力的25%，再在最小产量和最大产量之间选择2~3个产量。

测试产量一般以等差序列由小到大递增。

（三）资料整理

绝对无阻流量是指气井井底回压为1个标准大气压（p_{sc} = 0.101325MPa）时的气井产量。这是气井的最大生产能力，用它可以帮助确定气井的合理产量和工作制度。

1. 用二项式计算

$$q_{AOF} = \frac{\sqrt{A^2 + 4B(p_f^2 - p_{sc}^2)} - A}{2B} \tag{1-1-4}$$

式中　p_f——地层压力（或静压），MPa；

q_{AOF}——气井的绝对无阻流量，$10^4 m^3/d$；

A、B——二项式系数，是与地层特性相关的参数。

2. 用指数式计算

$$q_{AOF} = C(p_f^2 - p_{sc}^2)^n \tag{1-1-5}$$

式中　　C——渗流系数；

　　　　n——渗流指数，$0.5 \leqslant n < 1$。

3. 一点法经验公式计算

对于小产量气井和超高压气井，一般情况下，都不易得到最大关井压力。此时可利用一点法经验公式或一个地区的历次试井经验曲线，求得无阻流量。

计算一点法无阻流量的方法较多，但都具有局限性。这里介绍陈元千的一点法无阻流量公式和四川某地区的经验曲线。方法为在取得最大关井压力后，开井取得稳定的压力、气量点，进行计算。

1）陈元千公式

$$q_{AOF} = \frac{6q_g}{\sqrt{1+48 \times \frac{p_f^2 - p_{wf}^2}{p_f^2}} - 1} \tag{1-1-6}$$

式中　　q_g——测点瞬产气量，$10^4 \mathrm{m}^3/\mathrm{d}$。

2）四川某地区经验曲线

在一定地区、一定的地质条件下，积累了相当数量的稳定试井资料后，可做出 $\dfrac{\text{测点产量}}{\text{无阻流量}} - \dfrac{\text{测点井底压力}}{\text{地层压力}}$ 的关系曲线，图1-1-7是根据四川某地区气田多次试井资料做出的经验曲线，对高、中渗透性的纯气井，当测点的井底压力与地层压力之比在80%~90%时，使用此经验曲线求得的无阻流量误差在10%以内。

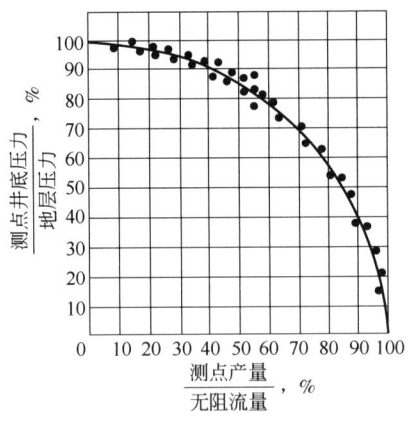

图1-1-7　一点法试井经验曲线图

对于二项式产气方程式 $p_f^2 - p_{wf}^2 = Aq_g + Bq_g^2$，该曲线不是一条直线，为便于研究，将公式变形为 $\dfrac{p_f^2 - p_{wf}^2}{q_g} = A + Bq_g$。

以 $\dfrac{p_f^2 - p_{wf}^2}{q_g}$、$\dfrac{\Delta p^2}{q_g}$ 为纵坐标，以 q_g 为横坐标，则 $\dfrac{\Delta p^2}{q_g} - q_g$ 关系指示曲线为一直线，A 是截距，B 是斜率，如图1-1-8所示。

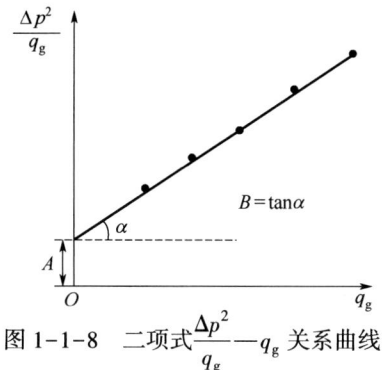

图 1-1-8　二项式 $\dfrac{\Delta p^2}{q_g}$—q_g 关系曲线

将 A、B 值代入二项式产气方程式，即可取得气井的二项式产气方程式和计算绝对无阻流量。

（四）绘制指数式指示曲线及取得指数式产气方程式

对于指数式产气方程 $q_g=C(p_f^2-p_{wf}^2)^n$，对应的曲线不是一条直线。为便于研究，将公式变形为 $\lg q_g=\lg C+n\lg(p_f^2-p_{wf}^2)$。

以 $\lg(p_f^2-p_{wf}^2)(\lg\Delta p^2)$ 为纵坐标，以 $\lg q_g$ 为横坐标，则 $\lg\Delta p^2$—$\lg q_g$ 关系指示曲线为一直线，$\lg C$ 是截距，n 是斜率的倒数，如图 1-1-9 所示。设 $\lg C=X$，则 $C=10^x$，将 C、n 值代入指数式产气方程式，即可取得气井的指数式产气方程式和计算绝对无阻流量。

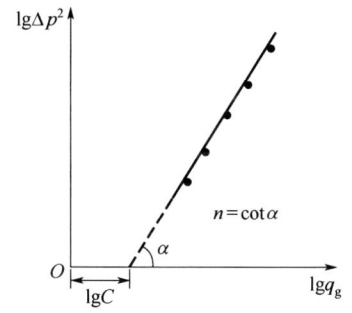

图 1-1-9　指数式 $\lg\Delta p^2$—$\lg q_g$ 关系曲线

以上参数的求取，为提高准确性，采用线性回归公式计算或用计算器线性回归功能计算，有关使用方法，参见相关资料。

第三节　关井压力恢复试井

由于天然气及储气层岩石具有弹性，因此，一口采气井的开、关引起的压力变化不是瞬时就能传播到整个地层，而是按照一定的规模从井底开始逐渐向远处传播。压力随时间的变化数据受气层参数、流体性质、渗流状况以及边界条件等因素的影响。

一、关井压力恢复试井理论公式

对于无限大均质地层，当其厚度稳定、气体流动符合线性渗流定律时，瞬时关井后气井的井底压力随时间的变化规律为：

$$p_{wf}^2(t) = p_f^2 + b\lg\frac{\Delta t}{T+\Delta t} \qquad (1-1-7)$$

$$T = \frac{\sum q_g}{q_g} \qquad (1-1-8)$$

$$b = \frac{230 q_g \mu}{2\pi Kh}\frac{p_{sc} ZT}{T_{sc}} \qquad (1-1-9)$$

式中　$p_{wf}(t)$——关井后 Δt 时刻的井底压力，MPa；

　　　p_f——地层压力，MPa；

　　　Δt——关井时间，s；

　　　b——压力恢复曲线直线段斜率；

　　　T——应该是关井前稳定生产时间，但气井在生产过程中，产量可能变化较大，所以 T 通常采用两次关井之间的折算生产时间；

　　　$\sum q_g$——两次关井期间的累计产气量，cm^3；

　　　q_g——关井前的稳定产气量，cm^3/s；

　　　p_{sc}——标准大气压，0.101325MPa；

　　　T——气层温度，K；

　　　T_{sc}——标准状况下温度，293.15K；

　　　μ——天然气黏度，mPa·s；

　　　K——地层渗透率，μm^2；

　　　h——地层厚度，cm；

　　　Z——天然气压缩系数。

二、绘制压力恢复曲线

首先将录取的压力恢复数据资料计算整理为压力恢复数据表。然后在半对数坐标纸上，以 $\lg\frac{\Delta t}{T+\Delta t}$ 为横坐标，以 $p_{wf}^2(t)$ 为纵坐标，根据数据表，绘制 $p_{wf}^2(t)$—$\lg\frac{\Delta t}{T+\Delta t}$ 关系曲线。

三、压力恢复曲线的分析

生产实际中，由于各种因素（如续流、井筒、凝析油、孔隙性均质地层与裂缝-孔隙双重介质地层、边界、断层、尖灭等）的影响，大量气井的实测压力恢复曲线并不是一条理想单一的直线，这就需要从实际出发，具体情况具体分析。

（一）孔隙性均质地层

对于孔隙性均质地层的压力恢复曲线，一般可分为3段（图1-1-10）。

Ⅰ段：初始段，又称续流段，主要反映井壁及井筒的影响，包括关井后续流的影响、井底表皮效应及凝析油在井底凝析影响等，这些影响使实测曲线偏离直线而产生

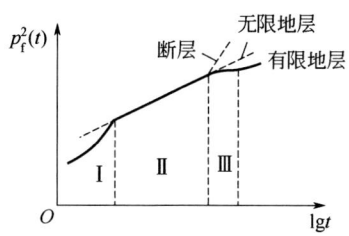

图 1-1-10　孔隙性均质地层的压力恢复曲线

弯曲。

Ⅱ段：直线段，主要反映井底外围地区性质，其压力变化符合规律，利用直线段的斜率可求地层参数。

Ⅲ段：末尾段，反映地层边界、断层或邻井干扰的影响，使曲线发生偏转。

（二）裂缝-孔隙双重介质地层

对于双重介质地层，流体的渗流过程是：流体从岩块和孔隙空间流到裂缝系统，然后再沿裂缝流入井底。其压力恢复曲线往往会出现四段（图 1-1-11）。

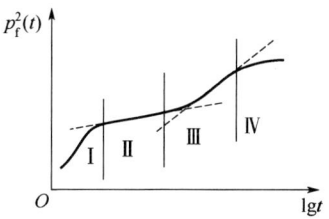

图 1-1-11　裂缝-孔隙双重介质地的压力恢复曲线

Ⅰ段：反映井壁、井筒、续流等的影响。
Ⅱ段：反映压力在裂缝中的恢复过程。
Ⅲ段：反映压力在岩块孔隙中的恢复过程。
Ⅳ段：反映边界等的影响。

由于裂缝渗透率比岩块孔隙渗透率高，生产中裂缝中的压力又比岩块孔隙中的压力低，因此，关井后压力首先在裂缝中得到恢复，然后在岩块孔隙中恢复，故此类曲线往往出现两个斜率不同的直线段。

应该指出的是，如果地层中存在两个渗透率相差很大的区域，或存在断层等，压力恢复曲线上也会出现两个或两个以上不同斜率的直线段。这就需要综合分析，不要盲目套用。

四、推算地层压力

根据压力恢复理论公式，当 $\lg \dfrac{\Delta t}{T+\Delta t}=0$ 时，$p_{wf}^2(t)=p_f^2$，因此，在 $p_{wf}^2(t)$—$\lg \dfrac{\Delta t}{T+\Delta t}$ 曲线上，作出 $\lg \dfrac{\Delta t}{T+\Delta t}=0$ 的垂线，然后将压力恢复曲线直线段向右延伸与此垂线相交，其交

点坐标值即为 p_f^2，开方则得 p_f（图 1-1-12）。

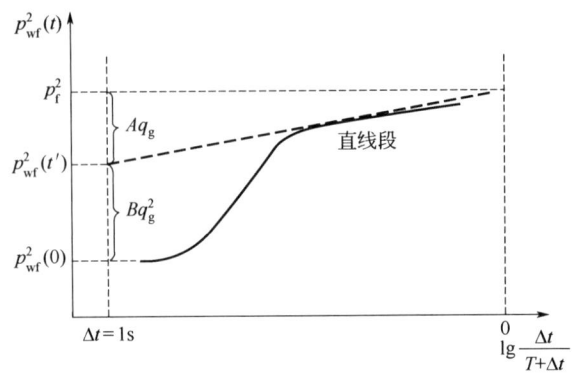

图 1-1-12 压力恢复 $\left(p_{wf}^2(t) - \lg\dfrac{\Delta t}{T+\Delta t}\right)$ 曲线分析示意图

五、求取二项式产气方程式和绝对无阻流量

气体从地层向井筒渗流时，越接近井筒其渗流截面积越小，所以从供给边界到井筒，气流速度是逐渐加快的。这样，在距井较远的压降过程中，总存在这么一个点［设该点压力为 $p_{wf}^2(t')$］，使得该点以远的渗流是缓慢的线性渗流，这段渗流中的惯性阻力可忽略不计。该点以内的渗流为非线性渗流状态，如图 1-1-12 所示。这时惯性附加阻力的影响最主要。压力恢复曲线的直线段，大体反映了线性渗流的情况，所以直线相对应的压降 $p_f^2 - p_{wf}^2(t')$ 主要用来克服摩擦阻力 Aq_g，而压力恢复曲线上初始段大体反映非线性渗流的情况，所以相应的压降 $p_{wf}^2(t') - p_{wf}^2(0)$ 主要用来克服惯性附加阻力 Bq_g^2，$p_{wf}(0)$ 是关井瞬时井底流动压力，工程运算近似取 $\Delta t = 1s$ 的压降，即：

（1）$p_f^2 - p_{wf}^2(t') = Aq_g$，则 $A = \dfrac{p_f^2 - p_{wf}^2(t')}{q_g}$；

（2）$p_{wf}^2(t') - p_{wf}^2(0) = Bq_g^2$，则 $B = \dfrac{p_{wf}^2(t') - p_{wf}^2(0)}{q_g^2}$。

在 $p_{wf}^2(t) - \lg\dfrac{\Delta t}{T+\Delta t}$ 关系曲线，作出 $\Delta t = 1s$ 线，截取 Aq_g、Bq_g^2 值，可计算 A、B 值。求得 A、B 值后，即可确定该井二项式产气方程式和绝对无阻流量。

六、求取地层参数

压力恢复曲线直线段的斜率，可用两点式求得，即

$$b = \tan a = \frac{[p_s^2(t)]_2 - [p_s^2(t)]_1}{\left(\lg\dfrac{t}{T_{时}+t}\right)_2 - \left(\lg\dfrac{t}{T_{时}+t}\right)_1} \tag{1-1-10}$$

因此，流动系数 $\dfrac{Kh}{\mu} = \dfrac{230 q_g}{2\pi b} \dfrac{p_{sc} ZT}{T_{sc}}$

为了方便起见，上式的单位换算为实用单位：

$$\frac{Kh}{\mu}=\frac{42.4q_g}{b}\frac{p_{sc}ZT}{T_{sc}} \qquad (1-1-11)$$

式中，$\frac{Kh}{\mu}$ 的单位为 $\mu m^2 \cdot m/(mPa \cdot s)$，$q_g$ 的单位为 $10^3 m^3/d$。

求得 $\frac{Kh}{\mu}$ 后，若已知气体黏度 μ，气层有效厚度 h，就可求出气层有效渗透率 K。

第四节 现代试井

所谓现代试井，就是利用计算机技术，对不稳定试井资料进行试井模型的建立和试井曲线的图版拟合解释，以获得测试层和测试井的特性参数。

一、现代试井包含的内容

(1) 用高精度测试仪表测取准确的试井资料。
(2) 用现代试井解释软件解释试井资料，得到更可靠的解释结果。
(3) 测试过程控制、资料解释和试井报告编制的计算机化。

在测试过程控制方面，在测试现场，使用地面直读电子压力计测试时，可以用计算机处理资料、绘制各种图件，进行实时解释，确保测试的圆满成功。

在资料解释方面，国内外已研制成功许多试井解释软件，用计算机进行试井解释，并用计算机绘制各种图件、编制各种数据表，生成试井报告。

二、气井现代试井解释

(一) 气井现代试井解释原理

把气藏和测试井看作是一个系统 S。测试过程中，给 S 一个输入信号 I（就是从测试井以恒定产量采出一定数量的天然气），由此引起 S 中的压力发生变化（这就是 S 的输出信号 O）。

试井的过程，就是计量采出的天然气并测量井底压力的变化，即测取系统的输入输出信号。试井解释的任务，就是由这些资料，即输入 I（产量）和输出 O（压力变化），加上某初始条件和边界条件，来识别系统 S（气藏和测试井的特性参数）。对于一个系统，施加某一输入，就能得到某一输出；对不同的系统，施加同样的输入，一般来说，将得到不同的输出。因此，可以用不同系统对于一定输入的反应（即输出）来识别系统本身。

(二) 气井现代试井的解释方法

(1) 先找出各种气藏和气井的理论模型，也就是各种相应的微分方程或微分方程组及其定解条件对于某种输入（产量）的反应或输出（压力变化）。

(2) 解相应的微分方程或微分方程组。把得到的解（即各种气藏和气井的压力变化）

分别画成曲线，制成样板曲线或解释图版。

（3）在进行解释时，把实测压力变化画在透明双对数坐标纸上（坐标尺寸必须与所用解释图版的坐标尺寸相同），得到实际压差与时间的双对数曲线。

（4）把这条曲线与解释图版相拟合，看它与哪一类模型的解释图版中的哪条样板曲线拟合得最好，从而识别气藏的类型，并从压力拟合值、时间拟合值和曲线拟合值计算气藏和测试井的特性参数。

（5）试井曲线和样板曲线的绘制和拟合都可以由计算机完成。

取全取准测试过程中的产量、压力、时间等参数是非常重要的。在图版拟合分析中，要使用的实测曲线是压差与测试时间的双对数曲线，即：

① 在压降情形下：$\Delta p_{wf}(t) = p_i - p_{wf}(t)$ 与 t 的双对数曲线。

② 在压力恢复情形下：$\Delta p_{wf}(\Delta t) = p_{ws}(\Delta t) - p_{wf}(t_p)$ 与 Δt 的双对数曲线。

因此，除了必须准确测量压降或压力恢复期间的井底流压 $p_{wf}(t)$ 或关井压力 $p_{ws}(\Delta t)$ 及它们所对应的开井时间 t 或关井时间 Δt 外，还必须准确测量开井前的井底静压 p_i 或关井前的井底流压 $p_{wf}(t_p)$。

（三）流动阶段的识别

在双对数曲线 $\lg \Delta p — \lg t$ 上，各种不同类型的气藏在各个不同的流动阶段，都有各不相同的形状，如图 1-1-13 所示。因此，可以通过双对数曲线分析来判断某些气藏类型，并且区分各个不同的流动阶段，所以双对数曲线被称作"诊断曲线"。另外，每一个不同的情形或不同的流动阶段，都有其独特的特性，因此具有独特的曲线图。这种某一情形或某一流动阶段在某种坐标系下独特的曲线，称为特种识别曲线图。靠诊断曲线和特种识别曲线，可以比较准确地识别不同的情形和不同的流动阶段。

从各个不同的流动阶段可以求出部分特性参数。把诊断曲线各个阶段的特征、对应的特种识别曲线及可求得的参数在一张图上标出，得到示意图 1-1-13。

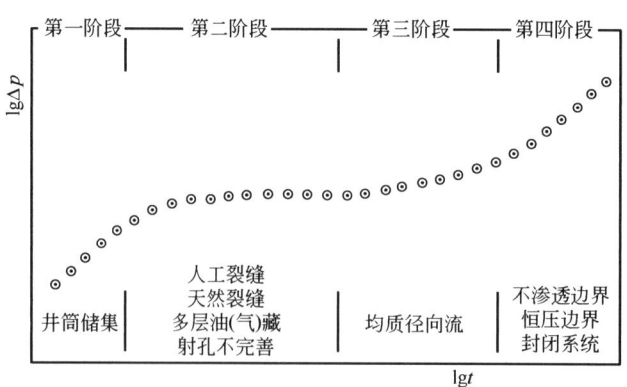

图 1-1-13 双对数曲线及流动阶段示意图

（四）模拟压力的计算方法

要进行气井试井解释，首先必须计算气井的拟压力。采用数值积分方法——梯形法计算拟压力，其计算式为

$$\Psi(p) = \int_{p_0}^{p} \frac{2p}{\mu Z} dp = \sum_{i=1}^{n} \frac{1}{Z}\left[\left(\frac{2p}{\mu Z}\right)_i + \left(\frac{2p}{\mu Z}\right)_{i=1}\right](p_i - p_{i-1}) \qquad (1-1-12)$$

式中，$p_0 = 0$。对于一个气田，可以作出其拟压力图，即拟压力 $\Psi(p)$ 与压力 p 的关系图，以便进行 p 和 $\Psi(p)$ 的相互转换。

三、气井现代试井的解释步骤

（一）图版拟合

（1）初拟合：主要任务是划分流动阶段。

（2）特种识别曲线分析：分段进行特种识别曲线的分析。

（3）终拟合：由中期段特种识别曲线直线段的斜率计算压力拟合值，再用它对初拟合进行修正，并计算各项参数。

由图版拟合和各种特种识别曲线分析所得到的各项参数彼此应大致相符；如果不符，则解释过程中出了错误，必须重新检查。

（二）用计算机进行解释包含的步骤

（1）调整参数，产生样板曲线，与实测拟压力曲线相拟合。

（2）绘制无因次赫诺曲线，进行解释结果的检验。

（3）进行拟压力史拟合（或压力史拟合），进一步检验解释结果的可靠性。

第五节 生产测井

油气田投产后，在生产（或注入）井中进行的一系列测井称为生产测井。

生产测井在套管井中进行。由于套管是具有电磁性的金属物质，所以生产测井不能进行地层电磁特性方面的测量，只能进行声波、放射性、流体性质和套管磁特性方面的测量。

一、测量原理

生产测井仪器主要分为下井仪器和地面记录仪两部分。

测井时，用电缆把下井仪器经井口采气树下放到井中所要求的位置，然后再下放或提升电缆（连续测量）或者固定电线（点测），下井仪器也就随电缆一起在井下同步移动，对井的物理参数进行测量。当仪器对探测井段进行测量后，就得到该探测井段的测井资料。资料的记录方式有两种：一种是模拟记录，它是把随深度变化的测井资料记录在照相胶片上，以曲线形式表现出来；另一种是数字记录，它是把随深度变化的测井资料记录在磁带或磁盘上。因此，数字记录有两种形式：磁带和磁盘。此外，进行生产测井的井的压力一般都较高，在仪器进入井口前，在采油树上要安装封井器，以免发生井喷或其他井场事故，确保生产安全。

生产测井仪器具有尺寸小、仪器承受的压力和温度较高、探测段长度短、测井速度快的特点。

二、测井方法及用途

生产测井在油气田开发中的一些主要用途及其相应的测井方法如下。

(1) 检查酸化、压裂效果——同位素示踪测井。

一些老井由于油气的采出，压力降低，产量下降，用酸化压裂的方法，可把原来不连通孔隙中的油气通过酸化压裂后产生的孔道流出，提高油气产量和油气采收率。

(2) 确定产层含油气饱和度的变化和水淹层的含水饱和度——中子寿命测井。

确定生产层含油饱和度的变化，是根据不同时间的中子寿命测井以及油气和岩石参数不变的特点，来了解两次或多次测井期间含油饱和度的变化情况。

水淹层是指原来产油产气的地层变成完全产水的地层。这种情况不是指地层中不含油气，而是含有油气只是暂时无法采出。确定水淹层的含水饱和度是根据前后两次中子寿命测井及油气、岩性参数不变和含水饱和度不变的特点得到的。

(3) 检查套管腐蚀变形情况——多臂井径仪、套管磁仪测井。

由于井下地层产液中的地层水具有一定矿化度，有不同的pH值，这些液体长期与套管接触，会对套管造成腐蚀。此外，由于地层应力在各方的大小不可能完全一致，作用在套管上的力也就不均衡，其长期作用的结果会使套管变形。多臂井径仪、套管磁仪测井可以很好地检查套管腐蚀变形情况。

(4) 判断产出、注入、漏失层位——井温测井。

当井内有流体流动时，井筒内的温度会因此而受到影响，流体流动状态不同，井内温度会有相应反映。

(5) 确定井内流体的流速和产量——流量计测井。

在多层开采的井中，为了了解各层的生产状况（产出、漏失、注入、停产）和产液量的多少可用流量计测井来监测。流量计根据不同的目的可分为连续流量计、封隔式流量计和示踪流量计等。

(6) 确定产液性质——流体密度测井。

地层的产液性质不同，其密度也有所区别。气的密度最小，油的密度较大，水的密度比油大，一些含有重矿物的水的密度可能大于$1g/cm^3$。根据这些特点可用密度计测井来鉴别地层产液性质。

(7) 确定井筒产液持水率的大小——持水率计测井。

在生产的油井中，井筒内悬持水的体积与总体积之比称为持水率。在生产井中，完全产油或产气的井很少，大多是油水、气水或油气水共产，持水率计测井就能很好地分辨出产液中含水的多少。

(8) 校准测井深度——套管接箍测井。

仪器在井下移动时，会因井下流体黏度、温度和电缆伸长量的影响，使仪器探测出的深度与井下仪器所处的深度不一致。套管接箍测井就能通过寻找套管接箍把其他测井的深度校准。

（9）测定地层压力及地层流体成分——重复式地层测试器。确定这些参数可用压力计和取样法，目前主要使用重复式地层测试器。

生产测井在研究油藏的动态参数，如地层流体的流速、流体的运动状态等方面特点突出，它与勘探测井一起应用，能更准确地解决油藏的孔、渗、饱问题。通过多口井参数的综合分析，可在平面勾画出整个油藏状况图、把握油气水的分布规律及油气水的推进规律和递减关系，为本地区、本气田制定出合理的开发方案提供最切实际的资料。

第二章　集输气管线

学习要点

1. 掌握集输气管线的概念及分类。
2. 掌握集输气管线工艺计算公式及各参数对流量的影响。
3. 掌握采气管线工艺计算相关知识。

第一节　集输气管线概述

集输气管线是气田开发的重要组成部分。从气井至集气站一级分离器入口之间的管线称为采气管线；集气站至气体处理厂（或长输管线站、阀室）之间的管线称为集气支线或集气干线。由集气干线和若干集气支线（采气管线）组合而成的集气单元称为集气管网。

一、集气管网的分类

根据气田的形状、井位、气田的地貌和气体输送等情况，集气管网有以下几种类型。

（一）枝状集气管网

如图 1-2-1 所示，形同树枝状，它是由一条贯穿于气田的主干线，将分布在干线两侧气井的天然气通过支线纳入干线，由干线再输入集气总站或天然气净化厂。这种管网适合于长条形的气田。

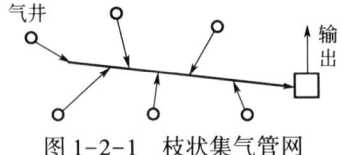

图 1-2-1　枝状集气管网

（二）环状集气管网

一条集气干线围成环状，气井接在集气干线上。这种集气管网类型适用于大面积、圆形的气田（图 1-2-2）。

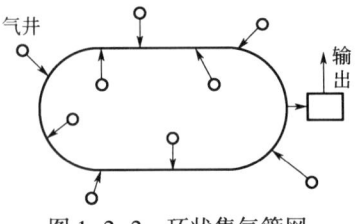

图 1-2-2　环状集气管网

（三）放射型集气管网

气井以放射状接到集气站，再由集气干线输出。这种集气管网适用于圆形的中小型气田（图1-2-3）。

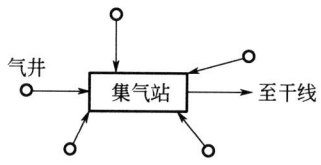

图1-2-3 放射型集气管网

（四）组合型集气管网

组合型集气管网是把放射型管网与线形管网、环形管网或放射型管网组合在一起的集气管网。这种集气管网适用于大面积、气井分布多的大型气田（图1-2-4）。

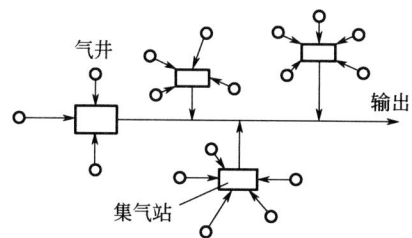

图1-2-4 组合型集气管网

为方便管理，将气井分成若干组，每一组的气井都在就近的集气站集中处理，然后经集气管线与总的集气干线连接起来。这种集气管网布局有利于气田自动化。

采用组合型集气管网时，天然气的处理有两种，即非集中处理法和集中处理法。假如天然气的全部矿场处理在集气站中进行，这种称为非集中处理法。非集中处理法，集气站有完整的天然气和烃类液体的处理系统及其他辅助设施；集中处理法：集气站只进行集气和防冻、分离、计量等预处理工作，其余处理在总集气站进行。

二、集气管线的分类

集气管线按其压力一般可分为高压、中压、低压管线，其压力范围如表1-2-1。

表1-2-1 集气管线分类

管线压力等级	压力 p，MPa
高压集气管线	$10 \leqslant p \leqslant 16$
中压集气管线	$1.6 \leqslant p < 10$
低压集气管线	$p < 1.6$

第二节　集输气管线流量计算

一、流量计算公式

（1）威莫斯输气计算公式：

$$Q = 5033.11 d^{\frac{8}{3}} \sqrt{\frac{p_1^2 - p_2^2}{ZTL\Delta}} \qquad (1-2-1)$$

（2）新潘汉德输气计算公式（B式）：

$$Q = 11522 E d^{2.53} \left(\frac{p_1^2 - p_2^2}{ZTL\Delta^{0.961}} \right)^{0.51} \qquad (1-2-2)$$

式中　Q——管线输气量，m^3/d；

　　　p_1——管线起点压力，MPa；

　　　p_2——管线终点压力，MPa；

　　　d——管线内径，cm；

　　　L——管线长度，km；

　　　T——管线内天然气平均温度，K；

　　　Δ——天然气对空气的相对密度；

　　　Z——管线内天然气的平均压缩因子；

　　　E——输气管的效率系数。

E 值可以实测，它决定于管线焊缝情况、管壁粗糙度、使用年限、清洁程度、管径大小等因素。E 一般小于1。外径大于325mm的管线，E 为 0.90~0.94；管径小于325mm的管线，E 为 0.85~0.90。

二、流量计算公式的选用。

在管线流量计算中常常会遇到多个流量计算公式，为使理论计算值尽可能地接近实际工况下的流量，必须选择一个适合的流量计算公式。

新潘汉德输气计算公式是在高压大口径输气管道实际统计数据的基础上建立起来的，在计算大口径输气管线流量上时精度较高。

威莫斯输气计算公式是在天然气输气管线发展初期，管线的管径和输气量较小，气体净化程度低，制管技术低的情况下，统计归纳数据的基础上建立起来的计算公式。我国目前大多数气田采气管线的工作条件与之相仿。在四川某气田集气管线的不同工况条件下运行中的实测数据，威莫斯输气计算公式的计算结果和实际流量误差为 3.37%；用新潘汉德输气计算公式计算结果和实际数据误差为 16.46%。采用威莫斯输气计算公式计算采气管线流量比用新潘汉德输气计算公式计算出的流量更接近实际。因此对气质条件较差、管径较小的集气管线，采用威莫斯输气计算公式比较适宜。

（1）管径的计算。

在已知天然气流量、天然气相对密度、起点与终点压力、管线长度，需计算集气管线直径时，根据威莫斯公式可得：

$$Q = 4.09 \times 10^{-2} Q^{\frac{3}{8}} \left(\frac{ZTL\Delta}{p_1^2 - p_2^2} \right)^{\frac{3}{16}} \quad (1-2-3)$$

（2）起点和终点压力的计算。

当管径确定后，根据威莫斯公式起点压力、终点压力可按下面两式计算：

$$p_1 = \left[p_2^2 + \left(\frac{3.948 \times 10^{-6} Q^2 ZTL\Delta}{d^{\frac{16}{3}}} \right) \right]^{0.5} \quad (1-2-4)$$

$$p_2 = \left[p_1^2 - \left(\frac{3.948 \times 10^{-6} Q^2 ZTL\Delta}{d^{\frac{16}{3}}} \right) \right]^{0.5} \quad (1-2-5)$$

三、公式中各参数对流量的影响

（一）管径 d

当其他条件一定时，管径和流量的关系可由下式表示：

$$\frac{Q_1}{Q_2} = \left(\frac{d_1}{d_2} \right)^{\frac{8}{3}} \quad (1-2-6)$$

由上式可知，输气量与管径的 $\frac{8}{3}$ 次方成正比。若管径增加一倍，即 $d_2 = 2d_1$，则 $Q_2 = 6.3Q_1$。增大管径是增加输气量最有效的办法。

（二）管线长度 L

当其他条件一定时，管线长度和流量的关系可由下式表示：

$$\frac{Q_1}{Q_2} = \left(\frac{L_1}{L_2} \right)^{0.5} \quad (1-2-7)$$

由上式可知，流量与管道长度的 0.5 次方成正比。若管线长度减少一半，即 $L_2 = 0.5L_1$，则 $Q_2 = 1.41Q_1$。

（三）温度 T

当其他条件一定时，天然气的温度和输气量的关系可由下式表示：

$$\frac{Q_1}{Q_2} = \left(\frac{T_2}{T_1} \right)^{0.5} \quad (1-2-8)$$

热力学温度和输气量的 0.5 次方成反比，即管道中介质温度越低其输气量越大。但过低的输气温度，会给工艺上造成一系列调整，在天然气的集输中，多采用常温输送。输气温度往往受到当地气温的影响，况且降低输气温度后，对提高输气量仍不显著，如原输气温度为 25℃，降低到 15℃，则

$$\frac{Q_2}{Q_1} = \left(\frac{273+25}{273+15}\right)^{0.5} = 1.017 \tag{1-2-9}$$

$$Q_2 = 1.017 Q_1$$

即当输气温度降低 10℃，输气量仅提高 1.7%。

（四）起点压力 p_1 和终点压力 p_2

当其他条件一定时，提高起点压力 p_1 或降低终点压力 p_2 的数值 Δp 相同，则有

$$(p_1+\Delta p)^2 - p_2^2 = p_1^2 + 2p_1\Delta p + \Delta p^2 - p_2^2 \tag{1-2-10}$$

$$p_1^2 - (p_2-\Delta p)^2 = p_1^2 + 2p_2\Delta p - \Delta p^2 - p_2^2 \tag{1-2-11}$$

将上述两式右边相减得

$$2\Delta p(p_1-p_2) + 2\Delta p^2 > 0 \tag{1-2-12}$$

即 $(p_1+\Delta p)^2 - p_2^2 > p_1^2 - (p_2-\Delta p)^2$。因此，增大起点压力 p_1 比减少同样数值的终点压力 p_2 更有利于输气量的增加。

第三节　采气管线参数计算

一、采气管线通过量的计算

采气管线是指从井口至一级分离器之间的管线。该管线输送的天然气是未经分离的天然气，气质差别很大。天然气在井下通常被水汽所饱和，当天然气从井下进入采气管线后，由于温度、压力的变化，饱和水汽不可避免地凝析出来成为凝析水，尤其是在气田开采后期，还可能有大量的地层水进入管线。因此，采气管线内天然气的流动常常呈气液两相流。

气液两相在采气管线内的流动状态极其复杂。目前大多采用公式计算，然后根据计算值和介质流动情况进行修正。

当天然气中液体含量小于 $40\text{cm}^3/\text{m}^3$ 时，可采用公式计算天然气通过量：

$$Q = 5033.11 d^{\frac{8}{3}} \sqrt{\frac{p_1^2 - p_2^2}{ZTL\Delta}} E_p \tag{1-2-13}$$

式中　E_p——流量校正系数。

对于水平管道，当天然气流速小于 15m/s 时，流量校正系数 E_p 可用下式计算：

$$E_p = \left(1.06 - 0.233 \times \frac{q_1^{0.32}}{w}\right)^{-1} \tag{1-2-14}$$

式中　q_1——天然气中液体含量，cm^3/m^3；

w——管线中天然气平均流速，m/s。

当管线中天然气流速大于 15m/s 时，可按图 1-2-5 确定流量系数 E_p 的近似值。

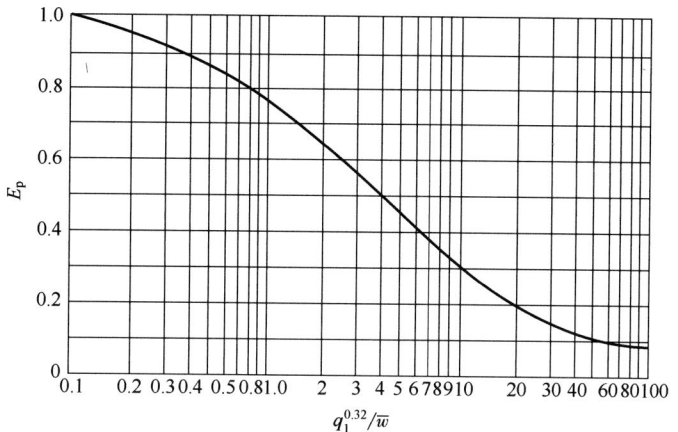

图 1-2-5 校正系数 E_p 值图

二、确定采气管线起点压力

气井井口的天然气流动压力一般较高,以四川气田石炭系气藏的气井为例,一般为 15~50MPa,采气管线起点压力需经节流控制来达到。节流后的压力则要根据气田集气系统的压力来确定。当采气量和管线的终点压力确定以后,采气管线的起点压力可用下式计算:

$$p_1 = \left(p_2^2 + \frac{4.105 \times 10^{-6} Q^{-2} \Delta ZTL}{d^{\frac{16}{3}} E_p^2}\right) \tag{1-2-15}$$

三、管线沿程压力分布与管线平均压力

(一) 管线任意点的压力 p_x

在一水平管线上,设起点为 A,终点为 B,C 为管线上距离 A 为 x 处的任意一点,当起点压力为 p_1,终点压力为 p_2,管线长度为 L,管线输气量为 Q_0,分别写出 AC 和 CB 的流量计算公式。因两段通过的气量相等,即可得到 C 点的压力为:

$$p_x = \sqrt{p_1^2 - (p_1^2 - p_2^2)\frac{x}{L}} \tag{1-2-16}$$

用不同的 x 值代入上式,就可得到不同点的压力。

(二) 输气管线中气体的平均压力 p_{cp}

当管线停止输气时,管线内高压端的气体很快流向低压端,起点压力逐渐降低,终点压力逐渐升高,管线压力逐渐达到平衡。在压力平衡过程中,管线中有一点的压力是不变的,压力不变的这一点称为平均压力点。

平均压力是计算管线压缩系数和管道储气量及其他参数的重要参数。若知道管线的起点、终点压力,即可用下式计算该管线的平均压力 p_{cp}:

$$p_{cp} = \frac{2}{3}\left(p_1 + \frac{p_2^2}{p_1 + p_2}\right) \tag{1-2-17}$$

利用平均压力,可求得在操作条件下气体的平均压缩因子。对于干燥的天然气用下式计算:

$$Z = \frac{100}{100 + 1.734 p_{cp}^{1.15}} \quad (1-2-18)$$

对湿天然气可用下式计算:

$$Z = \frac{100}{100 + 2.916 p_{cp}^{1.25}} \quad (1-2-19)$$

不需要精确计算时,可用计算图 1-2-6 查得。已知管线的起点、终点压力,可求得平均压力;已知平均压力、操作温度和管输天然气的相对密度,可求得满足工程计算要求的天然气压缩因子。

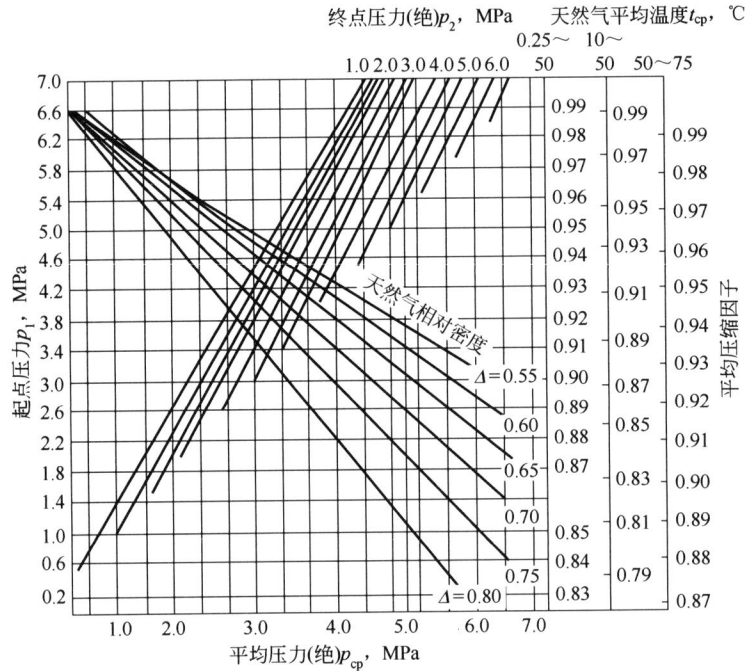

图 1-2-6 天然气平均压力和压缩因子计算图

平均压力点距起点的距离 x_0 可用下式计算:

$$x_0 = \frac{p_1^2 - p_{cp}^2}{p_1^2 - p_2^2} L \quad (1-2-20)$$

第三章　气井挖潜增产

学习要点

1. 掌握垂直管流的基本概念及井筒积液的相关知识。
2. 掌握泡沫排水采气、气举排水采气、抽油机排水采气、电潜泵排水采气、气井酸化压裂相关基础知识。

第一节　气井的垂直管流

一、气井垂直管流的概念

天然气从地层中流到井底后,还必须从井底上升(俗称举升)至井口才能采出地面,一般把天然气从井底流向井口的垂直上升过程,称为气井的垂直管流。在垂直管流过程中,由于压力和温度的不断下降,使其他流体的流动形态随之也发生了变化,从而要影响到举升的效果。

二、垂直管流中气液混合物的流态

对于不(或很少)产油、不产水的纯气井,井筒天然气一般呈单相气流。

对于存在两相或多相流动的气水同产井和凝析气井,气液混合物在上升过程中,随着压力、温度的逐渐降低,气体的不断膨胀、冷凝、分离,形成了各种不同的流动形态(图 1-3-1)。一般可分为气泡流、段柱流、环雾流、雾流。

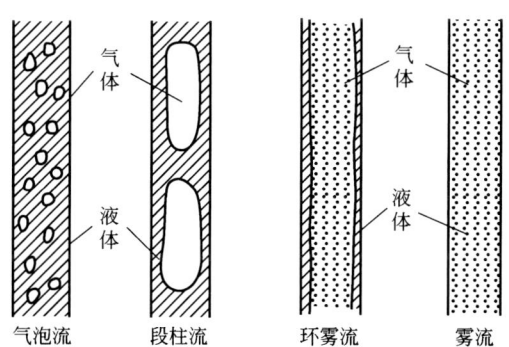

图 1-3-1　气液混合物在垂直管中的流态

(一) 气泡流

当气量相对较小,流速不大时,气体以气泡状存在于液体中,称为气泡流。

（二）段柱流

当气液体积比较大，流速较小时，混合物出现含有气泡的液柱和含有液滴的气柱互相交替的状态，称为段柱流。

（三）环雾流

当气液体积比较大，流速较大时，液体沿管壁上升，而气体在井筒中心流动，气流中还可能含有液滴，称为环雾流。

（四）雾流

当气液平均流速很大时，液体呈雾状分散在气相中，称为雾流。

在实际采气中，同一气井可能同时出现多种流态。如在水量较大的气井中，油管下部为气泡流，气泡上升时，由于压力下降而膨胀，体积增大并互相结合成大气泡，充满油管整个截面积，因而转变为段柱流；随着混合物的上升，压力不断下降，气相体积继续增大，气段伸长，渐渐突破气段之间的液段，使液相成为液滴分散于流动的气相中，并且有薄层液相沿管壁流动，形成环雾流。但一般情况下，气井的流态多为雾流，油气井则常见段柱流。

三、垂直管流中举升能量的来源和消耗

从地层中流入井底的流体若是纯气相，则容易举升至地面，但是，一般情况下，地层中流入井底的气体都混有凝析油、凝析水或地层水等液体，把这些混液气体举升到地面则要消耗一定的能量。

气井举升流体（气、油、水）出井口的能量来源主要是井底流动压力和气体的弹性膨胀能；能量消耗主要是流体本身的重力、流动摩擦阻力、井口回压（油压）和滑脱损失。

井底流压取决于地层压力和渗流阻力。

气体的膨胀能一方面是携带、顶推液体上升的动力；另一方面又使气液之间产生滑脱现象（气体在流动过程中超越液体的现象）而增加了滑脱损失（由滑脱现象产生的附加阻力损失消耗的额外能量）。

流体的重力与混液气体的密度有关。

流动摩阻随流速、产量的增大而增大，气液混合物在油管中的上升速度为：气泡流<段柱流<环雾流<雾流。

气井中的滑脱损失与以下因素有关：

(1) 流动形态：气泡流>段柱流>环雾流>雾流。

(2) 油管直径：油管内径越大，滑脱现象越严重，滑脱损失越大。

(3) 气液比：举升一定量的液体，气量越大，滑脱损失越小。

综上所述，只有当流体从地层中带入的能量大于举升消耗的能量时，举升才能正常进行，即：井底流压+气体膨胀>气体液柱重力+摩阻损失+滑脱损失+井口回压。

四、井筒积液

（一）井筒积液的产生原因

气井中的液体主要来自气态烃类的凝析作用（凝析液）、地层中储层的地层水或层间

水。气井中液体通常是以液滴的形式分布在气相中，流动总是在雾状范围内，气体是连续相而液体是非连续相流动。当气相不能提供足够的能量来使井筒中的液体连续流出井口时，就会在气井井底形成积液，积液的形成将增加对气层的回压。高压井中液体以段塞形式存在，它会损耗更多的地层能量，限制气井的生产能力。在低压井中积液可完全压死气井，造成气井水淹关井，使气藏减产。

（二）现场计算连续排液的天然气临界流量公式

（1）对于垂直管中排出液体的气体极限流速可用下列经验公式表示：

$$v_g = 0.3313 \times \left(10553 - 34158 \frac{\gamma_g p_{wf}}{ZT}\right)^{\frac{1}{4}} \left(\frac{\gamma_g p_{wf}}{ZT}\right)^{-\frac{1}{2}} \qquad (1-3-1)$$

式中 v_g——气体极限流速，m/s；

γ_g——气体相对密度；

p_{wf}——油管鞋处井底压力，MPa；

T，Z——油管鞋处井底状态下气体的热力学温度（K）和偏差系数。

（2）排出井筒积液所需的临界流量可用下式表示：

$$q_{kp} = 6.48 \times 10^4 (\gamma_g ZT)^{-\frac{1}{2}} \left(10533 - 34158 \gamma_g \frac{p_{wf}}{ZT}\right)^{\frac{1}{4}} p_{wf}^{\frac{1}{2}} d^2 \qquad (1-3-2)$$

式中 q_{kp}——天然气在标准状态下的临界体积流量，$10^4 m^3/d$；

p_{wf}——井底流动压力，MPa；

T，Z——油管鞋井底状态下气体的热力学温度（K）和偏差系数。

γ_g——气体的相对密度；

d——油管内径，cm。

第二节　泡沫排水采气

我国已进入开发的气田，大多数属于低孔、低渗透的弱弹性水驱气田。开发这些气田的实践证实，气井的积液对中后期低压气井的生产和气田采收率影响极大，根据气田特性，合理地采用排水工艺，把地层的产出液连续排出井口，才能获得较高的采气速度和采收率。目前排水采气工艺主要有以下几种方法：泡沫排水采气、优选管柱排水采气、气举排水采气、活塞排水采气、游梁抽油机排水采气、电潜泵排水采气、射流泵排水采气。

泡沫排水采气具有设备简单、施工容易、见效快、成本低、不影响气井生产的优点，在采气生产中得到广泛应用。

一、泡沫排水采气的原理

泡沫排水采气工艺是往井里加入表面活性剂的一种助排工艺。表面活性剂又称为起泡剂。向井内注入一定数量的发泡剂，井底积水与发泡剂接触后，借助天然气流的搅动，生成大量低密度的含水泡沫，随气流从井底携带到地面，达到清除井底积液的目的（图1-3-2）。

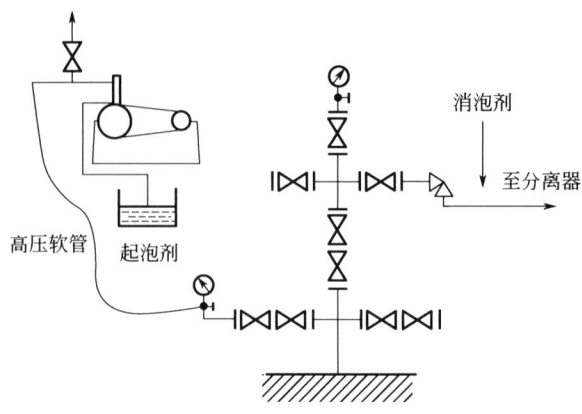

图 1-3-2　泡沫排水采气工艺流程图

二、泡沫排水采气的应用条件

(1) 油管鞋要下在气层中部,使产出的水全部能进入油管,不在井底聚集。如果油管鞋未下到气层中部,井底积水过高,发泡剂流到油管鞋处即被气流带走,达不到排除积水的效果。

(2) 油管管柱严密不漏,无破裂。防止发泡剂短路,流不到井底。

(3) 进行泡沫排水的时机要恰当,最佳时机是开井时井内无积液时加入,这样一产水就能排出。

(4) 发泡剂加入浓度要合适。加入浓度是指每排出 $1m^3$ 水需加入的发泡剂的体积(L)。浓度过小,排水效果差;浓度过大,消泡困难。每种发泡剂都要进行试验,以测定合理的加入浓度。

(5) 本工艺主要应用于产水量不大,但水又不能被气全部带出而逐渐聚集在井里的气井。

第三节　气举排水采气

气举排水采气是利用天然气的压能来排除井内的液体,从而把气采出地面的采气方法。按其排水装置原理的不同,可分为气举阀排水采气和柱塞间隙排水采气等。其中气举阀排水采气是气田常用的排水采气方法,柱塞间隙排水采气目前我国气田尚在试验阶段。

一、气举阀排水采气

(一) 基本原理

气举阀排水采气的原理是利用从套管注入的高压气,来逐级启动安装在油管柱上的若干个气举阀,逐级降低油管柱的液面,从而使水淹气井恢复生产。如图 1-3-3 所示,设 $A—A$ 是气井水淹后的静液面位置,当从套管注高压气时,气压促使套管液面下降而油管液面上升。当套管液面降低到第一个气举阀的入口 $B—B$ 时,气举阀被高压气的压力打开,高压气经阀进入油管,在气体膨胀力的作用下,$B—B$ 界面以上的液体被举升到地面。同时，由于高压气大量进入油管，套管压力降低，当套管中压力降到气举阀的关闭压力时，第一个气举阀关闭。接着，高压气又迫使套管液面下降，油管液面上升，当油管液面降低到第二个气举阀的入口 $C—C$ 时，第二个气举阀被高压气打开，又把 $C—C$ 至 $B—B$ 界面以上的液体举升到地面，如此连续不断地降低油管内的液面，使静液柱对地层的回压不断下降，直到气井恢复产气液。

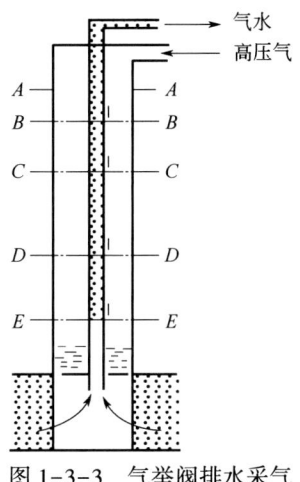

图 1-3-3　气举阀排水采气

（二）连续气举装置

我国四川、辽河、中原等油田都普遍采用连续气举的方式来排除井底积液。连续气举装置主要有以下 3 种（图 1-3-4）。

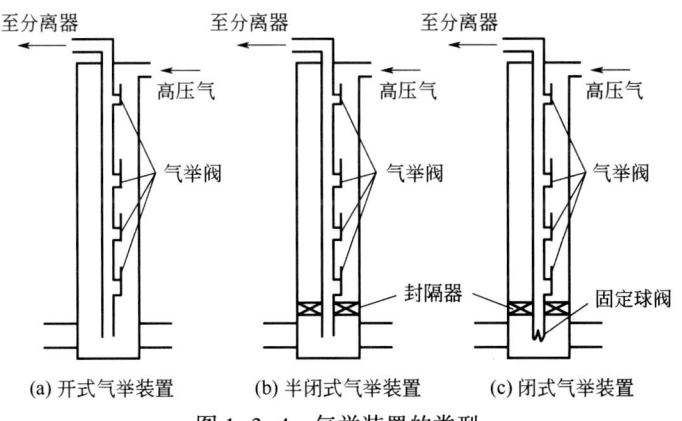

图 1-3-4　气举装置的类型

1. 开式气举装置

无封隔器完井见图 1-3-4(a)，这种装置存在以下缺点：

（1）气体可能从油管底部进入油管，因而需要很高的启动压力。

（2）地面注气系统的压力波动会引起油套环空液面下降，使注气点以下的气举阀经受流体的严重冲蚀，甚至损坏。

（3）每次关井时，都必须卸载，并等待稳定，因为液面在关井期间会上升，又需要将油套管环空的液体排掉，其结果将再次冲蚀下面的气举阀。

此种气举装置因上述缺点，除采用套管生产的裸眼井、严重砂堵的井及井身质量有缺陷的井外，一般不采用。

2. 半闭式气装置

单封隔器完井见图1-3-4(b)，这种装置既适用于连续气举也适用于间歇气举。其优点是：

（1）能阻止气从油管底部进入油管。

（2）气井一旦卸载，气体就无法回到油套环空。

（3）封隔器能防止油管下部的液体进入套管。

3. 闭式气举装置

单封隔器及固定球阀完井见图1-3-4(c)。它与半闭式气举装置类似，不同之处是它在油管柱底端或末端的阀的下方装有一固定球阀，避免了开式气举装置的种种弊端，使高压气体和井筒液体不能进入地层。

(三) QJF-1型气举阀

气举阀有套管压力操作阀和油管压力操作阀等，国内气田气举排水普遍使用的是非平衡式波纹管套管压力操作阀，现场称为套压阀。下面要介绍的沈阳精密仪表制造有限公司制造的QJF-1型气举阀就属于这一类，凡有高压气源的地方都可以使用。

1. QJF-1型气举阀的结构和工作原理

QJF-1型气举阀结构如图1-3-5所示。主要由两部分组成：一是阀体部分，包括气室、波纹管、滑套和阀芯等；二是阀嘴、密封圈和钢球等。

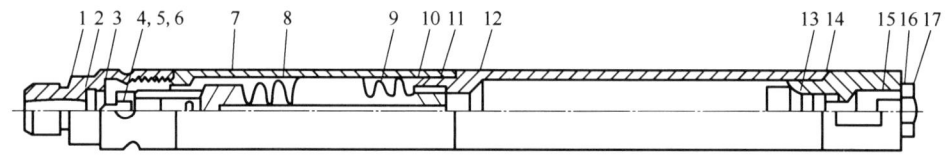

图1-3-5　QJF-1型气举阀结构图

1—阀芯套；2—密封圈；3—阀嘴；4—钢球；5—垫圈；6—阀芯；7—波纹管；
8—波纹管外套；9—波纹管；10—导向杆；11—密封圈Ⅱ；12—气室外套；
13—阀座；14—气门芯；15—密封圈Ⅲ；16—密封圈Ⅳ；17—堵丝

工作原理：该气举阀主要根据波纹管受压后能产生相应位移的原理制成。当根据需要给气室注入一定压力（氮气）时，由于波纹管与气室相连接，波纹管就要伸长，波纹管端部又与滑套固接，而阀芯又通过螺纹固定在滑套上。因此，当波纹管伸长时，阀芯位置随之变化；当气室压力足够大时，阀芯钢球即将阀嘴堵死。

气举阀下井后，外部压力通过气孔作用于阀芯和波纹管上，根据力平衡原理，当外部压力对波纹管有效受力面积的作用大于气室压力对阀芯的作用力时，波纹管压缩向上移动，阀芯被推动，阀嘴孔打开，外部气体经阀嘴孔进入油管。

根据图1-3-6的受力分析，打开阀嘴只需要的外部气体压力等于气室压力对阀芯的作用力即可。

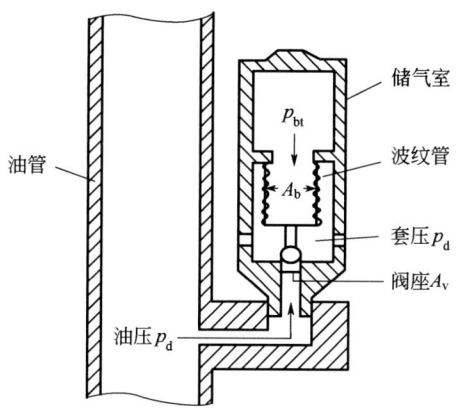

图 1-3-6　套压控制气举阀工作原理图

当在气举阀的下面安有单流阀，油管压力对阀嘴打开无影响时，则：

$$p_{vo} = \frac{p_{bt}}{1 - \dfrac{A_v}{A_b}} \tag{1-3-3}$$

式中　p_{vo}——打开阀嘴需要的压力，MPa；
　　　p_{bt}——气室的充气压力，MPa；
　　　A_v——阀嘴面积，mm²；
　　　A_b——波纹管有效受力面积，mm²。

$$TEF = \frac{\dfrac{A_v}{A_b}}{1 - \dfrac{A_v}{A_b}} \tag{1-3-4}$$

式中　TEF——油管效应系数。

由以上公式可以看出，打开阀嘴的压力 p_{vo} 可以通过改变 p_{bt} 和 A_v/A_b 的比值来调节，这就使气举需要的压力不被限制过死，扩大了气举阀的应用范围。

2. 主要技术参数

主要技术参数如表 1-3-1 所示。

表 1-3-1　技术参数表

阀嘴直径，mm	A_b，mm²	A_v，mm²	$\dfrac{A_v}{A_b}$	$1-\dfrac{A_v}{A_b}$	TEF
2.5	227	4.000	0.0176	0.9824	0.0179
3.0	227	7.065	0.0311	0.9689	0.0321
3.5	227	9.621	0.0424	0.9576	0.0443
4.0	227	12.566	0.0554	0.9446	0.0586

(四) 气举工艺参数的确定

气举工艺参数包括确定气举阀的安装深度和个数；气室的充气压力；气举阀的打开压力和关闭压力；气举需要的最小气量等。确定的方法有公式计算法和图表法两种，这里介绍公式计算法。

1. 气举阀（顶阀）置阀深度 L_1 的计算

在已知套管注气压力和油管输气压力时，顶阀的置阀深度计算公式如下：

$$L_1 = \frac{p_{ko} - p_{tf}}{G_s} \qquad (1-3-5)$$

式中　L_1——顶阀距井口的深度，m；
　　　p_{ko}——套管注气压力，MPa；
　　　p_{tf}——油管输气压力，MPa；
　　　G_s——液柱压力梯度，MPa/m。

2. 顶阀以下的其余阀的深度计算

第 n 个气举阀置阀深度的计算公式如下：

$$L_n = L_{n-1} + \frac{p_{vl} - p_{tf} - G_{fa} L_{n-1}}{G_s} \qquad (1-3-6)$$

式中　L_n——第 n 个气举阀的置阀深度，m；
　　　L_{n-1}——第 $n-1$ 个气举阀的置阀深度，m；
　　　p_{vl}——阀深度处的注气压力，MPa；
　　　p_{tf}——井口流压，MPa；
　　　G_{fa}——注气点以上的流压梯度，MPa/m；
　　　G_s——液柱压力梯度，MPa/m。

为了保证气举成功，计算后应进行校核。如果计算结果是第 1~2 级阀的间距在 300~500m，最末两级阀的间距在 100m 左右，就符合要求。

3. 气举阀在置阀深度处关闭压力 p_{vcn} 的计算

$$p_{vcn} = (1 + 7.549 \times 10^{-5} L_n) p_{ng} - 0.5 \qquad (1-3-7)$$

式中　p_{vcn}——第 n 个气举阀的置阀深度处的关闭压力，MPa；
　　　p_{ng}——套管注气压力，MPa。

4. 气举阀在置阀深度处温度 T_{vcn} 的计算

$$T_{vcn} = T_{wh} + \frac{(T_v - T_{wh}) L_n}{L} \qquad (1-3-8)$$

式中　T_{vcn}——第 n 个气举阀的置阀深度处的温度，℃；
　　　T_v——气层中部温度，℃；
　　　T_{wh}——井口温度，℃；
　　　L——气层中部深度，m；

5. 气举阀在地面测试器中（15.6℃）气室充氮压力 p_{bn} 的计算

$$p_{bn} = C_{tn} p_{von} \qquad (1-3-9)$$

式中 p_{bn}——第 n 个气举阀在地面测试器中（15.6℃）气室充氮压力，MPa；

C_{tn}——第 n 个气举阀的氮气温度校正系数；

p_{von}——第 n 个气举阀在地面测试器中的打开压力，MPa。

6. 气举阀地面测试器中（15.6℃）打开压力 p_{von} 的计算

$$p_{von} = \frac{C_{tn} p_{vcn}}{1 - \frac{A_v}{A_b}} \quad (1-3-10)$$

7. 气举阀地面启动压力 p_{vqn} 的计算

$$p_{vqn} = \frac{p_{vcn}}{1 - \frac{A_v}{A_b}} - 7.546 \times 10^{-5} p_{ng} L_n \quad (1-3-11)$$

式中 p_{vqn}——第 n 个气举阀的地面启动压力，MPa。

8. 气举排液最小注气量 Q_{min} 的计算

$$Q_{min} = \frac{442.0(p_{vc} + p_{wh}) + L_b q_w G_s}{44.2Z} \left[192.2 - 0.435 q_w \left(1 - \frac{5L_b}{30480}\right) \right] \quad (1-3-12)$$

式中 Q_{min}——气举排液最小注气量，m³/d；

p_{vc}——气举阀地面关闭压力，MPa，一般取 $p_{vc} = p_{ng} - 0.5$；

L_b——最下一级气举阀的置阀深度，m；

q_w——地层水产量，m³/d；

G_s——液柱压力梯度，MPa/m；

p_{wh}——井口流压，MPa；

Z——相当于 L_b 深度下天然气的偏差系数。

9. 工作阀位置的确定

气井经气举复活后，套管高压气从哪一个气举阀进到油管去工作的位置，一般应用回声仪测量油套环形空的液面来确定，也可以通过测量油管中的压力梯度来确定。如图 1-3-7 中，在 A 点以上深度，压力梯度变化均匀，而在 A 点以下深度、压力梯度急剧增大，则 A 点就是油管中的动液面深度，A 点附近的气举阀就是工作阀。

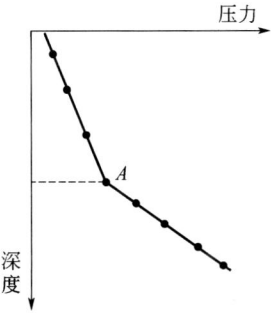

图 1-3-7 确定工作阀工作位

二、柱塞间歇气举排水采气

柱塞间歇气举排水采气工艺是在油管内放入一个带阀的金属长柱塞,作为气液之间的机械面(起封隔作用,以防止气体上窜和液体下落),由地层和套管积蓄的天然气推动柱塞从井底上行,把柱塞之上的水排到地面。此种排水工艺,由于利用柱塞阻挡了水的下沉,比起没有柱塞的气举大大提高了举升效果。柱塞间歇气举排水采气工艺按井的类型(产量大小、产凝析油还是产水)和输气压力的高低,有多种安装形式,但最基本的是高压高产井和低压气井两种形式。柱塞排水采气工艺流程如图 1-3-8 所示,包括井下工具和井口装置两部分,其主要部件及作用如下:

(1)油管卡定器:一般用卡瓦固定在油管鞋附近,用来阻挡柱塞继续下行。

(2)缓冲弹簧:安装在油管栓之上,对柱塞起缓冲减振作用。油管栓和缓冲弹簧用钢丝工具安装和捞出。

(3)封隔器:封闭油管和套管之间的环形空间。

(4)柱塞:一个带密封的圆柱形柱塞,外径略小于油管内径,柱塞周围开有长槽或带旁通阀,便于柱塞下行。柱塞内部上、下装遇撞击可开启或关闭的阀。

(5)高扭矩时间控制阀:定流量差压或定时开、关电动阀,控制柱塞排水时间。

(6)防喷管:阻止柱塞继续上行,起防喷减振作用。

(7)捕捉器:柱塞上行至井口,捕捉柱塞。

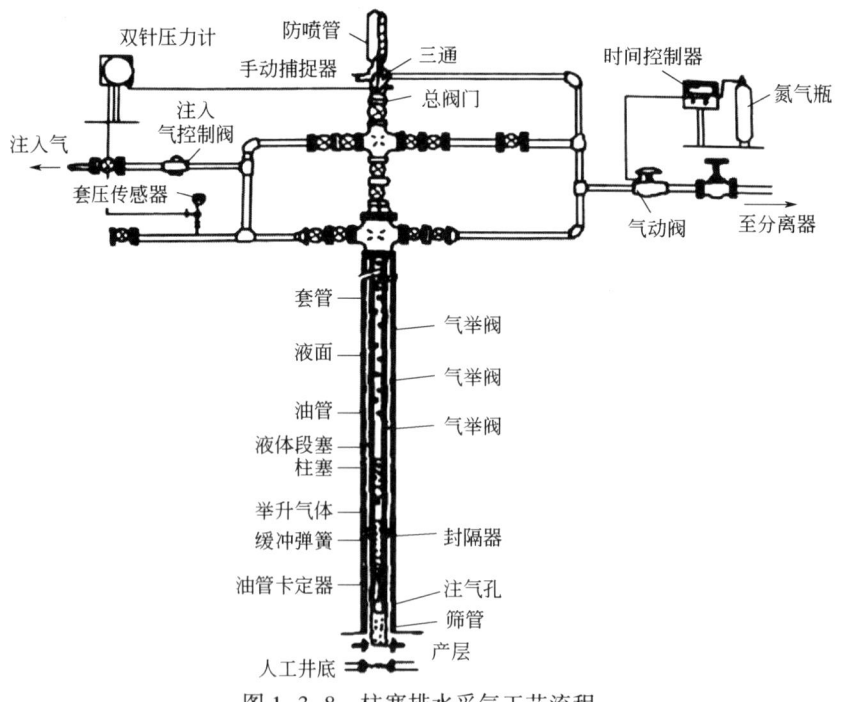

图 1-3-8 柱塞排水采气工艺流程

(一)高压高产井间歇柱塞排水过程

受流量计差压指挥的高扭矩控制器控制两个电动阀同步动作。当井内液柱积聚升高,气量下降，使流量计差压指针指到一个预定的差压时，控制器使输气管线上的电功阀关闭，柱塞按计划下行。经过一定的时间，柱塞穿过液柱到达缓冲弹簧后，排液管线上的电动阀打开（当柱塞碰到缓冲弹簧时，柱塞上的旁通阀被转换到关闭位置），输气管线上的电动阀继续关闭，柱塞在地层气的推动下开始上行排液，当柱塞到达井口，自动释放装置给控制器发出信号，使排液管线上的电动阀关闭，输气管线上的电动阀打开，气体输出。生产一段时间后，积液又渐渐上升，产量降低，当差压指针又降低到预定的差压时，柱塞下行，重复上述过程，气井便以采气—排液—采气—排液的间歇方式持续生产。

（二）低压气井柱塞间歇气举排水采气

井下不下封隔器（因压力低，要利用套管积聚的压力排液），井口安装一台回压调节器，其他装置与高压产井相同。柱塞排水由时间控制阀控制，输气由回压调节器控制。因为气井压力低，不安装回压调节器，井的产量就不能记录。安装了回压调节器，可以控制井在一定压力下生产，记录气井生产时，不受输气管网压力变化的影响。

（三）柱塞气举排水采气的应用条件

（1）气井有足够的气量来举升柱塞排水。经验数据是举升 $1m^3$ 水到 2100m 高，需要有 $60m^3/min$ 的流量。

（2）气井产气量在 $1.5 \times 10^4 m^3/d$ 以上，可用高压高产排水装置；如压力低于 1.77MPa，宜用低压排水装置。

（3）油管内径应一致，并用标准内径规通过。

第四节 抽油机排水采气

抽油机排水采气简称机抽，就是将游梁式抽油机和有杆深井泵装置用油管抽水，油套环空采气，工艺示意图如图 1-3-9 所示。

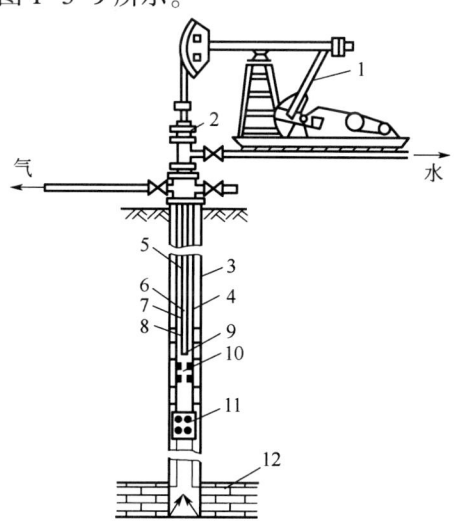

图 1-3-9 抽油机排水采气工艺示意图
1—抽油机；2—密封填料盒；3—套管；4—油管；5—抽油杆；6—阀罩；7—上游动阀；
8—柱塞；9—下游动阀；10—固定阀；11—井下气水分离器；12—气层

一、抽油机排水采气装置的组成

抽油机排水采气装置由抽油机、抽油杆、深井泵、泵下附件和井口装置5部分组成。

(一) 抽油机

抽油机是机抽装置的地面部分。它是由电动机或气体发动机驱动的提升设备,以上、下往复运动的形式,把动力通过抽油杆传给井下深井泵。

(二) 抽油杆

抽油杆是实心的特种钢制长杆,每根8m左右,直径有19mm、22mm、25mm等规格,两端由螺纹连接。抽油杆上端连接抽油机,下端连深井泵,作用是把地面动力传递给井下深井泵。

(三) 深井泵

深井泵由缸套、柱塞、进油阀和出油阀等部件组成。柱塞在缸套中上、下往复运动,通过进油阀和出油阀的开启或关闭,把水抽入泵内并排出到地面。

(四) 泵下附件

泵下附件包括筛管、井下气水分离器,起除砂和分离水中气体的作用,使泵正常工作。

(五) 井口装置

井口装置包括密封填料盒、出油阀门、出水阀门和出气阀门等控制设备。

二、抽油机排水采气原理及工艺流程

如图1-3-10所示,深井泵的柱塞被抽油杆带动做上下往复运动,当向上运动时,游

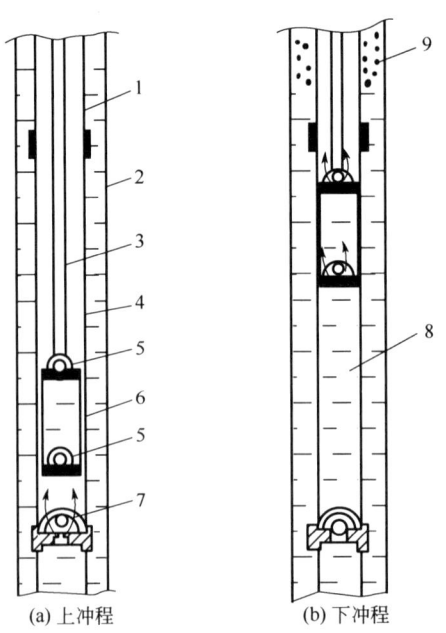

图1-3-10 深井泵工作原理示意图
1—油管;2—套管;3—抽油杆;4—泵筒;5—游动阀;
6—柱塞;7—固定阀座;8—地层水;9—天然气

动阀受上部液柱压力的作用而关闭，柱塞上面油管中的水被上提到井口；与此同时，固定阀（进油阀）在柱塞抽吸作用下打开，固定阀下部的水则在井底压力作用下进入泵筒；当柱塞向下运动时，游动阀打开，固定阀关闭，泵筒中的水进入柱塞上面的油管中，柱塞不断地上下运动，水就不断地被排到地面。这样，对带水不好或暂时性水淹的气井，可以借助抽吸排水恢复生产。由于深井泵下入深度低于静液面，浸没在水中，油管下部又有井下气水分离器除气，水只能经深井泵抽入油管排到地面，气只能通过油管与套管之间的环形空间被采出地面，从而实现油管抽水、套管采气的目的。

三、抽油机排水采气的主要设备

（一）抽油机

抽油机的标准代号为 CYJ，它是抽油机 3 个字的汉语拼音第一个字母。抽油机是排水采气中的一项主要设备，按其结构和工作原理的不同，可以分为游梁式抽油机、无梁式抽油机和液压抽油机。目前国内油气田广泛使用的是游梁式抽油机。游梁式抽油机如图 1-3-11 所示。

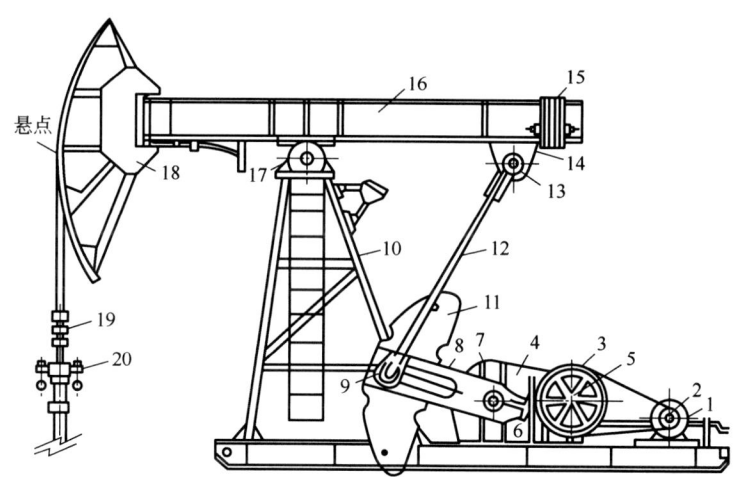

图 1-3-11 游梁式抽油机结构图

1—刹车装置；2—电动机；3—减速箱皮带轮；4—减速箱；5—输入轴；6—中间轴；
7—输出轴；8—曲柄；9—连杆销；10—支架；11—曲柄平衡块；12—连杆；
13—横船轴；14—横船；15—游梁平衡板；16—游梁；17—支架轴；
18—驴头；19—悬绳器；20—密封填料盒

1．抽油机的结构

如图 1-3-11 所示，抽油机的结构主要由四大部分组成。

（1）游梁-连杆-曲柄结构。

（2）减速箱。

（3）动力设备（电动机或天然气发动机）。

（4）辅助装置，包括支架、底座等。

2. 工作原理

抽油机的工作原理是：由电动机或天然气发动机将其高速旋转运动传给减速箱的输入轴，并经中间轴带动输出轴，输出轴又带动曲柄做低速旋转运动。同时，曲柄通过连杆拉着游梁后端上下摆动。游梁前端装有驴头，抽油杆和柱塞以上液柱等载荷均通过悬绳器悬挂在驴头上，由于驴头随同游梁一起上下摆动，结果驴头便带动抽油杆、柱塞做上下往复运动，从而将水抽出井筒。

3. 抽油机的主要部件及其作用

（1）驴头。装在游梁前端，由钢板或三角铁焊接制成。作用是保证抽吸时光杆始终对准井口中心位置，为此驴头在制作时其原理是以游梁支点轴承为圆心，以轴承到驴头前端长为半径画圆弧。这样可保证抽油机在工作时，头部中心点投影与井眼中心基本重合。

（2）游梁。装在支架轴承上，绕支点轴承做摇摆运动传递动力，同时也是承受负荷的主要杆件。游梁是用刚度较好的型钢或钢板焊制而成。

（3）连杆。一般都用无缝钢管制成，也有用工字钢或槽钢制的。连杆大多数是直的，但也有弯曲的。

（4）曲柄、曲柄平衡块和游梁平衡块。曲柄共2个，装在减速箱输出轴两端，两边曲柄上有4~8个对应的圆孔，把连杆销装在不同位置的孔中，可以调节抽油机的冲程。

（5）减速箱。它的作用是把电动机或天然气发动机的高速转动（735r/min、960r/min、1450r/min）变成游梁的低速上、下摆动（7~150r/min）。

（6）悬绳器。它的作用是连接抽油杆和驴头的柔性连接件，同时还可供动力仪测示功图之用。通过驴头弧面和悬绳器，便可保证抽油杆沿管中心做往复运动。

（7）刹车装置。作用是制动、刹车。

（8）支架和底座。支架采用角钢焊成，它的作用一方面是支撑游梁，另一方面是个阶梯。底座是用两根槽钢焊接而成，槽钢之间焊有角钢底座用基座螺钉固定在混凝土基础上，支架、减速箱、刹车支柱、电动机导轨等均用螺钉固定在底座上。

（二）深井泵

1. 深井泵的类型

根据其装配和在井中安装的原理，可以分为管式泵和杆式泵两类。

1）管式泵

管式泵的结构如图1-3-12所示，泵筒（工作筒）是泵的主体，它的内部装有数节衬套，上部接箍与油管连接并与下部接箍一起将衬套挤紧，接箍连接固定阀。泵中装有柱塞，它是用无缝钢管制成的，其上下端各装有一个游动阀，柱塞上端由拉杆与抽油杆连接。这种泵的结构特点是泵筒连接在油管下部，为油管的延续部分，固定阀接在泵筒的下部，柱塞随抽油杆下入泵内。检泵时需要起出油管才能取出泵筒。

管式泵种类很多，有金属管式衬套泵和长筒无衬套软密封泵等多种。金属管式衬套泵的漏失量较大，防腐性能差；长筒无衬套软密封泵的柱塞用耐磨防腐的聚四氟乙烯制成，与泵筒的密合度较高，可以大大降低间隙漏失量，并有较好的防腐性能，可用于含硫化氢气井排水。为了避免软密封泵柱塞下井偏磨，可在柱塞上部接脱接器，随泵筒一起下入井中。

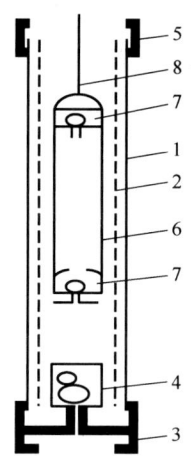

图 1-3-12 管式泵结构示意图

1—泵筒；2—衬套；3—下部接箍；4—固定阀；5—上部接箍；6—柱塞；7—游动阀；8—拉杆

管式泵直径大、排量高、结构简单，是排水采气的常用泵。

2）杆式泵

杆式泵的结构特点是有内、外两个工作筒（图 1-3-13），使用时把外工作筒随油管下入井中，而后把装有衬套、柱塞等的内工作筒通过抽油杆下放到外工作筒中。这样，在起出时也是通过抽油杆把内工作筒拔出。杆式泵按其固定形式可分为固定泵和活动泵两种。

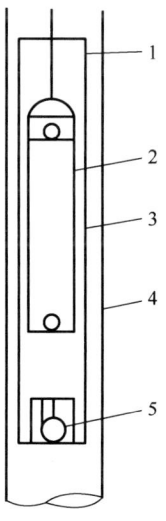

图 1-3-13 杆式固定泵示意图

1—卡簧；2—柱塞；3—内工作筒；4—外工作筒；5—固定阀

固定泵如图 1-3-13 所示，是内工作筒固定在外工作筒中，柱塞由抽油杆带动在内工作筒中做上下运动。外工作筒悬在油管下部，当内工作筒进入外工作筒后即被卡簧卡住并和外筒装配在一起。检泵时只需提油油杆，内工作筒即可克服卡簧的控制而被拔出。这种泵适合于含砂井，砂子不能沉浸在泵筒与油管间的间隙中。

活动泵是柱塞固定在外工作筒下端，内工作筒借助于抽油杆带动而上下运动，所以也称为倒装泵。因矿场很少使用，故不再介绍。

2. 深井泵的排量计算

1) 理论排量

$$Q_{理} = 1440 \times \frac{\pi}{4} d^2 S n \tag{1-3-13}$$

式中　$Q_{理}$——理论排量，m^3/d；

　　　d——柱塞直径，m；

　　　S——冲程长度，m；

　　　n——冲次，次/min。

2) 实际排量

$$Q_{实} = \eta Q_{理} \tag{1-3-14}$$

式中　$Q_{实}$——实际排量，m^3/d；

　　　η——充满系数，除抽汲中边抽边喷的情况外，η 都小于 1。

（三）井下气水分离器

井下气水分离器如图 1-3-14 所示。它装在深井泵的下端，作用是减少进入泵内气体，从而减少气体对泵工作的影响，以提高泵的充满系数，提高泵效，同时也减少天然气的损耗。气水混合物经外管上的小孔进入外管后，由于气的密度小而向上运动，从外管上部的孔眼溢出；水的密度大而沉入下部，由内管下部的小孔进入泵入口被抽出。

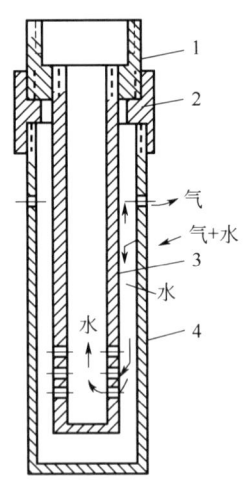

图 1-3-14　井下气水分离器
1—上接头；2—连接头；3—内管；4—外管

四、抽油机排水采气的适用范围

（1）气井停产前有一定的压力和产气量，产水量一般为 30~50m^3/d，气井水淹后静液面足够高，抽油机的负荷能力能下到静液面以下 300~500m。

（2）下泵深度要保证抽水时造成一定的生产压差，能诱导气流入井。

（3）泵下部管串长度要适当，过长则流动阻力大，过短则气易串入泵内。

（4）气井的井斜小于3°，井斜过大，抽油杆磨损严重，使用寿命短。

（5）应选用抗地层盐水、抗硫化氢腐蚀的油管、抽油杆、深井泵。

第五节　电潜泵排水采气

电动潜油（水）离心泵简称电潜泵，具有排水量大、自动控制、管理简便、增产效果显著等优点，在国外已得到广泛使用，在国内油田（如大庆、胜利、华北等）也已成为采油的主要手段，气田上也开始用于排水采气。

应用电潜泵排水采气与应用电潜泵采油不同，一般要求选择耐高温高压，抗盐水腐蚀，电力电缆抗汽蚀性能好，气水分离器分离效率高的变频控制器控制的电潜泵机组才能获很好的效果。

含 H_2S、CO_2 的气井，对井下装置的抗蚀要求高。

一、电潜泵机组

电潜泵机组如图1-3-15所示，由井下、地面和电力传送3部分组成。井下部分主要有多级离心泵、气液分离器、潜油（水）电动机、保护器和井下监控装置；地面部分主要有变压器、变频控制器、接线盒及井口装置；电力传送部分是电缆。

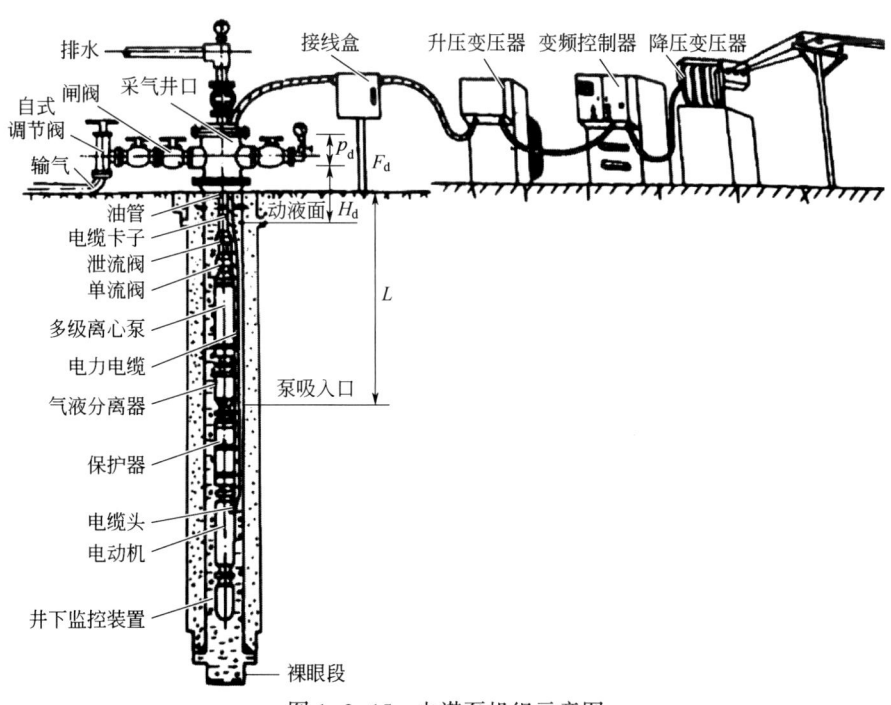

图1-3-15　电潜泵机组示意图

多级离心泵：由多级叶轮和导轮组成，分数节串联，相邻两节泵的泵壳用法兰连接，轴用花键套连接。

气液分离器：主要有沉降式和旋转式两种。接在泵的入口下面，作用是使气体和液体分离。

潜油（水）电动机：细长形悬挂式，定子和转子也分数节，每节定子都固定在电动机壳上，转子靠定位卡簧固定在轴上。电动机内充满专用润滑油。

保护器：用来补偿电动机内润滑油的损失、平衡电动机内外压力、防止井液进入电动机，并承受泵的轴向载荷。

变压器：与普通电力变压器原理相同，将电网电压（6kV）转变为潜油（水）电动机所需电压及照明和控制等系统电压。

变频控制器：用于自动控制电潜泵的启动、停机及电动机和电缆系统的自动保护。

电缆：有圆形和扁形两种，作用是将地面电能输送给井下电动机。要求它具有良好的抗腐蚀性能和耐温耐压性能，并有较高的机械强度。

二、电潜泵的工作原理

当控制器开关推到开（合闸）的位置后，地面电网输来经过变压的电流，由电缆传送至电动机，使电动机转子转动。电动机的轴与多级离心泵的轴是连为一体的，当电动机带动离心泵的叶轮高速旋转时，从井筒中经过分离器到叶轮内的液体在离心力的作用下，从叶轮中心沿叶片间的流道甩向叶轮四周。由于液体受叶片的作用，使压力和速度同时增加，经过导轮的流道而被引向次一级叶轮。这样逐次地流过各级叶轮和导轮，进一步使液体压能增加，逐个泵级叠加后就获得一定的泵扬程，将井下积液输送出井口至地面输水管线。

电潜泵供电流程：地面电网—变压器—控制器—接线盒—电缆—电动机。

电潜泵工作流程：气液分离器—多级离心泵—单流阀—泄流阀—油管—井口—排水管线。井下电动机保护器、分离器、多级离心泵用法兰相连接，其中的轴用花键套相连接。

三、电潜泵的动力水头计算

泵的总动力水头 H 由下式计算：

$$H = H_d + F_t + p_d \quad (1-3-15)$$

$$H_d = L - L_沉 \quad (1-3-16)$$

$$F_t = \frac{Lh}{100} \quad (1-3-17)$$

$$p_d = \frac{100 p_排}{r_w} \quad (1-3-18)$$

式中　H_d——泵工作液面到井口的垂直提升高度，m；

　　　F_t——克服油管中摩擦损失需要的水头，m；

　　　p_d——井口排出压力水头，m；

　　　L——泵挂深度，m；

　　　$L_沉$——沉没度（泵在工作液面下的距离），m；

$p_{排}$——井口排出压力，MPa；

r_w——液体相对密度（$\gamma_水 = 1$）；

h——每100m油管的摩阻损失［由泵的排量和油管内径查手册得到。若油管为73mm（内径62mm），当泵排量为200m³/d时，$h = 1.2$m］。

泵的扬程应大于总的水动力头（即泵扬程大于H）。

第六节　气井酸化压裂

气井在完井和生产过程中，有时因一些外界因素的影响污染了产气层，使实际产气量大大低于正常产量；或者气层本身裂缝不发育，渗透性极低，使产气量很低。为了恢复或增加气井的产量，就要对气井采取增产措施。气井的增产措施很多，应用很多的是酸化和压裂。

一、气井的酸化

（一）酸化增产的原理

在完井和生产过程中，由于地层污染，渗透率降低，许多井虽然在钻井时有井喷或气显示，但测试时或投产后产量却很低。因此，在低于岩石破裂压力下，将酸液注入地层的孔隙和裂缝中，通过酸液与地层里的黏土、硅质和钙质等矿物间的化学作用，溶解矿物、解除堵塞，扩大和增加气层岩石的孔隙和裂缝，提高渗透率，恢复或增加井的产量。

（二）盐酸处理

盐酸处理主要用于碳酸盐岩地层和胶结物以碳酸盐为主的砂岩地层。

1. 盐酸处理的原理

碳酸盐岩地层主要为石灰岩和白云岩。盐酸处理是利用大多数碳酸盐可与盐酸作用的特性，经过化学反应后，生成能溶于水的氯化物和二氧化碳气体，这些生成物容易排出。所以，盐酸与气层中的碳酸盐岩反应后，扩大和增加气层岩石的孔隙和裂缝，提高了渗透率，改善了地层流体的流动状态，减小了流动阻力，达到了增产的目的。

2. 酸液的组成和用量

酸液成分为不同浓度的盐酸加各种添加剂。目前气田常用的两种浓度的酸液组成为：

（1）低浓度酸液：浓度15%~20%盐酸+0.5%甲醛+0.3%醋酸+2%~4%烷基磺酸钠+清水。

（2）高浓度酸液：浓度28%~31%盐酸+3%甲醛+0.3%"770A"+3%烷基磺酸钠+0.5%聚氧乙烯烷基醇醚（R-102）+清水。

"770A"是一种防腐剂的代号，其主要成分是苄基吡啶（喹啉）类的季铵盐。

高浓度酸液可以延长反应时间，使酸蚀裂缝加长，同时产生更多的二氧化碳，有利于排液，但对钢材腐蚀严重，也易产生不溶性微粒。

添加剂：酸液中加入添加剂后，可以起到减缓酸液反应速度和防腐作用，便于残酸返排和防止三价铁离子沉淀。

缓蚀剂：酸液和石灰岩反应很快（例如初始浓度为15%的酸液与石灰岩反应，不到

1min浓度就降为1%），使得在井底附近酸液浓度已经很低，挤入地层内就不起作用了。为了消除地层深处的堵塞，就要在酸液中加入缓蚀剂，使其反应速度降低，以提高酸液有效作用距离。常用的缓蚀剂有烷基磺酸钠（AS）、聚氧乙烯烷基醇醚（R-102）、醋酸和二氧化碳等。

防腐剂：盐酸和氢氟酸对油套管和施工设备有强烈的腐蚀作用。使管子和设备寿命降低，甚至造成事故。因此，酸液中要加入防腐剂以抑制腐蚀。常用的防腐剂有甲醛（福尔马林）、乌洛托品、烷基酚聚乙烯醚（OP）、丁炔二醇和碘化钠等。

表面活性剂：酸液的表面张力较高，进入气层后，容易积存于地层孔隙和喉道中难以排出，使天然气流动困难。表面活性剂的作用是降低酸液的表面张力，以利于酸反应后排出。常用的表面活性剂有烷基磺酸钠和烷基酚氧乙烯醚等。

铁离子稳定剂（又称螯合剂）：盐酸中常含有铁离子，酸液和金属接触也会产生铁离子。随着酸反应进行，酸的浓度降低，当pH值升高至大于2.2时，三价铁离子（Fe^{3+}）会以氢氧化铁的形式开始沉淀，且沉淀量随pH值的继续升高而增加。这种沉淀物会堵塞地层孔隙和喉道，使渗透率降低铁离子稳定剂就是防止三价铁沉淀的一种附加剂。常用的稳定剂有醋酸、柠檬酸和乙二胺四乙酸（EDTA）等。

助排剂：用作帮助残酸排出地层的一种附加剂，常用的助排剂有二氧化碳和氮气。施工中把助排剂混入酸液一起注入地层。排残液时，由于井底压力降低、温度升高，二氧化碳和氮气等助排剂从酸液中逸出，可携带残酸排出。

对于碳酸盐岩地层，可靠的用酸量应根据岩心试验和现场实际酸化资料确定。如果没有实际资料，也可以先按射孔段长度计算。对于砂岩地层，则与设计酸化半径、钻头半径、油层有效厚度和有效孔隙度有关。

3. 施工程序

（1）洗井：目的是把沉积在井底的杂质清洗干净，防止杂质随酸液挤入地层。洗井用清水，洗井质量标准是以出口处水的机械杂质含量小于0.2%为合格。

（2）起、下油管：洗井合格后起出油管，再按设计的管柱要求，下入油管到预计深度（如需下入封隔器等井下工具时，应先用通井规通井，以保证工具顺利下入）。若原井内油管能满足酸化要求，可不起下油管。

（3）低压替酸：下完油管，装好井口和施工管线并试压合格后，用压裂车把酸液从油管替入，直到充满气层为止。

（4）高压挤酸：高压挤入全部酸液，最后用顶替液（清水）把油管内的酸液全部挤进地层后关井。

（5）关井（候酸）反应：让酸液和地层矿物在一定时间内进行反应，溶解矿物。一般反应时间控制在1h以内。

（6）排液求产：打开油管阀门，控制一定回压排出反应后的残酸。如果地层能量不足，排液困难，应及时采取抽汲或气举等方法人工排液。待残酸排尽，进行测试求产，了解酸化效果。

（三）土酸处理

土酸是盐酸与氢氟酸按一定比例配制成的混合酸液。土酸处理常用于碳酸盐含量少、泥质含量高的砂岩气层。

1. 土酸处理原理

土酸中的盐酸能溶蚀地层中的碳酸盐类及铁铝等化合物，氢氟酸则能溶蚀地层中的黏土质和硅酸盐类。

氢氟酸与石英反应很慢，而与黏土反应很快。所以用氢氟酸解除黏土颗粒堵塞是很有效的。然而气层岩石是复杂的，在酸化生成可溶性物质的同时，也可能与某些矿物质发生沉淀反应，沉淀产物主要有钠盐、钾盐和钙盐等。如碳酸盐胶结物与氢氟酸反应成氟化钙沉淀。因此，对于碳酸盐含量高的地层，在酸化前宜用盐酸处理，这样效果会更好。

2. 土酸处理的酸液组成

早期多用3%~5%氢氟酸和12%~15%盐酸及添加剂配制成土酸。这种酸盐不能有效地防止钠盐和钾盐的沉淀，故采用表1-3-2典型配方。

表1-3-2　典型配方

液体	组成	用量，m^3/m
预冲洗液	15%盐酸	0.6~1.2
土酸	3%氢氟酸+12%盐酸	1.2~2.4
后冲洗液	15%盐酸+互溶剂	1.2~2.4

预冲洗液的作用是清除近井地带的碳酸钙，并使土酸与地层盐水隔开；土酸的作用是溶解黏土、石英等矿物；后冲洗液的作用是排除氢氟酸的反应产物，防止硅沉淀造成堵塞损害。3种液体都加有各种添加剂，施工时按顺序挤入地层。

自生土酸酸液：氢氟酸与黏土反应很快，在井底附近即消耗完毕，不能深入地层深部反应。因此为解除地层深部的黏土堵塞，现在已采用自生氢氟酸的酸化方法。该方法是向地层注入化学剂，让化学剂在地层中互相反应生成氢氟酸。其中一种方法是

$$HCOOCH_3+H_2O \rightleftharpoons HCOOH+CH_3OH$$

（甲酸甲酯）　　　　（甲酸）（甲醇）

$$HCOOH+NH_4F \rightleftharpoons NH_4^+ +HCOO^- +HF$$

甲酸甲酯水解生成甲酸的速度很慢，故能穿入地层深部和黏土等矿物反应。自生成氢氟酸酸化已在一些井试验，取得一定成果，它具有能提高酸化效果、排液快、腐蚀性较低的优点。

施工程序：与酸处理相同。

二、气井的压裂

压裂是在高于岩石破裂压力下，将压裂液和支撑剂挤入地层被压开的裂缝中，形成具有良好导流能力的裂缝，达到增加气产量的目的。

（一）加砂压裂

1. 压裂增产的原理

和酸化一样，压裂也是通过提高地层的渗透率增产的。不同的是酸化只能改善近井地带的渗透率，而压裂却能够在地层内造出一条或数条人工裂缝，并填入支撑剂保持改造出的

裂缝。由于裂缝的存在，有可能出现以下两种情况使气井获得大幅度增产，如图1-3-16所示。

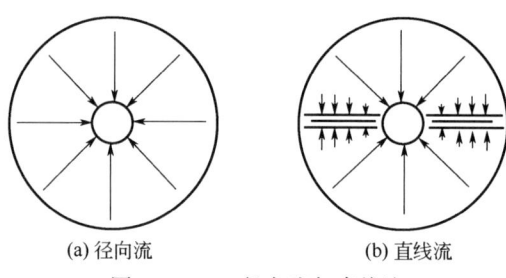

(a) 径向流　　　　(b) 直线流

图1-3-16　径向流与直线流

压裂形成的裂缝使天然气在地层内的流动由径向流变成直线流。如图1-3-16所示，压裂前天然气是以径向流方式流到井里的；压裂后天然气先从地层孔隙流到裂缝，再沿裂缝以直线流方式流到井里。由于径向流的流动截面越接近井底越小，因而天然气流速越来越大，流动阻力也增大，井底剩余压力就越小。而直线流的流动截面基本不变，流速只受压力降低时的体积膨胀影响。所以对同一口气井来说，压裂后在相同产量下井的剩余压力要比压裂前高。或者说在相同的井底压力下，压裂后的产量比压裂前高。

压裂产生的裂缝也可能穿过夹层沟通原有气层以外的新气层，或者穿过低渗透区沟通新气源。

压裂增产倍数与裂缝的形式（水平裂缝或垂直裂缝）、穿入深度、地层渗透率、裂缝渗透率、地层有效厚度、供给半径和裂缝张开宽度等因素有关。为了提高增产倍数，主要是增加裂缝的长度和裂缝的导流能力。所以目前世界上压裂都是向超大型发展，一次可以压出几百米，甚至上千米的裂缝，使许多原来没有开采价值的超低渗透率的气田成为具有工业开采价值的气田。

压裂可以解除地层堵塞，恢复气层原来的渗透率，从而使气井的产量得到恢复和提高。

2. 压裂液和支撑剂

1）压裂液

压裂液是进行水力压裂时的工作介质。地面高压泵向井内泵入的全部液体称为压裂液。在进行气层压裂时，压裂液将地面高压泵的压力传递到地层，劈开裂缝，同时又将固体颗粒支撑剂携带送进地层中压开的裂缝里面，以支撑裂缝保持张开的状态，达到改善气层渗透率的目的。

由于压裂过程中不同阶段压裂液所起的作用不同，可将压裂液分为前置液、破裂液、携砂液和顶替液。

一种理想压裂液的性能，应具备如下几点：

（1）滤失量低。

（2）携砂能力强。

（3）泵送摩阻小。

（4）返排性能好。

(5)性能稳定。

(6)对气层损害小。

2)支撑剂

支撑剂的作用是支撑已压开的裂缝,防止压裂后在上覆岩层和侧向地层的重压下裂缝闭合。支撑剂有石英砂、核桃壳、玻璃球、钢环和陶粒等。支撑剂的类型要根据具体井的岩石闭合压力的大小,经过试验确定。要求支撑剂在岩石闭合压力下不破碎,如果支撑剂被压碎,裂缝将部分闭合,降低导流能力。石英砂是最常用的支撑剂,一般用于3000m以内的中深井中,支撑剂的粒径常用直径0.42~0.84mm和0.84~2.00mm两种。

3. 压裂施工程序

地面流程和设备如图1-3-17所示,主要由8部分组成。井下压裂管柱如图1-3-18所示。

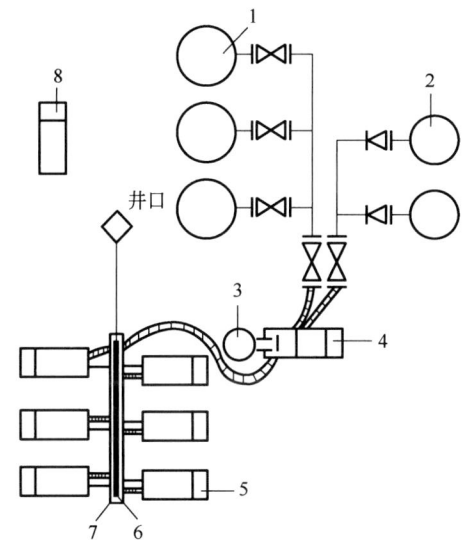

图1-3-17 加砂压裂地面流程

1—糊化液储罐;2—交联液储罐;3—砂罐;4—混砂车;
5—压裂车;6—低压管汇;7—高压管汇;8—平衡车

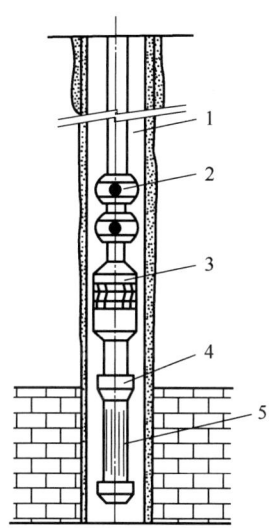

图1-3-18 井下压裂管柱

1—油管;2—水力锚;3—封隔器;
4—节流嘴;5—出砂管

施工程序如下:

(1)清水洗井。用干净水反替出井内压井液,充分洗井,使返出机械杂质含量小于0.2%。

(2)注前置液。洗井后,正替前置液以启动封隔器,随后增加排量向地层注入压裂液,并用平衡车向套管加压。

(3)注携砂液。当井底压力超过地层破裂压力时,地层被压开,这时泵压突然下降,排量上升,开始按设计砂比加砂。

(4)注顶替液。加砂完毕,注顶替液,把地面管线和油管中的携砂液全部顶替到地层裂缝中。

(5)关井。顶替液注完后,关井待压裂液破胶,降低黏度。

（6）排液求产。

（二）压裂酸化

压裂酸化是在压开地层裂缝或扩张地层有裂缝的条件下，把酸液挤入地层裂缝中，使酸液与裂缝面充分反应，以形成在地层闭合力下仍具高导流能力的永久性渗滤通道，改善气层渗透率，实现增产的目的。压裂酸化主要用在低渗透率的碳酸盐岩气层中，效果较好。

压裂酸化的施工方法主要根据储层岩性和压力来选择：

（1）前置液—酸液方式：先注入前置液造缝，后注入酸液溶解缝壁，主要用于地层温度不高、施工液量不大的场合。

（2）前冲洗液—前置液—酸液方式：用于温度较高或者进行较大酸量处理的气井。前冲洗液的作用中降低地层温度，填充地层原有的孔隙，减少前置液的滤失，降低酸液的反应速度。

（3）前冲洗液—前置液—酸液—后冲洗液方式：先注入酸液可以清除井壁附近的污染，降低破裂压力。这种方式也用于白云岩储层。

压裂酸化用的前置液即压裂液与加砂压裂要求相同；所用酸液多用高浓度酸，其组成与酸化用的相同。

压裂酸化施工与普通压裂相同，只是所用设备增加，如为了提高处理效果，利用返排，需要增加液氮车等。

三、评层选井

酸化压裂施工前要认真分析地质情况，研究地区和本身的钻探生产史，以判断通过措施达到增产的可能性，同时还要看井身结构和质量能否进行措施。这些工作归结起来称为评层选井。一般来说，适宜进行酸化压裂的井（层），应具备以下几个条件：

钻进过程中有井溢、井喷；测井资料解释是气层；储层是区域性的产层；邻井是气井，但测试时气产量低。有一定产量，但压力分析资料说明井底有堵塞现象。完井测试产量远远低于钻井中途测试时的产量。气层套管固井质量好，内径规则，能下入封隔器等井下工具。

具备以上情况的井，应先考虑进行酸化解堵，再根据解堵后的测试资料确定下一步措施。

四、气井酸化压裂的效果分析

（一）分析施工曲线及预测施工效果

施工综合曲线是施工过程中的泵压、排量、吸收指数等参数随时间的变化曲线（图1-3-19）。

施工中，如堵塞解除（或压开了地层）则在该时刻泵压下降，排量增加，吸收指数上升。原因是地层渗透率变化，液体流动阻力减少，容易被地层吸收。如果施工中泵压不降或越来越高，排量降低，则是地层未解堵（或地层未压开），有这种现象时施工效果就差。

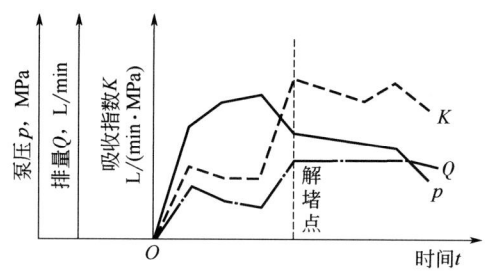

图 1-3-19 酸化施工综合曲线

（二）对比措施前后的压力恢复曲线判断酸化效果

压力恢复曲线直线段的效率反映地层渗透率的大小。斜率小，渗透率高；斜率大，渗透率低。如果施工后有压力恢复曲线斜率比施工前减小，说明堵塞解除（或压开了地层），地层渗透率改善。图 1-3-20 是某井酸化前后的压力恢复曲线，酸化后的斜率 m_2 小于酸化前的斜率 m_1，酸化前的无阻流量为日产 $61 \times 10^4 \mathrm{m}^3$。

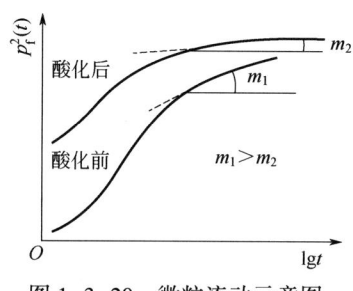

图 1-3-20 微粒流动示意图

除分析斜率外，还可以分析三区阻力（表皮、裂缝、孔隙）的变化情况，判断施工效果。

（三）对比措施前后的增产倍数或增产量确定增产效果

对稳定气井，对比措施前后在相同井底流动压力下的日产量，计算增产倍数：

$$增产倍数 = \frac{施工后产量 - 施工前产量}{施工前产量}$$

对于生产不稳定的气井，用采气曲线计算增产气量。为了对比，要按施工前的采气曲线外推一条产量递减曲线，再和施工后的采气曲线对比，两条曲线间包围的面积就是增产气量（图 1-3-21）。

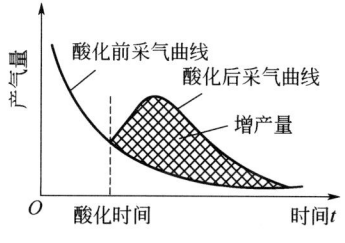

图 1-3-21 产量曲线对比图

(四) 通过电测判断吸酸层位

酸化前后进行电测,将电测曲线加以对比并结合产气情况,可判断吸酸层段。通过对比可以检查酸液是否注入需要处理的气层段。

五、施工井的管理

(一) 施工后反应时间的控制

酸化后关井反应时间要控制适当,不宜过长,对碳酸盐岩地层,一般注酸完毕后关井反应半小时即开井排液,对于白云岩应适当加长;如果反应时间过长,酸液浓度降得过低,酸反应沉降物就易沉淀在地层孔隙中,形成二次堵塞。

加砂压裂后关井反应时间要保证高黏度压裂液在地层中的酸胶时间,可根据地层温度和使用的破胶剂由实验确定。

(二) 排液速度的控制

酸化过的地层,岩石颗粒间的胶结物(常为碳酸钙和黏土)被部分溶解,岩石的微粒会大量脱落悬浮在残酸中。如排液过快,微粒会以紊流方式聚集阻卡在更细的孔隙喉道部位,阻碍气流流过;排液速度适当,微粒以层流方式通过孔隙喉道,被排到井内(图1-3-22)。

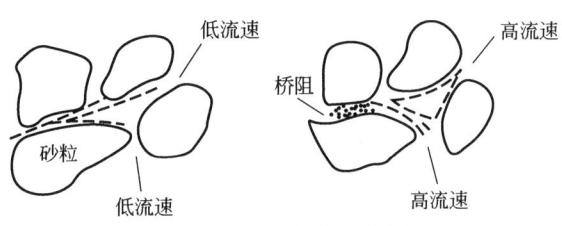

图1-3-22 微粒示意图

加砂压裂的地层,排液过快,压差过大,有可能使裂缝中的砂子,特别是缝口的砂子退出裂缝,返排到井内,降低压裂效果。

排液速度的大小要根据排液过程中排出物分析而定,如发现砂子大量排出,就要控制排液压差。一般应采取低压差多次排放方式逐渐排净残液。

(三) 排液资料和测试资料的收集

应认真收集排液量、残酸浓度以及喷出物的颜色、喷物等资料,了解排液程度和排出物性质变化。地层水残液不可能排净。如地层不产水,则残液排出的颜色纯净无色,对加砂压裂井,要分析残液中的含砂量、残液黏度等,以了解地层出砂情况和破胶程度。排液中的井口压力变化也要详细记录。将上述资料绘制成综合(压力、氯离子含量、流量—时间关系或压力、含砂量、黏度—时间关系)曲线图,就能对排液全过程一目了然。

测试资料的收集内容与生产井基本相同,但应更注意地层水的显示,以了解采取措施后是否沟通了水层。

(四) 选择适当的节流阀开度生产

开始应选择与措施前相同的节流阀开度进行较长时间的生产,然后对比措施效果。如增产效果好,可逐步加大节流阀开度进行生产,经过观察和试验,从中选取一个能保持产量和压力都稳定的节流阀开度长期生产。

六、压裂酸化新工艺的研究和应用

压裂酸化已成为我国气藏开发中不可缺少的投产、增产措施。经过多年来的艰苦努力，逐步完善了酸化地面配套系列化，实现了酸液"运、储、配、供、压、排"六字作业内容自动化、机械化，进行了井下工具和井口装备攻关，针对低渗透区酸化增产效果问题，开展了岩心实验，开展了低渗透区的压裂酸化、深井酸化、分层酸化等工艺实验，并进行了前置压裂液、缓蚀剂、降阻剂的研制，从而针对储层和气井的不同情况，初步形成了几种较为成熟的配套工艺。

（1）常规酸化工艺：采取"高、大、连、短、净、快"的常规酸化作业解堵，对12类储层施工有效率达80%~90%，新井投产一般采用此类措施。

（2）前置液或高压压裂酸化工艺：对于井筒与附近高渗透区域连通不好的生产压差大的气井，采用高压压裂酸化效果好。

（3）深穿透压裂酸化工艺：用于低渗透区气井，现场以高黏度液体为前置液，压开人工裂缝后再注入盐酸的前置液压裂酸化工艺。

（4）"分层选压"压裂酸化工艺：对纵向上多产层，且产层显示及渗透率差别大的气井选用分层选压工艺，试验成功了3种技术，即选择性堵塞球分层酸化技术、桥塞分层酸化技术（可钻或插管桥塞保护下层、酸化上层）及分隔器分层酸化技术。

第四章　气井开采

学习要点

1. 掌握不同类型气井的开采特征。
2. 掌握不同类型气井的开采措施。

第一节　无水气井的开采

无水气井指在生产过程中不产水的气井。气驱气藏或弹性水驱很弱的气藏的气井一般都是无水气井，这类气藏主要靠消耗天然气弹性能量进行开采。开采过程中，除产少量凝析水外，气井基本产纯气（有的也产少量凝析油，但不属于凝析气井）。

一、开采特征

（一）气井的开采阶段

大量的生产资料和动态曲线表明，气驱气藏气井生产可分为以下 4 个阶段，如图 1-4-1 所示。

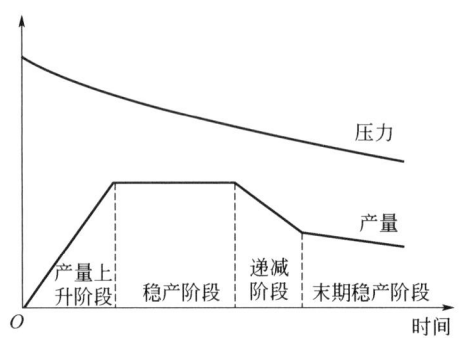

图 1-4-1　气驱气藏气井生产阶段划分示意图

（1）产量上升阶段。气井处于调整工作制度和气层净化的过程，产量、无阻流量随着井周渗流条件的改善而上升。

（2）稳产阶段。产量基本保持不变，压力缓慢下降。稳产期的长短主要取决于气井的采气速度。

（3）递减阶段。当气井能量不足以克服地层的流动阻力、井下管柱的摩擦阻力和输气管道的摩擦阻力时，稳产阶段结束，产量开始递减。

（4）末期稳产（低压小产）阶段。产量、压力均很低，但递减速度变慢，生产相对稳定，开采时间延续很长。

上述 4 个阶段的特征在采气曲线上表现得很明显，前 3 个生产阶段在一般纯气井开采中常见，而第 4 个阶段（末期稳产阶段）在裂缝-孔隙型气藏中表现特别明显。

（二）气井有合理产量

气驱气藏是靠天然气的弹性能量进行开采的，因此充分利用气藏的自身能量是合理开发气藏的关键。根据气井二项式产能方程和稳定试井指示曲线分析，气井的生产压差和产量的关系在某一极限值以下近似于一条直线，即产量随着生产压差的增大而增大；当产量超过其极限值后，产量的增加和生产压差的增大不再呈线性关系，即单位生产压差的产气量越来越小，使得气藏能量利用不够合理（图 1-4-2）。

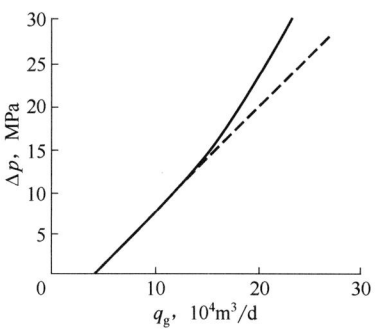

图 1-4-2　q_g—Δp 关系曲线图

（三）气井稳产期和递减期的产量、压力能够进行预测

由于气井生产制度的变化较大，生产现场一般采用图解法预测气井的产量和压力，步骤如下：

（1）根据稳定试井资料求出气井二项式产能方程。

（2）结合气藏实际情况，给出相当数量的地层压力值 p_R，并假设若干个 q_g 值代入产能方程求出相应井底流动压力 p_{wf}，绘制出不同地层压力下井底压力与产量的关系曲线图（图 1-4-3）。

（3）p_{wf} 求出后，进一步可求出井口油管压力（简称油压）、套管压力（简称套压）（p_t、p_c），然后绘制出 p_c—q_g 及 p_t—q_g 关系曲线图，图的形状大致与 p_{wf}—q_g 关系曲线图（图 1-4-3）相似。

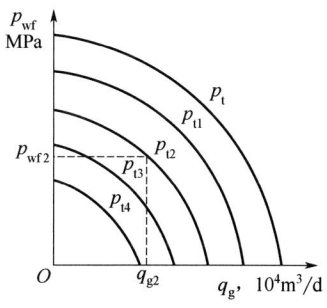

图 1-4-3　p_{wf}—q_g 关系曲线图

根据上述关系曲线图及气藏的压降储量图即可预测气藏（气井）某个时刻的压力和

产量。

(4) 采气速度只影响气藏稳产期的长短，不影响最终采收率。

影响气藏（气井）稳产期长短的主要因素是采气速度。采气速度高，稳产年限短；反之，则稳产年限长。从气驱气藏生产趋势来看，其采收率都很高，可达 90% 以上。气层渗透率高的高产井（无阻流量在 $100×10^4 m^3/d$ 以上）稳产期采出程度高，可达 50% 以上；低产井（无阻流量在 $100×10^4 m^3/d$ 以下）稳产期采出程度较低，约 30%。

二、无水气井的开采措施

(一) 适当采用大压差采气

适当采用大压差采气的优点如下：

(1) 增加缝洞与微缝隙之间的压差，使微缝隙里的气容易排出。
(2) 充分发挥低渗透区的补给作用。
(3) 发挥低压层的作用。
(4) 提高气藏采气速度，满足生产需要。
(5) 净化井底，改善井周渗流条件。

(二) 确定合理的采气速度

在开采的早期和中期，由于举升能量充足，液体对气井生产的影响不大，但气藏应该有其合理的采气速度，在此基础上各井制定合理的工作制度，安全平稳采气。

(三) 充分利用气藏能量

在晚期生产中，由于气藏能量衰竭，排液（主要是凝析液）能量不足，如果管理措施不当，气井容易假死或减产，为了使晚期气井延长相对稳定时间，提高气井最终采收率，应充分利用气藏能量，根据气井生产中的矛盾采取相应的措施。

1. 调整地面设备

对不适应气藏后期开采的一些地面设备进行调整，尽量增大气流通道，减少地面阻力，增大举升压差，增加气井的携液能力，延长气井的稳定期。

2. 排除井底积液

实践证明，在气藏开采后期，凝析液在井底聚积，对无水气井的生产也是致命的。

(1) 降压生产：气井生产一段时间后，生产压差减小，产量降低，气流不能完全把井底积液带出地面，需要周期性地降低生产压力，增大生产压差，排除井底积液。

(2) 井口放喷：井口放喷时，井口回压可接近大气压，井底与井口压差增大，天然气的携液能力增强。排净积液后，转入正常生产。

3. 采用其他工艺排水措施

有条件时，可采用气举排水、泡沫排水等其他工艺措施，排除井底积液。

第二节　气水同产井的开采

气水同产井是指气井在生产过程中，有地层水产出，而且水的产出对气井的生产有干扰的井。

一、气井出水的影响因素和类型

(一) 气井出水的影响因素

有边底水存在且边底水活跃的气藏,气井出水主要受以下 4 个因素影响:

(1) 井底距原始气水界面的高度。在相同条件下,井底离气水界面越近,地层水到达井底的时间越短。

(2) 气井生产压差。生产压差越大,地层水到达井底的时间越短。

(3) 气层渗透性及气层孔缝结构。气层纵向裂缝越发育,底水到达井底的时间越短。

(4) 水体的能量与活跃程度。水体能量越大,活跃程度越高,地层水到达井底的时间就越短。

(二) 气井出水的类型

气井出水主要表现为以下 4 种类型:

(1) 水锥型出水。气藏渗透性较均匀,产层结构以微裂缝和孔隙为主,地层水流向井底表现为锥进,称为水锥型出水。

(2) 断裂型出水。产层通道以断层及大裂缝为主,边水沿断层或大裂缝窜入井底,称为断裂型出水。

(3) 水窜型出水。气藏中地层水沿局部裂缝-孔隙较发育的区域或层段横向侵入井底,称为水窜型出水。

(4) 阵发型出水。气藏局部区域通道中少量的地层水随气流进入井底,使氯离子含量阵发性升高,称为阵发型出水。

二、出水阶段

多数气井出水存在以下 3 个明显的阶段:

(1) 预兆阶段。地层水氯离子含量明显上升,由几十毫克每升上升到几万毫克每升,压力、产气量和产水量无明显变化。

(2) 显示阶段。产水量开始上升,井口压力、产气量波动较大。

(3) 出水阶段。气井出水增多,井口压力、产气量大幅下降。

三、治水措施

气井出水的形式不一样,其相应的治水措施也不相同。根据出水地质条件的不同,采取的相应措施归纳起来有控水采气、堵水、排水采气 3 类。

(一) 控水采气

为使气井更好地产气,气井在出水前和出水后,都存在控制出水的问题。对水的控制要通过控制气流带水的最小流量或控制临界压差来实现,一般通过气嘴或节流阀控制气井生产压力来实现。

底水锥进的出水气井,可通过分析氯离子含量,利用单井系统分析曲线确定临界气量(压差),使气井产气量在此临界值以下生产,保持无水采气。

(二) 堵水

对水窜型出水气井，应以堵为主，通过生产测井搞清出水层段，把水层段封堵死。对锥进型出水气井，先控制压差，延长出水显示阶段。在气层钻开程度较大时，可封堵井底，使人工井底适当提高，把水堵在井底下。

(三) 排水采气

为了消除地层水活动对气井产能的影响，可以加强排水工作，如在地层水活跃区钻排水井或改水淹井为排水井等，降低地层水向主力气井流动的能力。气井排水采气的方法较多，常用的有控制临界流量采气、利用气井本身能量带水采气、泡沫排水采气、抽油机排水采气、气举排水采气、电动潜油泵（简称电潜泵）排水采气、水力射流泵排水采气、小油管排水采气等。

四、控制生产参数排水采气

(一) 气井携液临界流量

气井能够携液的最小流速称为气井携液临界流速，对应的流量称为气井携液临界流量。当井筒内气体实际流速小于临界流速时，气流就不能将井筒内的液体全部排出井口。

国内外许多学者已经提出了确定气井携液临界流速和临界流量的数学模型，常见的临界流速模型有 Duggan 模型、Turner 模型、Coleman 模型、Nosseir 模型、李闽模型、杨川东模型等。1961 年，Duggan 经过大量的数据整理和统计分析，认为 1.524m/s 的井口流速是气井生产的最低流速，小于这个流速，气井就会出现积液。Duggan 第一次提出了气井生产临界流速的概念，为判断气井是否积液提供了依据。Duggan 模型基于统计数据得到了气井临界流量表达式，后 5 种模型以液滴模型为基础，以井口或井底条件为参考点，推导出了临界流量公式。

现场常用的有 Turner 模型和李闽模型。

1. Turner 模型

在 Duggan 临界流速思想的指导下，Turner 在 1969 年提出了液滴模型。Turner 假设液滴在高速气流携带下是球形液滴，通过对球形液滴的受力分析，推导出了气井携液临界流速公式和临界流量公式。

气井携液临界流速公式为：

$$v_{cr} = 6.6\left[\frac{\sigma(\rho_l - \rho_g)}{\rho_g^2}\right] \tag{1-4-1}$$

式中　v_{cr}——气井携液临界流速，m/s；
　　　σ——气液表面张力，N/m；
　　　ρ_l——液体密度，kg/m³；
　　　ρ_g——气体的密度，kg/m³。

换算成标准状况下的气井携液临界流量公式为：

$$q_{cr} = 2.5 \times 10^4 \frac{Ap_{wf}v_{cr}}{ZT} \tag{1-4-2}$$

式中　q_{cr}——标准状况下的气井携液临界流量，$10^4 m^3/d$；
　　　A——油管横截面积，m^2；
　　　p_{wf}——井底流压，MPa；
　　　T——井底温度，K；
　　　Z——井底流压和温度下的天然气压缩系数，量纲为1。

Turner 模型，在气液比非常高（气液比大于 $1400 m^3/m^3$）、流态属于雾状流的气井中具有相当高的精度。但在低气液比的气井中数值偏大，现场常取其值的 1/3 作为气井积液与否的依据。

2. 李闽模型

李闽认为，被高速气流携带的液滴前后存在一个压差，在压差的作用下液滴会变成扁平椭球体。扁平椭球液滴具有较大的有效面积，更容易被携带到井口。因此，所需的临界流量和临界流速都会小于球形液滴模型的计算值。基于以上认识，推导出了气井携液的临界流速公式和临界流量公式。

气井携液临界流速公式为：

$$v_{cr} = 2.5 \times \left[\frac{\sigma(\rho_1 - \rho_g)}{\rho_g^2} \right]^{0.25} \qquad (1-4-3)$$

换算成标准状况下的气井携液临界流量，与式（1-4-2）相同。

李闽模型将 Turner 的球形模型修正为椭球模型，其计算的临界流速只有 Turner 模型的 38%，更加符合我国气田的实际情况，在现场得到了广泛的应用。

（二）控制生产参数排水采气的两种方法

1. 控制无水临界流量采气

无水临界流量就是地层水刚好侵入井底时的产量，相应的生产压差称为无水临界压差。为了不让地层水侵入井底，保持无水采气，实际生产气量要控制在无水临界流量以下。

控制无水采气是水驱气藏的最佳采气方式，具有稳产期长、产量高、单井累计最大的优点。

（1）气流在井筒中保持单相流动，压力损失小，在相同产量下，井口剩余压力大，自喷采气时间长，可推迟压缩机降压采气时间。

（2）可推迟处理地层水设施的建设。

（3）无水采气成本低，经济效益高，所以对于有地层水显示或地层水产量不大的井，首先要考虑提高井底压力，控制压差，尽量延长无水采气期。

2. 用气井本身能量带水采气

利用气井本身能量带水采气是最经济的排水采气方式，其带水采气的条件如下：

（1）气井有一定的产量，使油管鞋处的气流速度达到临界携液流速。

（2）气井有一定的压力，气水混合物从井底流到井口后，有一定的剩余压力，即井口压力要大于输气压力（又称外输压力，简称输压），以保证气体的输出。

（3）气井生产油管管径越小，临界携液流速越大。在气井带水效果不好时，可以更换小直径油管，以恢复连续正常带水采气。

（三）气水同产井管理注意事项

气水同产井生产稳定时不要随便改变产量，否则井筒容易形成积液，影响正常采气。日常生产管理中必须注意以下几点：

（1）操作要少、稳、慢，避免过多，过猛地激动气井。

（2）一般不宜关井，要连续生产。因为关井后井筒积液不易压回地层，同时关井初期的井底压差仍存在，地层水断续流入井底形成死水区，堵塞地层孔隙或裂缝。开井时，远处的气流很难突破这种水堵，结果导致气井水淹。

（3）关井前，应进行降压放喷，尽量排出井筒积液。

（4）关井后，井口必须严密不漏。井口如果漏气，相当于小产量生产，地层水又带不出来，时间长了液柱升高，容易压死气层。

（5）关井后，必须待压力恢复到较高值时才能开井。开井有困难时，应先放喷排液，待井筒积液喷完或产水稳定时，再逐渐提高井口压力，转入生产管线输气。

（6）生产中，如果出现油压下降、产水量减少的现象，说明携液效果不好，井筒液柱上升，生产恶化。此时应降低井口压力，增大生产压差强化携液效果。如果无效，应采取放喷措施排水，待井筒积液排出，井口压力回升，气水比较稳定后再转入正常生产。

第三节 含硫气井的开采

含硫气井是指产出的天然气中含有硫化氢及硫醇、硫醚等有机物的气井。

产出天然气中硫化氢分压大于 0.00034MPa 或硫化氢含量大于 0.0014% 的气井称为含硫气井。其中硫化氢含量为 0.0014%~0.5% 的气井称为微含硫气井；硫化氢含量为 0.5%~2.0% 的气井称为低含硫气井；硫化氢含量为 2.0%~5.0% 的气井称为中含硫气井；硫化氢含量为 5.0%~20.0% 的气井称为高含硫气井；硫化氢含量大于 20.0% 的气井称为特高含硫气井。

除了与不含硫气井一样的开采方法外，含硫气井的开采必须解决防硫化氢中毒、防硫化物应力腐蚀破裂、防硫单质沉积这 3 个十分重要的问题。

一、含硫天然气的危害性

含硫天然气的危害性主要体现在硫化氢的剧毒性和腐蚀性。

（一）硫化氢的剧毒性

硫化氢对人畜是一种剧毒性气体，其毒性比一氧化碳更大、更危险。硫化氢对人体的毒性取决于环境中的浓度及人在环境中的停留时间（表 1-4-1）。

表 1-4-1 硫化氢的毒性表

在空气中的浓度			暴露于硫化氢中的典型特征
%（体积分数）	mL/m^3	mg/m^3	
0.000013	0.13	0.18	通常，在大气中含量为 $0.195mg/m^3$（$0.13mL/m^3$）时，有明显和令人讨厌的气味；在大气中含量为 $6.9mg/m^3$（$4.6mL/m^3$）时就相当显而易见；随着浓度的增加，嗅觉就会疲劳，气体不再能通过气味辨别

续表

在空气中的浓度			暴露于硫化氢中的典型特征
%（体积分数）	mL/m³	mg/m³	
0.001	10	14.41	有令人讨厌的气味，眼睛可能受到刺激
0.0015	15	21.61	美国政府工业卫生专家联合会推荐的15min短期暴露范围平均值
0.002	20	28.83	在暴露1h或更长时间后，眼睛有烧灼感，呼吸道受到刺激，美国劳工部职业安全与健康管理局的可接受上限值
0.005	50	72.07	暴露15min或15min以上后嗅觉就会丧失，如果时间超过1h，可能导致头痛、头晕和（或）摇晃。含量超过75mg/m³（50mL/m³）时将会出现肺水肿，也会对人的眼睛产生严重刺激或伤害
0.01	100	144.14	3~15min就会出现咳嗽、眼睛受刺激和失去嗅觉；5~20min后，呼吸就会变样、眼睛就会疼痛并昏昏欲睡，在1h后就会刺激喉道；延长暴露时间会逐渐加重这些症状
0.03	300	432.40	明显的结膜炎和呼吸道刺激
0.05	500	720.49	短期暴露后就会不省人事，如不迅速处理就会停止呼吸。头晕、失去理智和平衡感；患者需要迅速进行人工呼吸和（或）心肺复苏
0.07	700	1008.45	意识快速丧失，如果不迅速营救，呼吸就会停止并导致死亡；患者需要迅速进行人工呼吸和（或）心肺复苏
>0.10	>1000	>1440.98	立即丧失知觉，结果将会造成永久性脑伤害或脑死亡；必须迅速进行人工呼吸和（或）心肺复苏

在含硫气田井场和集气站工作，设备泄漏及不密闭等原因都会造成工作人员的中毒。轻微中毒的现象是眼睛发痒，咽喉受刺激，继而有头痛和恶心等症状。中毒严重时，面色苍白，呼吸急促，全身抽筋，甚至休克死亡。

一旦发生上述情况，应指挥人员撤离现场。中毒严重者，立即撤到空气新鲜、通风良好的地方，并对受害者进行人工呼吸，注意保持体温，直到呼吸完全恢复正常。

继续留在现场处理有毒气体泄漏的人员，应佩戴空气呼吸器。

含硫气田预防硫化氢中毒应做好以下工作：

（1）井站应配备足够数量的硫化氢检测仪器，坚持定期对设备管线进行检测。低浓度的硫化氢气体有类似臭鸡蛋的气味，浓度稍高或是人在此环境中闻到这种气味时间过长，人的嗅觉神经就会被麻痹失灵。因此，依靠人的嗅觉辨别有无硫化氢是不科学的，也潜伏着极大的危险。

（2）站场的放空管线应置于地势的高点，放空时要自动点火燃烧。硫化氢的相对密度为1.1765，比空气重。泄漏到大气后容易在地势低洼处聚集，从而造成人畜中毒。此外，当硫化氢在空气中的浓度达到4.3%~4.5%时，遇到明火就会爆炸，破坏性更大。

（3）加强管线和设备的维护保养，杜绝漏气、漏油。

（4）操作人员必须经过相关安全和急救的教育和培训。

（二）硫化氢的腐蚀性

硫化氢对金属具有强烈的腐蚀性，特别是天然气中同时含有水蒸气、二氧化碳和氧气时，腐蚀更加严重。

1. 硫化氢的腐蚀类型

硫化氢对金属材料的腐蚀破坏有3种类型：一是电化学失重腐蚀，这种腐蚀较缓慢，造成设备壁厚逐渐减薄；二是氢脆，电化学腐蚀产生的氢渗入钢材内部，使材料韧度变差，甚至引起微裂纹，使钢材变脆；三是硫化物应力腐蚀，它是在拉应力和残余张应力作用下，钢材氢脆微裂纹发展直到破裂的过程。氢脆和硫化物应力腐蚀可能在没有任何征兆的情况下，短时间内突然发生。因此，这类腐蚀破坏是预防的重点。

天然气中含有二氧化碳和氧气，当有水分存在时，金属的电化学腐蚀更加严重。这类腐蚀使金属表面形成针孔、斑点、蚀坑，在生产中造成管壁或设备的厚度减薄、穿孔等破坏事故。

2. 腐蚀规律

（1）硫化物应力开裂的临界值超过许用应力的40%。

（2）材料的硬度与抗硫性能的关系为：当洛氏硬度C标尺（HRC）≥22时，具有可靠的抗硫性能。

（3）当硫化氢的分压大于0.0003MPa时，必须按抗硫规范设计。

（4）含硫天然气对金属材料的电化学腐蚀在以下工艺部位表现突出：长期静止积存含硫污液的容器底部或盲管处，碳钢的腐蚀速率可达1~2mm/a；在80℃以上高温环境中的换热器碳钢管束，碳钢的腐蚀速率可达4~6mm/a。

（5）长期处于封闭生产状态下的油管套管及地面集输管道，在无游离水存在的条件下，电化学腐蚀较轻微。

二、含硫气井中硫单质（硫黄）的沉积及溶解剂的注入

当气井天然气中硫化氢含量高于5%（体积分数，下同）时，气井中可能会产生硫单质的沉积；硫化氢含量高于30%以上的气井，大部分发生硫堵塞。硫单质在地层、井底周围或油管内及地面设施中的沉积是含硫气田开采中的又一难题。

（一）含硫气井中硫单质的沉积机理

硫单质存在于火山、某些煤、石油及天然气中，也可以以纯化学品体的形式出现于碳酸盐岩沉积层中。其中，最丰富的来源是含硫天然气中的硫化氢。

国外学者研究认为，地层中的硫单质依靠3种运载方式带出：一是硫单质与硫化氢混合生成多硫化氢；二是硫单质溶于高分子烷烃；三是在高速气流中硫单质以微滴状（地层温度高于硫单质熔点时）随气流携带到地面。

当地层条件（如地层温度、压力和气流速度等）朝着不利于携带硫单质的方向发生变化时，硫单质就可能从气流中析出发生沉积。无论井底还是油管，少量的硫沉积都可造成气井的减产或停产。

天然气气流也能携带硫单质微滴，但当气流温度低于硫单质的熔点时，其固化作用开始，固化的硫单质核心将催化其余液体硫单质以更快的沉积速度聚积固化。因此，尽管早期采气没有发生硫沉积，但是一旦固化作用开始，气井很快就会被硫黄堵死。

(二) 影响硫沉积的主要因素

表1-4-2列举了一些国外发生硫沉积的含硫气井参数。

表1-4-2 国外发生硫沉积的气井参数表

气井所在位置	硫化氢含量 %（体积分数）	井底温度 ℃	井底压力 MPa	备注
德国 Buchhorst	4.8	133.8	41.30	井底有液态硫
加拿大 Devonian	10.4	102.2	42.04	干气，在井筒4115~4267m处沉积
加拿大 Crossfield	34.4	79.4	25.30	在有凝析液存在的情况下沉积
加拿大 Leduc	53.5	110.0	32.85	干气，在井筒3353m处沉积
美国 Josephine	78.0	198.9	98.42	估计气体携带硫量为120g/m³，沉积量为32g/m³
美国 Murray Franklin	98.0	232.2~260	126.54	井底有液态硫

从表1-4-2可以看出，井深、井底条件及硫化氢含量各不相同的气井都发生了硫沉积现象。多年现场观察结果表明，含硫气井出现硫沉积的可能性主要与以下因素有关。

1. 气体组成

一般而言，硫化氢含量越高越容易发生硫沉积。当然，这也不是唯一因素，有的气井硫化氢含量仅4.8%就发生硫堵塞，有的气井硫化氢含量34%以上却未发生硫堵塞。但以统计角度看，硫化氢含量30%以上的气井大部分发生硫堵塞。发生硫堵塞气井的C_5以上烃组分含量均很低或者为0，且不含芳香烃。C_5以上烃组分（苯、甲苯等）是硫的物理溶剂，它们的存在往往能避免硫沉积。甲烷、二氧化碳等其他组分及气井产水量则未发现与硫沉积有直接关系。

2. 采气速度

气体在井内的流速直接关系到气流携带硫单质的效率。流速越高，越能有效地使硫单质悬浮于气体中带出，减少硫沉积的可能性。现场调查发现，发生硫堵塞的气井日产气量都在$28.2×10^4 m^3$以下，日产气量超过$42.3×10^4 m^3$的气井均未发生硫堵塞。提高采气速度有利于解决硫堵塞的问题。

3. 井底温度和压力

温度和压力两个因素的影响比较复杂，但从统计角度看，井底温度和压力较高的井容易发生硫沉积。从采气角度看，由气井生产方式入手，控制井筒压力和温度的变化，有可能限制硫在井底或油管中沉积。但控制范围十分有限，必须从溶硫机理入手，寻找解决硫沉积的其他方法。

（三）溶硫剂及其注入方式

1. 溶硫剂

对出现硫沉积的气井，向井内注入溶硫剂是目前解决硫堵塞的有效措施。溶硫剂按其作用原理可分为物理溶剂和化学溶剂两类。各种溶剂的溶硫能力如表1-4-3所示。

表1-4-3 溶剂的溶硫能力表

溶剂类型		溶剂名称	25℃时溶硫量,%（质量分数）	备注
物理溶剂		庚烷	0.2	溶硫能力很低
		甲苯	2.0	
		二硫化碳	30.0	有毒、易燃
化学溶剂	二硫化物	Merox溶剂	40~60	有臭味
		二硫化二甲基	大于100	价格贵
	胺或烷醇胺	D-Tron's溶剂	大于10	腐蚀较严重

（1）物理溶剂：如脂肪族烃类、硫醚、二硫化碳等，在溶解硫过程中无化学反应，一般只能处理中等硫沉积。

（2）化学溶剂：二硫化物及胺或烷醇胺类等，在溶解硫过程中伴随有化学反应，一般可处理量较大的硫沉积。

胺或烷醇胺是应用较多的化学溶剂，它们和气体中的硫化氢反应生成硫氢根离子，然后再和硫单质作用使之溶解。当以乙醇胺作为溶剂时，溶硫后的溶剂可用二氧化碳处理回收。

二烷基二硫化物的溶硫能力很强，但需要在溶剂中加入催化剂，使二硫化物中的S—S键断裂形成活性物质（RS—），后者能打开S_8环而使之溶解。

选择溶硫剂的标准为：有很高的吸硫效率，能溶解大量的硫单质，活性稳定且价廉。

2. 溶硫剂的注入

通过一条$\phi 3/4$in或$\phi 1$in与原油管同心或平行的管柱，将溶硫剂泵入井下，经管鞋喷嘴喷射成雾状，与含硫天然气在井下混合。

溶硫剂的注入量取决于硫单质在含硫气井中的溶解度、井筒温度和压力、天然气的组成和喷注方式等。

注入的溶硫剂返出后，应进行再生，完成硫的回收。

三、开采工艺过程

含硫气井与一般气井在开采工艺过程方面有许多相同之处，也有不同之处。含硫气井的开采工艺过程如图1-4-4所示。

（一）主要设备

含硫气井开采的主要设备包括采气井口、水套炉、气液分离器、气液凝聚器、计量装置、收发球装置、污物储罐、溶硫剂再生装置、溶硫剂储罐、气田水储罐、缓冲罐、放空火炬等。

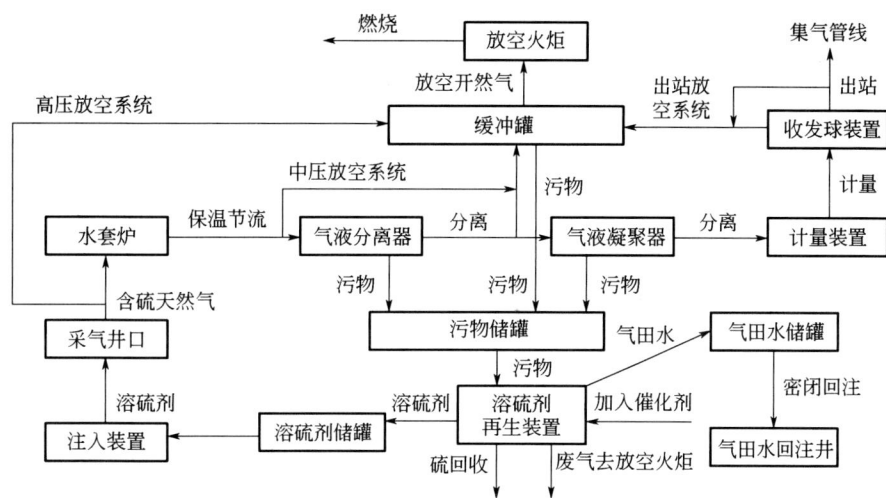

图 1-4-4　含硫气井的开采工艺过程示意图

（二）主要流程

含硫天然气经采气井口节流阀降压后，进入水套炉加热再节流降压，经气液分离器和气液凝聚器净化后，进入计量装置，最后进入集气管线。

气液分离器和气液凝聚器排放的污物进入污物储罐，然后进入溶硫剂再生装置进行处理。再生后的溶硫剂进入溶硫剂储罐，对处理后的硫进行回收，对分离出的气田水进行密闭回注（回注到气田水回注井）。

站内放空阀放出的天然气经放空管进入缓冲罐，对天然气进行分离后再进入放空火炬燃烧。

第五章 集气管线的工艺计算

学习要点

1. 掌握集气管线天然气流量计算相关知识。
2. 掌握集气管线强度计算相关知识。

第一节 集气管线天然气流量相关计算

一、集气管线流量计算公式

集气管线流量计算公式常用的有威莫斯公式、潘汉德公式以及苏联使用的公式，以下将分水平集气管线（管线任意两点海拔高差小于 200m）和地形起伏集气管线（管线任意两点海拔高差超过 200m）逐一进行介绍。

（一）威莫斯输气计算公式

水平集气管线：

$$Q = 5033.11 d^{\frac{8}{3}} \sqrt{\frac{p_1^2 - p_2^2}{\Delta TZL}} \tag{1-5-1}$$

地形起伏集气管线：

$$Q = 5033.11 d^{\frac{8}{3}} \left\{ \frac{p_1^2 - p_2^2(1 + \alpha S)}{Z\Delta TL \left[1 + \frac{\alpha}{2L}\sum_{i=1}^{n}(S_i + S_{i-1}l_i)\right]} \right\}^{0.5} \tag{1-5-2}$$

（二）新潘汉德输气计算公式（B 式）

水平集气管线：

$$Q = 11522 E d^{2.53} \left(\frac{p_1^2 - p_2^2}{\Delta^{0.961} TZL}\right)^{0.51} \tag{1-5-3}$$

地形起伏集气管线：

$$Q = 11522 E d^{2.53} \left\{ \frac{p_1^2 - p_2^2(1 + \alpha S)}{ZTL\Delta^{0.961}\left[1 + \frac{\alpha}{2L}\sum_{i=1}^{n}(S_i + S_{i-1})l_i\right]} \right\}^{0.5} \tag{1-5-4}$$

（三）苏联使用的公式

水平集气管线：

$$Q = 6775.6 \partial E d^{2.6} \left(\frac{p_1^2 - p_2^2}{Z\Delta TL}\right)^{0.5} \tag{1-5-5}$$

地形起伏集气管线

$$Q = 6775.6\partial\varphi E d^{2.53}\left\{\frac{p_1^2 - p_2^2(1+\alpha S)}{Z\Delta TL\left[1+\frac{\alpha}{2L}\sum_{i=1}^{n}(S_i+S_{i-1})l_i\right]}\right\}^{0.5} \quad (1-5-6)$$

式中　Q——标准状况下管线输气量，m^3/d；

p_1——管线起点压力，MPa；

p_2——管线终点压力，MPa；

d——管线内径，cm；

L——管线长度，km；

T——管线内天然气平均温度，K；

Δ——天然气对空气的相对密度；

Z——管线内天然气的平均压缩因子；

α——系数，$\alpha=\dfrac{2g\Delta}{RZT}$，$R$ 为空气的气体常数，在标准状况下，$R=287.1 m^2/(s^2\cdot K)$，g 为重力常数；

S——计算管段终点对起点的高差，m；

n——计算管段数量；

S_i，S_{i-1}——各个计算管段终点对起点的高差，m；

l_i——各个计算管段的长度，km；

∂——流态修正系数；

φ——管路中垫环系数；

E——输气管的效率系数，可以通过实测取得。

在应用流态修正系数时应注意，当六台处于阻力平方区时，$\partial=1$；如偏离阻力平方区，∂ 可依照下式计算，也可以由图 1-5-1 查得。

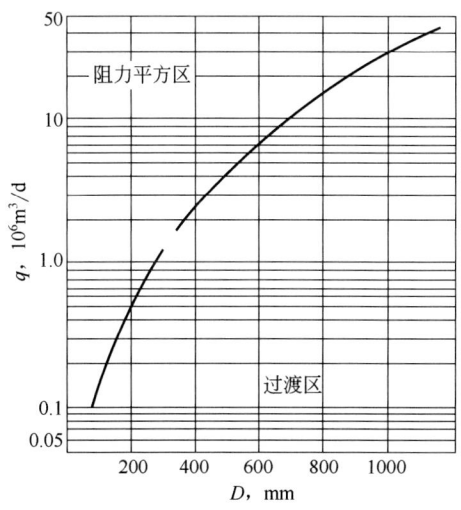

图 1-5-1　确定天然气在集气干线中的流态

$$\partial = \left(1 + 2.92\frac{D^2}{Q}\right)^{-0.1} \tag{1-5-7}$$

式中 D——管线内径，m；

Q——输气量，$10^4 \text{m}^3/\text{d}$。

应用垫环系数时：无垫环，$\varphi = 1$；垫环间距为 12m，$\varphi = 0.975$；垫环间距为 6m，$\varphi = 0.95$。

输气管的效率系数取决于管线焊缝情况、管壁粗糙程度、使用年限、清洁程度、管径大小等因素，E 一般小于 1，取 0.9~0.96 比较合适。

我国推荐的取值范围：管线公称直径 DN300~800 时，$E = 0.8~0.9$；管线公称直径大于 DN800 时，$E = 0.9~0.94$。

在苏联公式中的 E 表示的管线有无内壁涂层，无涂层时 $E = 1$，有涂层时 E 大于 1，且根据涂层质量的好坏取相应的值。

二、天然气集气管线流量计算公式的相关计算

根据现场的实际情况，选定了某种集气管线流量计算公式后，便可以根据所掌握的现场参数，通过该公式计算集气管线相关的参数。如已知天然气流量、天然气相对密度、起点和终点压力、管线长度，计算集气管线直径；或者根据管线流量、天然气相对密度、起点压力、管线长度、集气管线直径，计算终点压力等。

天然气集输生产中，当需要了解更多的有关管线的运行情况时，就必须对管线的运行参数，如平均压力、具体某点的压力情况有更具体的了解。为此必须掌握与天然气流量计算相关的一些计算。

（一）集气管线任一点的压力 p_x

在一水平管线上，设起点为 A，终点为 B，C 为管线上距离 A 点 x 处的一点，当起点压力为 p_1，终点压力为 p_2，管线长度为 L，管线输气量为 Q，用管线输气量公式分别列出 AC 和 CB 的流量计算公式。因此两端通过的气量相等，故：

$$Q_{AC} = Q_{BC} \Rightarrow \sqrt{\frac{p_1^2 - p_x^2}{x}} = \sqrt{\frac{p_x^2 - p_2^2}{L - x}} \tag{1-5-8}$$

从而得到 C 点的压力为：

$$p_x = \sqrt{p_1^2 - (p_1^2 - p_2^2)\frac{x}{L}} \tag{1-5-9}$$

用不同的长度值 x 代入上式，就可得到不同点的压力。

（二）输气管线中气体的平均压力 p_{cp}

当管线停止输气时，管线内高压端的气体很快流向低压端，起点压力逐渐降低，终点压力逐渐升高，管线压力逐渐达到平衡。在压力平衡过程中，管线中有一点的压力是不变的，压力不变的这一点称为平均压力点。

平均压力是计算管线压缩系数和管道储气量及其他参数的重要参数。若知道管线的起点压力、终点压力，即可用下式计算该管线的平均压力 p_{cp}。

$$p_{cp} = \frac{2}{3}\left(p_1 + \frac{p_2^2}{p_1+p_2}\right) \qquad (1-5-10)$$

利用平均压力公式，可以进行相关的计算。

(1) 可求得在操作条件下气体的平均压缩因子。

对于干燥的天然气，可用下式计算：

$$Z = \frac{100}{100+1.734 p_{cp}^{1.15}} \qquad (1-5-11)$$

对于湿天然气可用下式计算：

$$Z = \frac{100}{100+2.916 p_{cp}^{1.25}} \qquad (1-5-12)$$

(2) 可以求得平均压力点距起点的距离。设平均压力点距起点的距离为 X_0，可用下式计算：

$$X_0 = \frac{p_1^2 - p_{cp}^2}{p_1^2 - p_2^2} L \qquad (1-5-13)$$

(3) 从管线停输至达到平衡的时间称为均压时间，用 τ 表示，可用下式计算：

$$\tau = \frac{L}{4}\sqrt{\frac{\lambda X_0}{9.81 DZRT}} \ln \frac{p_1 + \sqrt{p_1^2 - p_{cp}^2}}{p_{cp}} \qquad (1-5-14)$$

式中 λ——摩阻系数。

摩阻系数的计算较为复杂，且涉及集气管线的制造水平以及天然气在集气管线中的流态等多方面的因素。由于集气干线内天然气的流态较多地处于阻力平方区，为此在现场的计算中，一般采用以下的几个公式。

威莫斯公式：

$$\lambda = \frac{0.009407}{\sqrt[3]{D}} \qquad (1-5-15)$$

式中 D——管线内径，m；

潘汉德公式（B 式）：

$$\lambda = 0.012 \times \left(\frac{D}{Q_0 \Delta}\right) \qquad (1-5-16)$$

苏联使用的公式：

$$\lambda = 0.03817 D^{-0.2} \qquad (1-5-17)$$

(4) 管线储气量计算。

$$V = \frac{V' T_0}{p_0 T}\left(\frac{p_{m,max}}{Z_1} - \frac{p_{m,min}}{Z_2}\right) \qquad (1-5-18)$$

式中 V——管线中储气量，m^3；

V'——管线的容积，m^3；

$p_{m,max}$——管线储气开始时的平均压力，MPa；

$p_{m,min}$——管线储气结束时的平均压力，MPa；

T_0，p_0——标准状态的温度和压力（293.15K，101.325kPa）；

Z_1，Z_2——对应 $p_{m,max}$ 和 $p_{m,min}$ 的气体压缩因子。

（5）管线凝析水计算。

气田的采气管线和集气管线很少实现干气输送。当天然气进入集气干线后，由于工况的改变常有饱和水凝析出来。气体中饱和水含量随温度升高而增加，随压力升高而减少。

天然气刚进入管道时，由于温度较高，压降平缓，温度对凝析水的析出起主导作用，天然气中的饱和水含量处于下降过程；当气温趋于地温时，温度降低极少，气体的压降就成为气体饱和水含量的主要因素。气体在管道中凝析出的水量可用下式计算：

$$\Delta W = \frac{W_h - W_{min}}{1000} Q \qquad (1-5-19)$$

式中　ΔW——气体在集气管道中凝析出的水量；kg/d；

　　　W_h——气体进入管道时的含水量，g/m³；

　　　W_{min}——气体在凝析停止时的饱和含水量，g/m³；

　　　Q——气体在标准状态下的流量，m³/d。

脱水后的天然气的含水量 $W_h < W_{min}$，管线中不会有水析出。

天然气集气管线并不是简单的一条管线，更多的情况是几条甚至一个管网的形式，其主要形式如下：

（1）变径管：由直径不同的若干单一管道串联而成，其作用在于扩大管道的输送能力，或者为了节省钢材消耗而采用与设计的管径、管材规格类似的材料。

（2）复管：由两条平行的管道并联而成。两条长度不同的管线并联，如果以长管的首尾为始末端，则短管称之为复管。敷设复管是为了扩大管道的输送能力。在某些特殊地段起着互为备份的作用。

（3）中途有气流输入或输出的管道：这些管线的形式可以分解为若干单一的管道，其计算公式也可由简单管道的基本公式导出。为了方便表达、计算和比较，有时引入当量管道的概念，把管系的计算简化为一条简单管道的计算。

在已知某一管线的直径为 d，长度为 L，假设另一直径为 d_D 的管线具有在相同起点和终点压力情况下相同的输气量，则 d_D 称为当量直径，其对应的长度 L_D 称为当量长度。其公式为：

$$L_D = L \left(\frac{d_D}{d} \right)^{\frac{16}{3}} \qquad (1-5-20)$$

通过该公式可以将复杂的管系或管网化为简单管道计算，方便地计算出相关管线运行数据。

第二节　管线强度计算

天然气开采和集输中，往往需要较多的钢材，而管线线路建设中需要的管材占了极大的比例。对一条 φ325×12mm、长 60km 的管线，若壁厚减少 1mm，钢材消耗量就减少 447t。另一方面，天然气管线操作压力普遍较高，所处工作环境恶劣，管线必须具有满足运行工况下的强度。因此，不但要求管线设计经济合理，更要安全可靠。而对一个开采中后期的气田，由于管线、设备腐蚀，安全操作压力降低，此时必须根据目前管线、设备的有效壁厚，正确地计算出管线、设备所能承受的最大压力，及时调整管线设备的操作压力，保证天然气开采、集输安全、高效地进行。

集气管线壁厚的计算公式为：

$$\delta = \frac{pD}{2\sigma_S \phi Ft} + C \tag{1-5-21}$$

式中　δ——管道壁厚，mm；

　　　p——管道工作压力，MPa；

　　　ϕ——焊缝系数，符合《石油天然气工业管线输送系统用钢管》(GB/T 9711—2023)、《输送流体用无缝钢管》(GB/T 8163—2018) 及《高压锅炉用无缝钢管》(GB/T 5310—2017) 等标准的钢管焊缝系数取 1.0；

　　　t——温度折减系数，当温度小于 120℃时，t 值取 1.0；

　　　σ_S——钢管最低屈服强度，MPa（表 1-5-1）；

　　　D——管道外径，mm；

　　　F——强度设计系数，取值参见表 1-5-2 和表 1-5-3；

　　　C——腐蚀裕量附加值，mm。

根据管道输送介质腐蚀性的大小取值，介质为中等腐蚀时，C 值取 1.0mm；介质为强度腐蚀时 C 值取 2.0mm；介质中不含腐蚀性物质或采用干气输送时 C 值为 0。

表 1-5-1　钢管材质屈服极限

钢管材质	10	20	16Mn	Q235	S360	S415	API SPEC5L			
							X52	X60	X65	X70
σ_S，MPa	205	245	345	235	360	415	358	413	448	482

管道的强度设计系数，需要根据管线所经过的地区进行选择，表 1-5-2 给出了这些地区的划分标准，对于一些特殊的地区，如公路、铁路、集输站场等在表 1-5-3 中也进行了划分。

表 1-5-2　管道强度设计系数

地区等级	情况描述	强度设计系数
一级地区	管道中心两侧各 200m，长为 2km 的范围内居民住户 15 户或以下的地区	0.72
二级地区	管道中心两侧各 200m，长为 2km 的范围内居民住户 15~100 户的地区	0.6
三级地区	管道中心两侧各 200m，长为 2km 的范围内居民住户 100 户以上的地区	0.5
四级地区	管道中心两侧各 200m，长为 2km 的范围内四层及高于四层的楼房集中、交通频繁、地下设施多的地区	0.4

表 1-5-3 管道强度设计系数

管道通过地区	地区等级			
	一	二	三	四
	强度设计系数 F			
有套管穿越Ⅲ、Ⅳ级公路的管道	0.72	0.6	0.5	0.4
无套管穿越Ⅲ、Ⅳ级公路的管道	0.6	0.5	0.5	0.4
有套管穿越Ⅰ、Ⅱ级公路、高速公路、铁路的管道	0.6	0.5	0.5	0.4
集输气站内及进、出站200m内的管道，阶段阀室及上下游50m内的管道（其距离从集输气站和阀室边界算起）	0.5	0.5	0.5	0.4
人群聚集场所的管道	0.5	0.5	0.5	0.4

理论知识模拟试题及答案

模拟试题一

一、单项选择题（每题有4个选项，只有1个是正确的，将正确选项填入括号内，每题1分，共25分）

1. 构造上最低一根闭合等高线到构造最高点之高差，称为（　　）。
   A. 等高线　　　　　B. 闭合度　　　　　C. 闭合面积　　　　D. 顶和槽之差
2. 按断层面产状与褶曲轴向的关系划分的断层是（　　）。
   A. 平移断层　　　　B. 逆断层　　　　　C. 走向断层　　　　D. 斜断层
3. 以下描述错误的是（　　）。
   A. 非线性渗流流态为紊流
   B. 非线性稳定渗流不可以用达西定律表示
   C. 当渗流速度比较大时，渗流速度与压力梯度成反比
   D. 在线性渗流中，渗流速度与压力梯度成正比
4. 下面不属于刚性水驱气藏必须具备的条件的是（　　）。
   A. 地面供水露头且水源充足
   B. 地面水有高于气藏压力的静水压头
   C. 气藏埋藏浅，不超过900m
   D. 地层渗透率高，流通性好
5. 对未经钻探的圈闭，计算天然气的预测资源量的公式是（　　）。
   A. $G_{Ci}=Gf_g$
   B. $G=0.01A_g h_g \phi_e(1-S_{wi})\dfrac{T_{sc}p_i}{Tp_{sc}Z_i}$
   C. $G=A_t F_{ag} H_{fg} S_{gf}$
   D. $G=\dfrac{G_p}{\dfrac{p_{f1}}{Z_1}-\dfrac{p_{f2}}{Z_2}}\dfrac{p_i}{Z_i}$
6. 打开气藏的第一口井钻完后，关井测得的井底压力为（　　）。
   A. 原始地层压力　　B. 目前地层压力　　C. 折算地层压力　　D. 井口压力
7. 气液混合物在油管中流动，液体沿油管壁上升，气体在井筒中心流动，气流中含有液滴，这种流态称为（　　）。
   A. 气泡流　　　　　B. 段柱流　　　　　C. 环雾流　　　　　D. 雾流

8. 水淹井复产，大产水量气井助喷及气藏强排水，最大排水量为 400m³/d，最大举升高度为 3500m 的气井采用（　　）工艺为佳。

　　A. 泡沫排水采气　　　　　　　　　　B. 气举排水采气

　　C. 活塞气举排水采气　　　　　　　　D. 电潜泵排水采气

9. 在计算机控制系统中，计算机内部的控制信号经数模转换、反多路开关送给（　　）来控制生产对象。

　　A. 传感器　　　B. 执行器　　　C. 模数转换器　　　D. 操作人员

10. 自动调节系统由（　　）两大部分组成。

　　A. 自动调节装置和调节对象　　　　　B. 调节器和执行器

　　C. 执行器和调节对象　　　　　　　　D. 调节器和调节对象

11. 影响三甘醇脱水装置操作的主要因素中，最关键的因素是（　　）。

　　A. 吸收塔的操作压力　　　　　　　　B. 吸收塔入口气体温度

　　C. 三甘醇贫液浓度　　　　　　　　　D. 三甘醇循环量

12. 天然气流量计算公式 $q_{vn}=A_{vn}CEd^2\varepsilon F_Z F_T F_G \sqrt{p_1 \Delta p}$ 中，F_G 表示（　　）。

　　A. 超压缩因子　　　　　　　　　　　B. 流束膨胀系数

　　C. 流动温度系数　　　　　　　　　　D. 相对密度系数

13. 气动仪表中节流盲室由（　　）组成。

　　A. 1个变气阻和1个气室串联　　　　 B. 1个变气阻和1个气室并联

　　C. 2个变气阻和1个气容串联　　　　 D. 1个变气阻和1个气容并联

14. 出勤工时利用率=［（　　）/出勤工时（工日）数］×100%。

　　A. 制度内实际生产工时（工日）数

　　B. 实际出勤工日（工时）数

　　C. 生产工人（包括学徒工）平均人数

　　D. 全部职工平均人数

15. 为保证采气安全，在采气流程工艺设备各压力区应装有（　　）。

　　A. 缓蚀装置　　　B. 安全阀　　　C. 调压阀　　　D. 排污阀

16. 采出程度是指（　　）。

　　A. 历年累计采气量与地质储量之比　　B. 历年累计采气量与可采储量之比

　　C. 最终累计采气量与地质储量之比　　D. 最终累计采气量与可采储量之比

17. 气藏配产偏差率是指（　　）。

　　A. $\dfrac{气藏日均采气量-气藏配产气量}{气藏配产气量}\times 100\%$

　　B. $\dfrac{气藏日均采气量}{气藏配产气量}\times 100\%$

　　C. $\dfrac{气藏配产气量}{气藏日均采气量}\times 100\%$

　　D. $\dfrac{气藏配产气量-气藏日均采气量}{气藏配产气量}\times 100\%$

18. 单位压降采气量指（ ）。
A. 气藏平均地层压力下降一个单位压力所能采出的气量
B. 井口油压每降低 1MPa，气藏的总产气量
C. 井口套压每降低 0.1MPa，气藏的总产气量
D. 井口套压每降低 1MPa，气藏的总产气量

19. 根据递减指数 n 值的变化，$5<n<\infty$ 的递减类型属于（ ）。
A. 指数型   B. 双曲线Ⅱ型   C. 双曲线Ⅰ型   D. 视稳定型

20. 碳酸盐岩与盐酸反应的化学反应方程式正确的是（ ）。
A. $CaCO_3+HCl \longrightarrow CaCl_2+CO+H_2\uparrow$
B. $CaCO_3+HCl \longrightarrow CaCl_2+CO_2\uparrow+H_2O$
C. $MgCa(CO)_2+HCl \longrightarrow CaCl_2+MgCl_2+H_2O+CO\uparrow$
D. $MgCa(CO)_3+HCl \longrightarrow CaCl_2+MgCl_2+H_2\uparrow+CO\uparrow$

21. 螺纹代号 G1/2in 表示（ ）。
A. 公称直径 1/2in，左旋圆柱管螺纹   B. 公称直径 1/2in，右旋圆柱管螺纹
C. 公称直径 1/2in，左旋圆锥管螺纹   D. 公称直径 1/2in，右旋圆锥管螺纹

22. 机械制图中，（ ）用细实线表示。
A. 剖面线   B. 引出线   C. 可见轮廓线   D. 轨迹线

23. 在直流电路中，一般将电流流出的一端称为电源的（ ）。
A. 正极   B. 负极   C. 端电压   D. 线电压

24. 节点电流规定，流入节点的电流方向为（ ）。
A. 正   B. 负   C. 可任意假定   D. 无法确定

25. 我国天然气的气质标准规定：Ⅱ类气体中硫化氢的含量为（ ）。
A. 6mg/m³   B. 20mg/m³   C. 30mg/m³   D. 10mg/m³

二、判断题（对的画"√"，错的画"×"，每题1分，共25分）

（　）1. 向斜的核部由较老的岩层组成，翼部由较新的岩层组成，新岩层对称重复出现在岩层的两侧，横剖面上的形态是向下弯曲的。
（　）2. 短轴褶曲长短轴之比为 5:1~2:1。
（　）3. 当岩石中有两种以上流体充满时，岩石对其中一种流体的渗透率称为相对渗透率。
（　）4. 天然气的体积系数比油的小。
（　）5. 气井的不稳定试井，主要用于获取气藏特性参数，判断气藏边界状况及井间连通状况等目的。
（　）6. 探明储量是在气田评价钻探阶段完成或基本完成后计算的储量。
（　）7. 地层深度每增加 100m 时，温度的增高值称为地温级率。
（　）8. 阶式制冷由于设备先进，所以普遍采用。
（　）9. 对焊法兰可作绝缘法兰使用。
（　）10. 脱水装置中，作为脱水剂的甘醇溶液浓度与脱水效果无关。

(　　) 11. 天然气管道施工中，每道焊缝必须连续一次焊完。相邻焊道的起点位置应错开 20~30mm。
(　　) 12. 采气工人实物工人劳动生产率是指直接参加采气生产的第一线采气工在单位时间内生产的天然气数量与参加生产的工人的平均人数之比。
(　　) 13. 天然气增压过程中，单级压缩机排气温度是随吸气压力的上升而降低的。
(　　) 14. 当油管内堵塞不严重时，可以通过加大压差放喷来解堵。
(　　) 15. 集输气管道的输送能力（输气量）与管道内径成正比。
(　　) 16. 酸化压裂后，压力恢复曲线直线段的斜率大，反映渗透率高。
(　　) 17. 机械制图中，断裂处的边界线用双折线表示。
(　　) 18. 机械制图中，弯折线用波浪线表示。
(　　) 19. 当被剖部分的图形面积较大时，可以不画出剖面符号。
(　　) 20. 用组合的剖切平面剖开机件的方式称为复合剖。
(　　) 21. 标注线性尺寸时，尺寸线必须与所标注的线段平行。
(　　) 22. 右图例 表示卧式加热炉。
(　　) 23. 在接地、接零线上不能装熔断丝。
(　　) 24. 电路中电容器并联后，总电容增大。
(　　) 25. 测量电路电压时，电压表在电路中要并联。

三、简答题（每题 4 分，共 36 分）

1. 裂缝与断层之间有什么关系？
2. 试采的主要任务是什么？
3. 何谓天然气集输？
4. SCADA 系统主站的系统功能是什么？
5. 外加电流阴极保护站主要由哪些部分组成？
6. 三甘醇吸收法脱水的优点及其缺点是什么？
7. 立式重力分离器和卧式重力分离器的分离原理有何差异？
8. 集气干线紧急关闭系统应具备哪些条件？
9. 如何确定气举工作阀的位置？

四、计算题（每题 7 分，共 14 分）

1. 输气站内有一根长 6m，规格为 $\phi 529mm \times 7mm$ 的汇管，管内天然气压力为 0.4MPa（表），现需要在汇管上割个洞焊接法兰，加装一个 DN100 的闸阀，问管内有多少立方米天然气需放掉（不考虑温度及压缩系数）？焊接后，按常规方法约需多少天然气置换出汇管内的空气？

2. 某输气管道 $\phi 159mm \times 7mm$，长 5km，输气压力为 5.0MPa（绝），输送含硫天然气，请校核管道壁厚（$\sigma_s = 245MPa$，设计系数为 0.72，选用无缝钢，腐蚀裕量选 2mm）。

模拟试题一答案

一、单项选择题

1. B 2. D 3. C 4. C 5. C 6. A 7. C 8. B 9. B 10. A
11. C 12. D 13. A 14. A 15. B 16. A 17. A 18. A 19. D 20. B
21. B 22. A 23. A 24. A 25. B

二、判断题

1. × 正确答案：向斜的核部由较新的岩层组成，翼部由较老的岩层组成，老岩层对称重复出现在岩层的两侧，横剖面上的形态是向下弯曲的。 2. √ 3. × 正确答案：当岩石中有两种以上流体充满时，岩石对其中一种流体的渗透率称为相渗透率。 4. × 正确答案：天然气的体积系数比油的大。 5. √ 6. √ 7. × 正确答案：地层深度每增加100m时，温度的增高值称为地温梯度。 8. × 正确答案：阶式制冷由于设备多、流程及控制复杂，投资高，所以采用不多。 9. × 正确答案：对焊法兰不可作绝缘法兰使用。 10. × 正确答案：脱水装置中，作为脱水剂的甘醇溶液浓度与脱水效果有关。
11. √ 12. √ 13. √ 14. √ 15. √ 16. × 正确答案：集输气管道的输送能力（输气量）与管道内径的8/3次方成正比。 17. × 正确答案：酸化压裂后，压力恢复曲线直线段的斜率大，反映渗透率低。 18. × 正确答案：机械制图中，弯折线用细实线表示。
19. √ 20. × 正确答案：当被剖部分的图形面积较大时，可以只沿轮廓的周边画出剖面符号。 21. √ 22. √ 23. √ 24. √ 25. √

三、简答题

1. 断层是裂缝发育的继续，同时断层的产生又促进了新裂缝的形成，并且在断层附近裂缝的密度显著增加；由于断层的产生，使断层两盘产生一系列羽毛状分布的张裂缝，从而使裂缝带的宽度加大；断层的出现还会使裂缝的连通性变好，成为天然气运移的重要通道。

2. （1）分析和验证气藏的地质特点；（2）核实气藏储量；（3）研究气藏内部各开发单元地质特征和分布规律；（4）研究气水分布的活动特点及气藏的驱动类型；（5）通过室内实验进行烃类体系的组分分析，PVT分析及绘制相态图；（6）研究气井生产特点，产能变化规律和影响因素，以及气井井身结构的合理性；（7）进行多种采气工艺试验，确定气层改造的有效措施；（8）试验并选择经济有利的地面集输、净化等设施。

3. 天然气集输是继气田勘探、开发和开采之后的一个重要的生产过程，包括从井口开始，将天然气通过管网收集起来，经过预处理和其后的气体净化，最后成为合格的商品天然气并外输至用户的整个过程。

4. SCADA系统主站的系统功能有：

（1）监视和采集远程站RTU的运行数据；

（2）统计、分析、存储各种运行参数；

（3）打印报警/事故信息，提供生产报表；

（4）发送遥控指令，启/停压缩机及开/关站场和管道上的关键阀门；

（5）对管道系统的输配量进行调度，提高供气质量；

（6）模拟管道系统运行，优化管理，为管理系统运营决策提供依据；

（7）管道漏失的定位及监测；

（8）SCADA 系统参数、状态、趋势、系统和站场流程的模拟显示；

（9）系统操作、维护的培训；

（10）系统组态、扩展。

5. 外加电流阴极保护系统主要由电源设备、辅助阳极、阳极线路、通电点装置、电绝缘装置、参比电极、检测装置、跨接均压线等装置组成。

6. 三甘醇吸收法脱水的优点：能耗小，操作费用低；处理量小时，可做成橇装式，结构紧凑占地面积小，搬迁和移动方便，预制化程度高、制造价低、三甘醇使用寿命长、损失量小、成本低；脱水后干气露点可达-30℃左右，能满足天然气输送要求。三甘醇吸收法脱水的缺点：干气露点不能满足深冷回收轻烃凝液的要求，原料气中含有轻质油时，甘醇溶液易起泡，破坏吸收。

7. 立式重力分离器是一种复合式的重力分离器，分离液滴的原理是利用离心力和重力双重作用。气流进入分离器后首先沿器壁回旋流动，借离心力作用将大量的液体分离下来，然后气流沿分离器筒体空间向上流动，液体微粒借重力作用分离下来。

卧式重力分离器的分离原理是利用重力作用使液滴从气流中分离下来。分离器的进口结构使气流进入分离器后，在其端部产生冲击而使大量的携带液被分离下来。气流经过冲击后沿筒体折向流动，折向流动的过程是天然气中携带的微滴被进一步沉降分离的过程。

8. 集气干线紧急关闭系统应具备以下条件：（1）集气干线紧急关闭系统配套阀门动作的能量储备。（2）准确的事故感测系统，包括地震感测和管道断裂感测。地震感测装置按地震的加速度和振幅限度发出阀门动作信号；管道无论是破裂还是断裂，管道断裂感测装置均可以对出现的压力或流量的异常发出信号，多采用感测管道中气体压降速率的气动装置。（3）有一套能完成阀门关闭程序的控制系统。当然集气干线紧急关闭系统必须与集气干线的紧急切断阀装配良好。

9. 气井经气举复活后，一般应用回声仪测量油套环空的液面来确定，也可以通过测量油管中的压力梯度来确定。如题 9 图所示，在 A 点以上深度，压力梯度变化均匀，而在 A 点以下深度，压力梯度急剧增大，则 A 点就是前油管中的动液面深度，A 点附近的气举阀就是工作阀的位置。

四、计算题

1. 解：（1）求汇管空容量 V_0，根据 $\pi R^2 L$ 公式：

$$R = \frac{529-14}{2} = 257.5(\text{mm}) = 0.2575(\text{m})$$

$$V_0 = 3.14 \times 0.2575^2 \times 6 \approx 1.25(\text{m}^3)$$

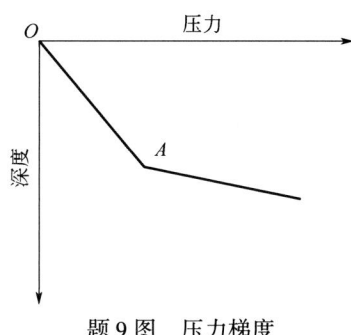

题 9 图　压力梯度

（2）由于不考虑温度及压缩系数的影响，汇管在 0.4MPa（表）情况下，所储天然气量为：$V_P \approx V_0 p$

因为　　　　　　　$p_{绝} = 0.4 + 0.1 = 0.5(MPa) \approx 5(kgf/cm^2)$；

所以　　　　　　　$V_P = 1.25 \times 5 = 6.25(m^3)$

（3）求 V：常规方法，应用 3 倍的天然气置换管内空气，即：

$$V = 3V_0 = 3 \times 1.25 = 3.75(m^3) \approx 4(m^3)$$

答：该汇管有 $6.25m^3$ 天然气需放空，按常规方法 3 倍空管容量约需 $4m^3$ 的天然气置换出空气。

2. 解：已知 $p = 5.0MPa$；$D = 159mm$；$\sigma_s = 245MPa$；$F = 0.72$；中等腐蚀 $C = 2mm$；$K_t = 1$（管子温度度减弱系数）；管子纵向焊接系数 $\varphi = 1$。

根据　　　　　　　$\delta = \dfrac{pD}{2\sigma_s F \varphi K_t} + C$

$$\delta = \frac{5 \times 159}{2 \times 245 \times 0.72 \times 1 \times 1} + 2 = 4.25(mm) < 7(mm)$$

答：因计算结果 4.25mm<7mm，满足要求。

模拟试题二

一、单项选择题（每题有 4 个选项，只有 1 个是正确的，将正确选项填入括号内，每题 1 分，共 25 分）

1. 褶曲中心部位的岩层是指（　　）。
A. 核　　　　　B. 顶角　　　　　C. 翼角　　　　　D. 轴面
2. 按断层面产状与岩层产状的关系划分的断层是走向断层、斜交断层与（　　）。
A. 正断层　　　B. 逆断层　　　　C. 平移断层　　　D. 倾向断层
3. 非线性稳定渗流可以用（　　）表示。
A. 线性渗流定律　　　　　　　　B. 非线性渗流定律
C. 达西定律　　　　　　　　　　D. 产气方程式

4. 下面开采特点不属于气驱气藏的是（　　）。
   A. 气藏的单位压降采气量是常数　　　　B. 气藏压降储量曲线向下弯曲
   C. 采收率高，一般在90%以上　　　　　D. 地层压力下降快，稳产期短
5. 圈闭体积法计算凝析气田原始地质储量的公式是（　　）。
   A. $G_{Ci} = Gf_g$
   B. $G = 0.01 A_g h_g \phi_e (1-S_{wi}) \dfrac{T_{sc} p_i}{T p_{sc} Z_i}$
   C. $G = A_t F_{ag} H_{fg} S_{gf}$
   D. $S_{gf} = 0.01 \phi (1-S_{wi}) \dfrac{T_{sc} p_i}{T p_{sc} Z_i}$
6. 气层投入开发之后，在某一时间关井，待压力恢复平稳后所求得的井底压力称为（　　）。
   A. 原始地层压力　　　　　　　　　　　B. 目前地层压力
   C. 折算地层压力　　　　　　　　　　　D. 井口压力
7. 气井垂直管流中举升能量的主要来源是（　　）。
   A. 井底流压和气体膨胀能　　　　　　　B. 地层压力和气体膨胀能
   C. 井口流动压力和气体膨胀能　　　　　D. 井底流压和井口流压
8. 在轻烃吸附分离中，吸附剂吸附吸附质的过程称为（　　）。
   A. 吸附平衡　　　B. 出峰　　　C. 吸附　　　D. 脱附
9. 简单过程控制系统（单回路系统），由4个基本环节组成，即（　　）。
   A. 被控对象、测量变送器、调节器和执行机构
   B. 被控对象、传感器、计算机和执行机构
   C. 被控对象、测量送速器、计算机和执行机构
   D. 被控对象、传感器、调节器和执行机构
10. SCADA系统由（　　）、调度控制中心主计算机系统和传输通信系统三大部分组成。
    A. 站控计算机系统　　B. 远程终端系统　　C. 外部设备系统　　D. 站控系统
11. 天然气脱水时，影响产品气露点的主要参数有（　　）。
    A. 吸收塔的操作压力和入口气体温度
    B. 吸收塔入口气体温度和贫甘醇浓度
    C. 贫甘醇浓度和甘醇循环量
    D. 三甘醇循环量和循环速度
12. 天然气流量计算公式：$q_{vn} = A_{vn} C E d^2 \varepsilon F_Z F_T F_G \sqrt{p_1 \Delta p}$，其中 ε 表示（　　）。
    A. 超压缩因子　　　　　　　　　　　　B. 流束膨胀系数
    C. 流动温度系数　　　　　　　　　　　D. 相对密度系数
13. 管线吹扫时，先用天然气置换管内空气，气流速度不超过（　　），起点压力不大于0.1MPa。
    A. 5m/s　　　　　B. 10m/s　　　　　C. 3m/s　　　　　D. 1m/s

14. 劳动指标：定额工时完成率=（　　）/计划完成定额工时数×100%。
A. 实际出勤工日（工时）数　　　　　B. 出勤工时（工日）数
C. 实际完成定额工时数　　　　　　　D. 制度内实际生产工时（工日）数

15. 场站及管线上常见球阀的驱动方式有（　　）。
A. 手动、气动、气液联动、手压泵液压传动、电动
B. 手动、气动、气液联动、磁动、电动
C. 手动、气动、手压泵液压传动、磁动、电动
D. 手动、气动、气液联动、手压泵液压传动、磁动

16. 输气管道的实际输送量与设计的管道输送能力比值的百分数称为（　　）。
A. 输气管道的利用率　　　　　　　　B. 输气管道的输送效率
C. 输气管道无故障运转率　　　　　　D. 输气管道的输送率

17. 在脱水工艺流程中，脱水剂甘醇溶液最理想的 pH 值是（　　）。
A. 6.0~8.0　　　B. 6.5~7.5　　　C. 7.0~8.0　　　D. 7.0~7.5

18. 对气藏估算开发指标，作出经济效益评价，是（　　）。
A. 气田评价的内容
B. 气田开发方案的内容
C. 气田试采方案的主要内容
D. 气田开发初步方案的主要内容

19. 双曲线递减公式的产量计算公式为（　　）。

A. $D = \dfrac{q_{gi} - q_{g2}}{q_{gt}} \times 100\%$　　　　　B. $\dfrac{D_T}{D_O} = \dfrac{q_g}{q_{go}}$

C. $q_g = \dfrac{q_{go}}{(1 + n D_{OT})^{\frac{1}{n}}}$　　　　　D. $D_L = \dfrac{q_g D_O}{q_{go}}$

20. 为防止压裂后地层裂缝的闭合，需加入（　　）。
A. 前置液　　　B. 破裂液　　　C. 顶替液　　　D. 支撑液

21. 机械制图中，（　　）用粗点画线表示。
A. 可见轮廓线　　B. 中断线　　C. 有特殊要求的线　　D. 剖面线

22. 电动闸阀的图例是（　　）。
A. 〔H〕　　　B. 〔G〕　　　C. 〔M〕　　　D. 〔D〕

23. 交流 380V 是指三相四线制相线间电压，即（　　）。
A. 相电压　　　B. 线电压　　　C. 线路电压　　　D. 端电压

24. 实验证明：磁力线、电流方向和导体受力的方向，三者的方向（　　）。
A. 一致　　　B. 互相垂直　　　C. 相反　　　D. 无关

25. 空气中硫化氢的浓度为（　　）时，会引起中毒，中毒者表现为恶心、头痛、胸部压迫感和疲倦。
A. 1.02g/m^3　　B. 0.7g/m^3　　C. 0.12g/m^3　　D. 0.02g/m^3

二、判断题（对的画"√"，错的画"×"，每题1分，共25分）

（　　）1. 褶曲是褶皱构造的基本单位，它是岩层的一个弯曲，是地壳中广泛发育的构造形态。

（　　）2. 穹隆的长短轴之比为5∶1~2∶1。

（　　）3. 一般来讲，气层岩石颗粒的圆度越好、分选越好、裂缝越发育，渗透率就越高。

（　　）4. 黏度值越大，流体越易流动。

（　　）5. 在凝析气藏相图中，在该线上开始有蒸汽转变为液态，凝析出第一个液滴的线是泡点线。

（　　）6. 根据计算井底压力公式，可绘制气藏压降储量曲线。

（　　）7. 对加泡排剂助排的气水同产井，泡排剂可能在井内产生沉淀，从而在生产管柱某些缩径处堆积而堵塞油管。

（　　）8. 阶式制冷深冷分离，最少需3个冷冻循环。

（　　）9. 一定的拉应力或金属内部的残余应力，是使输气管线产生应力腐蚀破裂的原因之一。

（　　）10. 在温度不变时，进脱水吸收塔的天然气和干气的饱和水含量随着压力降低而升高。

（　　）11. 天然气井站所用的法兰均是平焊法兰。

（　　）12. 天然气生产用电单耗是在报告期内单位总耗电量与报告期内单位所生产天然气量之比。

（　　）13. 对同一天然气压缩机，若原吸气温度为25℃，每升高1℃，排气量将减少0.336%；每降低1℃排气量增加0.336%。

（　　）14. 对于疏松的砂岩地层，为防止流速大于某值时，砂子从地层中产出，气井工作制度采取定井底压差制度。

（　　）15. 试采方案的主要内容是：勘探简况、气藏地质特征、试采任务及试采区、试采井的选择，地质、动态资料的录取要求、试井计划、试采所需的采气工艺和净化工艺，集输工程建设的要求等。

（　　）16. 对流速高、排液能力较好、产水量大的气井，可相应增大管径生产，以达到减少阻力损失、提高井口压力、增加产气量的目的。

（　　）17. 用来表达机械零件的结构、形状、尺寸、加工精度、技术要求的图样，称为剖视图。

（　　）18. 机械制图中，轴线由细点画线表示。

（　　）19. 机械制图中，重合剖面的轮廓线用细实线表示。

（　　）20. 在零件图中也可以用涂色代替剖面符号。

（　　）21. 机件向任何基本投影面投影所得的视图，称为斜视图。

（　　）22. 机械制图尺寸线可以用其他图线代替。

（　　）23. 电流表测量电路电流时必须并联在电路中。

(　　) 24. 电路中，电容器并联后，总电容增大。

(　　) 25. 在接地线、接零线上不能装熔断丝。

三、简答题（每题4分，共36分）

1. 断层与气藏的关系是什么？
2. 弹性水驱气藏的主要特点有哪些？
3. 何谓井口安全切断系统，其主要组成部分有哪些？
4. 金属防腐缓蚀剂的一般要求是什么？
5. 缓蚀剂为什么能减缓管道内壁腐蚀？
6. DBY型电动压力变送器位移检测器与电子放大器的作用是什么？
7. 外加电流法阴极保护站站址的选择原则是什么？
8. 集气干线紧急关闭系统具有哪些作用方式？
9. 气藏的采气速度要合理，应满足的条件是什么？

四、计算题（每题7分，共14分）

1. 某气井地层压力 $p_f = 10.0\text{MPa}$，一点法测试得：$p_{wf} = 8.9\text{MPa}$，$Q_g = 40 \times 10^4 \text{m}^3/\text{d}$，用图解法求该井的绝对无阻流量（题1图）。

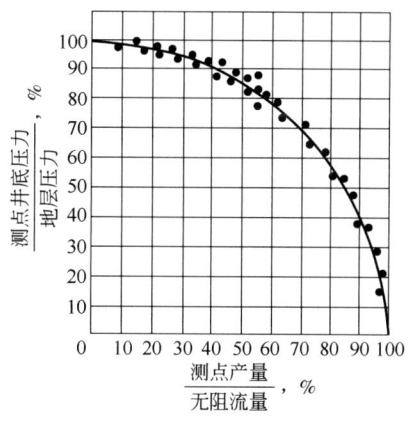

题1图　该地区气井类型曲线

2. 某管道尺寸为219mm×7mm，长12km，起点压力为3.5MPa，终点压力为3.0MPa，管道上任意两点的高差小于200m，求在输温20℃时管道的输气量（提示：气体相对密度为0.58，压缩系数为0.9，$d^{\frac{8}{3}} = 3148$）。

模拟试题二答案

一、单项选择题

1. A　　2. D　　3. D　　4. B　　5. A　　6. B　　7. A　　8. C　　9. A　　10. D

11. C　12. B　13. A　14. C　15. A　16. A　17. D　18. D　19. C　20. D
21. C　22. C　23. B　24B　25. D

二、判断题

1.√　2.×　正确答案：穹隆的长短轴之比为2∶1～1∶1。　3.√　4.×　正确答案：黏度值越小，流体越易流动。　5.×　正确答案：在凝析气藏相图中，在该线上开始有蒸汽转变为液态，凝析出第一个液滴的线是露点线。　6.×　正确答案：根据气藏历次关井前的累计采气量和对应的地层视地层压力，可绘制气藏压降储量曲线。　7.√　8.×　正确答案：阶式制冷深冷分离，最少需2个冷冻循环。　9.√　10.√　11.×　正确答案：平焊法兰用在压力不高（≤2.5MPa）的地方。　12.×　正确答案：天然气生产用电单耗是在报告期内生产天然气所消耗的电量与生产的天然气量之比。　13.√　14.×　正确答案：对于疏松的砂岩地层，为防止流速大于某值时，砂子从地层中产出，气井工作制度采取定井底渗流速度制度。　15.√　16.√　17.×　正确答案：假想用剖切面剖开机件，将处在观察者和剖切面之间的部分移去，而将其余部分向投影面投影所得的图形称为剖视图。　18.√　19.√　20.√　21.×　正确答案：机件向不平行于任何基本投影面的平面投影所得的视图，称为斜视图。　22.×　正确答案：机械制图中，尺寸线不可以用其他线代替，一般也不得与其他图形重合或画在其延长线上。　23.×　正确答案：电流表测量电路电流时必须串联在电路中。　24.√　25.√

三、简答题

1. 断层与天然气的关系有两重性。一方面使气藏受到破坏；另一方面断层在适当的条件下形成断层遮挡类型的气藏，而且对于断块气藏的形成、分布起着一定的控制作用。

2. （1）采气中气水界面上升，气藏容积缩小，反映在视地层压力与累计采气量关系图上是一条上翘曲线，上翘点表示弹性水驱作用出现，上翘点以前的直线表示气藏在气驱下采气。上翘点一般在采出原始储量的20%～50%时出现。（2）由于水对采气的干扰，采收率比气驱气藏低，一般采收率是45%～70%；（3）由于水的弹性能的补给作用，地层压力的下降速度比气驱气藏低，采气速率很小时地层压力甚至不降。

3. 井口安全切断系统是在生产系统出现异常（如火灾、憋压、爆管等）情况时，切断井口气源，确保站场和人员安全的系统。该系统主要由切断阀、高低压导阀、中继阀、易熔片和执行气源系统组成。

4. 金属防腐缓蚀剂的一般要求如下：
(1) 用量少，保护效率高，不影响产品质量。
(2) 不会造成工艺过程中的起泡、乳化、沉淀、堵塞等副作用。
(3) 使用方便，溶解性和分散性好。
(4) 原料易得，成本低廉，毒害性小，对环境污染少。

5. 把缓蚀剂注入管道，它在管壁上形成一层致密保护薄膜，使管道中的水或腐蚀介质不能与管壁直接接触，腐蚀就无法进行，所以缓蚀剂能减缓管道内壁腐蚀。

6. 通过位移检测片的微小位移，影响位移检测线圈的电感量，使输入到放大器的信号变化。接着又通过高频振荡放大器的放大，转换成相应的 0~10mA 或 4~20mA 的直流信号输出。

7. 外加电流法阴极保护站站址的选择应遵循以下原则：（1）满足阴极保护电气计算的要求，尽量选在被保护管段的中间，以便充分发挥一座站的功能。（2）容易获得稳定可靠的交流电源。（3）能选出符合要求的埋设辅助阳极的区域，以避免对邻近地下金属构筑物产生干扰。

8. 集气干线紧急关闭系统有两种作用方式：（1）由线路上的事故感测系统把信号送到中央控制室，再由中央控制遥控阀门关闭。（2）由附带在阀门上的事故感测系统就地控制阀门关闭。一般所说的紧急关闭系统多指第二种方式。

9. （1）气藏能保持较长时间稳产。稳产时间的长短不仅与气藏储量和产量的大小有关，还与气藏是否有边底水、边底水活跃与否等其他因素有关。（2）气藏压力均衡下降。这可以避免边底水舌进、锥进，对有水气藏的开采十分重要。（3）气井无水采气期长。此阶段采气量高，资金投入相对少，管理方便，采气成本低。

四、计算题

1. 解：$p_{wf}/p_f = 8.9/10 \times 100\% = 89\%$，查该地区气井类型曲线得：

$$Q_g/Q_{AOF} = 0.43$$

$$Q_{AOF} = Q_g/0.43 = 40 \times 10^4/0.43 = 93.02 \times 10^4 (\text{m}^3/\text{d})$$

答：该井的绝对无阻流量为 $93.02 \times 10^4 \text{m}^3/\text{d}$。

2. 解：

已知：

$$Q = 5033.11 d^{\frac{8}{3}} \sqrt{\frac{p_1^2 - p_2^2}{\Delta ZTL}}$$

$$d = 21.9 - 1.4 = 20.5(\text{cm})$$

$$p_1 = 3.5 + 0.1 = 3.6 \text{MPa}(\text{绝})$$

$$L = 12 \text{km}$$

$$p_2 = 3.0 + 0.1 = 3.1 \text{MPa}(\text{绝})$$

$$T = 273.15 + 20 = 293.15 \text{K}$$

$$\Delta = 0.58; Z = 0.9$$

有：

$$Q = 5033.11 \times 20.5^{\frac{8}{3}} \times \sqrt{\frac{3.6^2 - 3.1^2}{0.58 \times 0.9 \times 293.15 \times 12}} = 5033.11 \times 3148 \times 0.04271216 = 676741 (\text{m}^3/\text{d})$$

答：在题述条件下该管道输气量为 $676741 \text{m}^3/\text{d}$。

模拟试题三

一、**单项选择题**（每题有4个选项，只有1个是正确的，将正确选项填入括号内，每题1分，共25分）

1. 褶曲的基本类型可分为（　　）两种，它们互相依存，共存于一个统一体中。
   A. 扇形褶曲、背斜褶曲　　　　　　　　B. 倒转褶曲、向斜褶曲
   C. 倒转褶曲、翻转褶曲　　　　　　　　D. 向斜褶曲、背斜褶曲
2. 按断层两盘沿断层面相对位移的方向划分的断层是（　　）。
   A. 走向断层　　　B. 倾向断层　　　C. 斜交断层　　　D. 平移断层
3. 下列试井方法中不属于产能试井的是（　　）。
   A. 一点法试井　　B. 等时试井　　　C. 稳定试井　　　D. 脉冲试井
4. 下列气藏类型中按储层岩性划分的是（　　）。
   A. 构造气藏　　　B. 砂岩气藏　　　C. 边水气藏　　　D. 均质气藏
5. 疏松的砂岩地层，为防止流速大于某值时，砂子从地层中产出，气井工作制度应采用（　　）。
   A. 定井底渗滤速度制度　　　　　　　　B. 定井壁压力梯度制度
   C. 定井口（井底）压力制度　　　　　　D. 定井底压差制度
6. 井底大裂缝不发育，水显示阶段长，出水后氯离子稳定，水量不大；出水后，气量和井口压力大幅度下降，产气方程中摩阻 A、惯阻 B 剧增；关井后水不能全退回地层，具有此现象特征的属于（　　）。
   A. 断裂出水　　　B. 横向水窜型出水　　C. 水锥型出水　　D. 阵发型出水
7. 哈里伯顿井口安全系统的执行气压必须控制在（　　）。
   A. 250～300psi　　B. 200～250psi　　C. 100～150psi　　D. 150～200psi
8. 在轻烃吸附分离法中，被吸附的组分称为（　　）。
   A. 脱附　　　　　B. 吸附　　　　　C. 吸附质　　　　D. 吸附剂
9. 自动调节装置包括（　　）。
   A. 测量元件、调节器、执行器和调节对象
   B. 测量元件、变送器、执行器和调节对象
   C. 变送器、调节器、执行器和调节对象
   D. 测量元件、变送器、调节器和执行器
10. 当SCADA系统某一环节出现故障或与调度控制中心通信中断时，（　　）其数据采集和控制功能。
    A. 不影响　　　　B. 直接影响　　　C. 间接影响　　　D. 可能影响
11. 在固体吸附法脱水工艺中，常使用的吸附剂主要有（　　）。
    A. 活性氧化铝、硅胶、活性炭　　　　　B. 活性炭、硅胶、分子筛
    C. 活性氧化铝、分子筛、硅胶　　　　　D. 活性氧化铝、活性炭、分子筛

12. 差压变送器的结构包括四部分，正确的是（   ）。
   A. 测量部分、传输部分、位移检测部分、电磁反馈机构
   B. 测量部分、机械力转换部分、电子放大器、电磁反馈机构
   C. 测量部分、传输部分、位移检测器和电子放大器、电磁反馈机构
   D. 测量部分、机械力转换部分、位移检测器和电子放大器、电磁反馈机构

13. 管线吹扫时，先用天然气置换管内空气，当置换管道末端放空管口气体含氧量不大于（   ）时即可认为置换合格。
   A. 1%   B. 2%   C. 3%   D. 5%

14. 球阀主要由（   ）四个部分组成。
   A. 阀体、球体、密封机构、执行机构   B. 阀体、球体、传动装置、执行机构
   C. 阀体、球体、密封机构、动力机构   D. 阀体、球体、传动机构、动力机构

15. 某气井稳定试井求得产气方程 $A = 0.0209$，$B = 0.0014$，地层压力为 26.738MPa（在求产气方程式时，压力单位为 MPa，产量单位为 $10^4 m^3/d$），该井无阻流量为（   ）。
   A. $707.2 \times 10^4 m^3/d$ B. $707.2 \times 10^3 m^3/d$
   C. $659.7 \times 10^4 m^3/d$ D. $659.7 \times 10^3 m^3/d$

16. 在一定的操作条件下，管道的实际输送量与计算通过能力比值的百分数称为（   ）。
   A. 输气管道的利用率   B. 输气管道的输送效率
   C. 输气管道无故障运转率   D. 输气管道的输送率

17. 在温度较低时甘醇会变得很稠，脱水效率会降低且极易发泡，因此甘醇脱水的最低操作温度为（   ）。
   A. 5℃   B. 15℃   C. 10℃   D. 18℃

18. 在气藏开发动态分析中，不属于气藏类别判断方面工作的是（   ）。
   A. 计算气藏压力系数   B. 分析气藏驱动类型
   C. 确定气藏边界及气水界面   D. 气藏压力剖面分析

19. 某集输站工作压力为 2.5MPa，调校安全阀的起跳压力是（   ）。
   A. 3.0MPa   B. 2.80MPa   C. 2.625MPa   D. 2.5MPa

20. 产量曲线对比图中的阴影部分表示（   ）。
   A. 酸化压裂前的产量   B. 酸化压裂中的产量
   C. 酸化压裂后的产量   D. 酸化压裂的增产量

21. 机械制图中，（   ）用细点画线表示。
   A. 可见轮廓线   B. 对称中心线
   C. 中断线   D. 节圆及节线

22. 图例 ____ 表示（   ）。
   A. 高压泄压阀   B. 低压泄压阀   C. 电动头驱动闸阀   D. 孔板阀

23. 在一电压稳定的电路中，电阻值增大时，电流就随之（   ）。
   A. 减小   B. 增大   C. 不变   D. 先减小后增大

24. 硫化铁在（　　）下会发生自燃。
   A. 高温　　　　　　B. 常温　　　　　　C. 有液体存在情况　　D. 任何情况
25. 当空气中硫化氢的浓度达到（　　）时，会引起剧烈中毒，表现为抽筋、失去知觉、呼吸器官麻痹而中毒死亡。
   A. 300mL/m³　　　B. 500mL/m³　　　C. 100mL/m³　　　D. 20mL/m³

二、判断题（对的画"√"，错的画"×"，每题1分，共25分）

（　　）1. 顶角是指褶曲两翼岩层与水平面的夹角。
（　　）2. 一般地说，构造轴部的裂缝密度比翼部的裂缝密度小。
（　　）3. 渗透性是指在一定压差下岩石允许流体通过的性质。渗透率是用来衡量岩石渗透性好坏的标志。
（　　）4. 达西定律表示单相均质流体在多孔介质中的渗流速度与压力梯度成反比，与流体的黏度成正比。
（　　）5. 在凝析气藏相图中，液态开始转变为气态，出现第一个气泡的曲线称为泡点线。
（　　）6. 气藏未开采前的气层压力称为地层压力。
（　　）7. 轻烃回收的吸附分离法，是利用某种固体吸附剂，有选择地吸附气体混合物中的某个组分（吸附质），随后再使之从吸附剂上脱附，从而达到分离的目的。
（　　）8. 阶式制冷就是用两种或多种冷冻剂串联操作，以一种冷冻剂产生的冷效应去冷凝另一沸点较低的冷冻剂。
（　　）9. 产生应力腐蚀破裂的条件之一是金属本身对应力腐蚀的敏感性。
（　　）10. 在一定压力下，进塔天然气的含水量、吸收温度和干气的含水量将随着进脱水塔天然气温度升高而升高。
（　　）11. 气田低压气增压输送时，一般情况下应采用往复式压缩机。
（　　）12. 阀门安装前应逐个进行强度试验和严密性试验。
（　　）13. 天然气压缩机的转速提高，其气阀使用寿命明显地缩短，其可靠性和运转率降低。
（　　）14. 气藏开采初期常用定产量制度。
（　　）15. 气藏开发阶段的任务是探明气田、搞清气田地下的基本情况。
（　　）16. 对于中后期的气井，因井底压力和产气量均较低，排水能力差，则应更换较大管径油管，以达到减少阻力损失，提高气流带水能力，排除井底积液，使气井正常生产，延长气井的自喷采气期的目的。
（　　）17. 三视图的投影规律一般可以简单地说成：长对正、高平齐、宽相等。
（　　）18. 机械制图中，轨迹线用细点线表示。
（　　）19. 机械制图中，引出线用粗实线表示。
（　　）20. 在装配图中，相互邻接的金属零件的剖面线，其倾斜方向应相同。
（　　）21. 基本投影面规定为正六面体的6个面。

(　　) 22. 尺寸线终端用斜线形式时，尺寸线与尺寸界线必须相互垂直。
(　　) 23. 当几个电容器串联时，串联后的总容量等于各电容器电容量之和。
(　　) 24. 测电路电压时，电压表要串联在电路中。
(　　) 25. 各种金属、碳、石墨的溶液都是导体。

三、简答题（每题4分，共36分）

1. 影响渗透性的因素有哪些？
2. 气井过早出水，产层受地层水伤害，会造成哪些不良后果？
3. 什么是自动化控制系统，其主要的作用是什么？
4. 金属电化学腐蚀的特点是什么？
5. 甘醇脱水的原理是什么？
6. DBY型电动压力变送器电磁反馈机构的作用是什么？
7. 天然气压缩机站的任务有哪些？
8. 电潜泵排水采气工艺的原理是什么？
9. 简述气藏采气速度与采收率之间的重要规律。

四、计算题（每题7分，共14分）

1. 某井气层中部井深为1650m，测压求得深度1600m处的压力为14.48MPa，1500m处的压力为14.02MPa，试求气层中部压力。
2. 某输气管线尺寸为ϕ325mm×10mm，长45km；在正常输气生产过程中，起点压力为4.0MPa（表），终点压力为3.5MPa（表），求管道平均压力。

模拟试题三答案

一、单项选择题

1. D	2. D	3. D	4. B	5. A	6. C	7. B	8. C	9. D	10. A
11. B	12. D	13. A	14. A	15. A	16. B	17. C	18. D	19. C	20. D
21. B	22. A	23. A	24. B	25. B					

二、判断题

1. ×　正确答案：顶角是指褶曲两翼岩层的夹角。　2. ×　正确答案：一般地说，构造轴部的裂缝密度比翼部的裂缝密度大。　3. √　4. ×　正确答案：达西定律表示单相均质流体在多孔介质中的渗流速度与压力梯度成正比，与流体的黏度成反比。　5. √　6. ×　正确答案：气藏未开采前的气层压力称为原始地层压力。　7. √　8. √　9. √　10. √　11. √　12. √　13. √　14. √　15. ×　正确答案：气藏开发阶段的任务是充分合理地利用地层能量，采用先进的工艺技术，实现气藏的高产稳产，把已探明的储量充分开采出来，达到较高的采收率。　16. ×　正确答案：对于中后期的气井，因井底压力和产气量均较低，排水能力差，则应更换较小管径油管，提高气流带水能力，排除井底积液，使气井正常生产，延长气井的自喷采气期。　17.√　18.√　19.×　正确答案：机械制图中，引出线用细实线表示。　20.×　正确答案：在装配图中，相互邻接的金属零件的剖面线，其倾斜方向应相反。　21.√　22.√　23.×　正确答案：当几个电容器并联时，并联后的总容量等于各电容器电容量之和。　24.×　正确答案：测电路电压时，电压表要并联在电路中。　25.√

三、简答题

1. 组成岩石的颗粒大小、圆度、分选和排列情况；孔隙截面积的大小、形状、相互的连通性；岩石的成分（矿物和胶结物）及裂缝的发育情况等。

2. （1）加速产量递减。气层的一部分渗流通道被水占据，单相流变为两相流，增大了气体渗流阻力，使产气量大幅度下降，递减加快。（2）地层水沿裂缝、高渗透带窜进，气体被水封隔、遮挡，气体流动受阻，部分区块形成死气区，使采收率降低。（3）气井出水后水气比增大，造成油管中两相流动，使压力损失增加，井口流动压力下降，严重时会造成井筒积液，产气量下降，甚至造成气井过早停喷，大大缩短了气井寿命。

3. 自动化控制系统是以计算机为中心，配合各种传感器、仪表和执行机构等组成的系统。自动化控制系统主要作用是：可以减少岗位人员和实现部分岗位无人值守，大大减轻后勤保障等方面的负担。还可以预先发现事故隐患，及时加以消除和防治，确保安全生产，而且根据及时取得的各项参数和依靠计算机的分析功能，对生产系统及某些设备的运行进行调节，使其处于最佳运行状态，达到安全、低耗、高效、高产的目的。

4. 金属的化学腐蚀是金属与周围介质直接发生纯化学反应而引起的损坏，它的特点是腐蚀过程中没有电流在金属内部流动。这类腐蚀主要包括金属在干燥气体中的腐蚀和金属在非电解质溶液中的腐蚀。

5. 甘醇是一种亲水性很好的液体，能与水完全互溶。当含水天然气与浓甘醇（贫液）充分接触时，气中水与甘醇互溶成甘醇—水溶液，含水天然气被净化脱水后进入输气管线，甘醇水溶液（富液）进行加工再生。因为甘醇的沸点比水高，因此加热温度应高于水的沸点低于甘醇的沸点，水被变为蒸汽排出，甘醇被再生提浓后重复使用。

6. DBY型电动压力变送器电磁反馈机构的作用是将变送器输出的电流转换为相应的负反馈力矩，作用于副杠杆，与测量部分的输入力矩相平衡。

7. （1）天然气压缩机站把低压的天然气加压后输往集气干线或输气干线。（2）在长距离输气管线（120~170km）中，把经过输送之后的降压天然气加压后输往下一段管线。（3）压缩机站还承担天然气除尘和净化任务，对压缩后的天然气还要冷却降温，保证设备的正常工作。

8. 电潜泵排水采气工艺是采用随油管一起下入井底的多级离心泵装置，将水淹气井中的积液从油管中迅速排出，降低对井底的回压，形成一定的"复产压差"，使水淹气井重新复产的一种机械排水采气生产工艺。

9. (1) 不同类型的气藏，在长期稳定开采情况下，始终存在着符合实际条件的最佳采气速度，可保证获得最高的采收率。(2) 采气速度过高，引起高渗透层横向水侵；开采后期，采气速度过低，不利于释放水封气，均会降低采收率。(3) 地层的均质程度和气藏平均渗透率越高，采气速度可调节的范围越宽，采气速度对采收率影响不大。反之，采气速度对采收率的影响就大。

四、计算题

1. 解：首先求出 1500m 至 1600m 处的压力梯度 $p_{梯}$：

$$p_{梯} = (14.84 - 14.02) \div (1600 - 1500) = 0.0082 (\text{MPa/m})$$

气层中部（1650m 处）压力 p 为：

$$p = 14.84 + (1650 - 1600) \times 0.0082 = 15.25 (\text{MPa})$$

答：该井气层中部压力为 15.25MPa。

2. 解：已知：$p_1 = 4.0 + 0.1 = 4.1 (\text{MPa})(绝)$；$p = 3.5 + 0.1 = 3.6 (\text{MPa})(绝)$。

由 $p_c = \dfrac{2}{3} \times \left(p_1 + \dfrac{p_2^2}{p_1 + p_2}\right)$ 得：

$$p_c = \dfrac{2}{3} \times \left(4.1 + \dfrac{3.6^2}{4.1 + 3.6}\right) = 3.86 (\text{MPa})(绝)$$

答：管道平均压力为 3.86MPa（绝）。

模拟试题四

一、单项选择题（每题有 4 个选项，只有 1 个是正确的，请将正确选项填入括号内，每题 1 分，共 25 分）

1. 褶曲在平面上的分类有（　　）。
A. 穹隆；鼻状构造；短轴褶曲；长轴褶曲
B. 直立褶曲；倒转褶曲；翻转褶曲；平卧褶曲
C. 扇形褶曲；斜歪褶曲；倒转褶曲；鼻状构造
D. 穹隆；平卧褶曲；短轴褶曲；长轴褶曲
2. 按断层面产状与褶曲轴向的关系划分的断层是（　　）。
A. 平移断层　　　　B. 逆断层　　　　C. 走向断层　　　　D. 斜断层
3. 以下描述错误的是（　　）。
A. 非线性渗流流态为紊流
B. 非线性稳定渗流不可以用达西定律表示
C. 当渗流速度比较大时，渗流速度与压力梯度成反比
D. 在线性渗流中，渗流速度与压力梯度成正比

4. 压降法计算气田储量的公式是（　　）。

A. $G_{Ci} = Gf_g$
B. $G = 0.01 A_g h_g \phi_e (1-S_{wi}) \dfrac{T_{sc} p_i}{T p_{sc} Z_i}$
C. $G = A_t F_{ag} H_{fg} S_{gf}$
D. $G = \dfrac{G_p}{\dfrac{p_{f1}}{Z_1} - \dfrac{p_{f2}}{Z_2}} \dfrac{p_i}{Z_i}$

5. 对处于稳产期、产层岩石胶结紧密的无水气井应采用的工作制度是（　　）。
A. 定井底渗滤速度制度　　　　　　B. 定井壁压力梯度制度
C. 定井口（井底）压力制度　　　　D. 定产量制度

6. 打开气藏的第一口井钻完后，关井测得的井底压力为（　　）。
A. 原始地层压力　　　　　　　　　B. 目前地层压力
C. 折算地层压力　　　　　　　　　D. 井口压力

7. 气液混合物在油管中流动，液体沿油管壁上升，气体在井筒中心流动，气流中含有液滴，这种流态称为（　　）。
A. 气泡流　　　B. 段柱流　　　C. 环雾流　　　D. 雾流

8. 在计算机控制系统中，生产对象的各项参数，由传感变送器检测出并经多路开关、（　　）送入计算机。
A. 数模转换　　　B. 模数转换　　　C. 控制器　　　D. 执行器

9. 自动调节仪表按调节规律不同可分为（　　）。
A. 比例调节器、比例积分调节器、比例微分调节器和比例积分微分调节器
B. 正作用调节器、比例积分调节器、比例微分调节器和比例积分微分调节器
C. 负作用调节器、比例积分调节器、比例微分调节器
D. 比例调节器、积分调节器、微分调节器

10. 自动调节系统由（　　）两大部分组成。
A. 自动调节装置和调节对象　　　　B. 调节器和执行器
C. 执行器和调节对象　　　　　　　D. 调节器和调节对象

11. 影响三甘醇脱水装置操作的主要因素中，最关键的因素是（　　）。
A. 吸收塔的操作压力　　　　　　　B. 吸收塔入口气体温度
C. 三甘醇贫液浓度　　　　　　　　D. 三甘醇循环量

12. 气容在气动仪表中起的作用是（　　）。
A. 缓冲和防止振荡　　　　　　　　B. 降压和限流
C. 缓冲和降压　　　　　　　　　　D. 防止振荡和限流

13. 管线最大强度试压压力，一级地区内的管线不应小于最大工作压力的（　　）倍。
A. 1.1　　　B. 1.25　　　C. 1.4　　　D. 1.5

14. 出勤工时利用率=[（　　）/出勤工时（工日）数]×100%。
A. 制度内实际生产工时（工日）数　　B. 实际出勤工日（工时）数
C. 生产工人（包括学徒工）平均人数　D. 全部职工平均人数

15. 为保证采气安全，在采气流程工艺设备各压力区应装有（　　）。
A. 缓蚀装置　　　　B. 安全阀　　　　C. 调压阀　　　　D. 排污阀

16. 气井利用率 =（　　）。
A. $\dfrac{实际开井数}{已投产井数-计划关井数}\times 100\%$　　　B. $\dfrac{实际开井数}{已投产井数}\times 100\%$

C. $\dfrac{实际开井数}{生产气井井数}\times 100\%$　　　D. $\dfrac{已投产井数}{实际开井数}\times 100\%$

17. 在气井生产过程中，氯离子含量上升，气井产量下降，其原因是（　　）。
A. 凝析水在井筒形成积液
B. 压力和水量变化不大，可能是出边水、底水的预兆
C. 井壁垮塌
D. 油管堵塞

18. 单位压降采气量指（　　）。
A. 气藏平均地层压力下降一个单位压力所能采出气量
B. 井口油压每降 1MPa，气藏的总产气量
C. 井口套压每降 0.1MPa，气藏的总产气量
D. 井口套压每降 1MPa，气藏的总产气量

19. 根据递减指数 n 值的变化，$5<n<\infty$ 的递减类型属于（　　）。
A. 指数型　　　　B. 双曲线Ⅰ型　　　　C. 双曲线Ⅱ型　　　　D. 视稳定型

20. 螺纹代号 ZG3/4in 表示（　　）。
A. 公称直径 3/4in，左旋圆柱管螺纹　　　B. 公称直径 3/4in，右旋圆柱管螺纹
C. 公称直径 3/4in，左旋圆锥管螺纹　　　D. 公称直径 3/4in，右旋圆锥管螺纹

21. 机械制图中，（　　）用波浪线表示。
A. 范围线　　　　B. 断裂处的边界线　　　C. 视图的分界线　　　D. 节圆及节线

22. 机械制图中，（　　）用细实线表示。
A. 剖面线　　　　B. 引出线　　　　C. 可见轮廓线　　　　D. 轨迹线

23. 在直流电路中，把电流流出的一端称为电源的（　　）。
A. 正极　　　　B. 负极　　　　C. 端电压　　　　D. 线电压

24. 一般情况下，当压力增加时，可燃性气体混合物爆炸极限的范围（　　）。
A. 不变　　　　B. 扩大　　　　C. 缩小　　　　D. 不确定

25. 我国天然气的气质标准规定Ⅱ类气体中硫化氢的含量是（　　）。
A. $6mg/m^3$　　　　B. $20mg/m^3$　　　　C. $30mg/m^3$　　　　D. $10mg/m^3$

二、判断题（对的画"√"，错的画"×"，每题1分，共25分）

（　　）1. 顶是背斜在剖面上最高的隆起部分。
（　　）2. 短轴褶曲长短轴之比为 5∶1~2∶1。
（　　）3. 当岩石中有两种以上流体充满时，岩石对其中一种流体的渗透率称为相对渗透率。

(   ) 4. 气井的稳定试井，目的是了解气井的生产能力和生产特性。
(   ) 5. 压降法计算储量是利用物质平衡原理。
(   ) 6. 探明储量是在气田评价钻探阶段完成或基本完成后计算的储量。
(   ) 7. 地层深度每增加 100m 时，温度的升高值称为地温级率。
(   ) 8. 管线阴极保护系统中，被保护管道的起端和终端须安装电绝缘装置。
(   ) 9. 当吸附速度与脱附速度相等时，便达到了吸附平衡。
(   ) 10. 脱水装置中，作为脱水剂的甘醇溶液浓度与脱水效果无关。
(   ) 11. 天然气管道施工中，每道焊缝必须连续一次焊完。相邻焊道的起点位置应错开 20~30mm。
(   ) 12. 当天然气压缩机增压时，吸气压力不变，排气压力提高则功率增大。对于多级压缩机，则主要使末级及末级的前一级的功率增大，其他级的功率几乎不变。
(   ) 13. 安全阀的开启压力应调为工作压力的 1.15~1.2 倍。
(   ) 14. 当油管内堵塞不严重时，可以通过加大压差放喷来解堵。
(   ) 15. 集输气管道的输送能力（输气量）与管道内径成正比。
(   ) 16. 盐酸处理主要用于泥质含量高的砂岩气层。
(   ) 17. 在机械制图中，轮廓线、轴线、中心线、尺寸界线不可作为尺寸线使用。
(   ) 18. 机械制图中，弯折线用波浪线表示。
(   ) 19. 当被剖部分的图形面积较大时，可以不画出剖面符号。
(   ) 20. 用剖切平面完全地剖开机件所得的剖视图称为全剖视图。
(   ) 21. 视图一般只画机件的可见部分，必要时才画出其不可见部分。
(   ) 22. 图例 ⊂═⊃ 表示卧式加热炉。
(   ) 23. 云母、陶瓷、石蜡等都是绝缘体。
(   ) 24. 电路中，电容器并联后，总电容增大。
(   ) 25. 倒闸操作的顺序：停电时先停负荷侧，后停电源闸，先拉开关，后拉闸刀；送电时则相反。

三、简答题（每题 4 分，共 36 分）

1. 何谓气井稳定试井？
2. 试采的主要任务是什么？
3. 何谓天然气集输？
4. 什么是金属防腐缓蚀剂，主要包括哪些种类？
5. 为什么长距离输送天然气之前，必须脱除天然气中的水汽？
6. 三甘醇吸收法脱水的优点及缺点是什么？
7. 立式重力分离器和卧式重力分离器的分离原理有何差异？
8. 何谓气井的生产分析？
9. 如何确定气举工作阀的位置？

四、计算题（每题7分，共14分）

1. 某气井井深 $L=2000\text{m}$，油管采气。套管压力 $p_c=18\text{MPa}$（绝），地热增温率 $M=41.5\text{m/℃}$，天然气井口温度 $t_0=15℃$，井筒天然气平均压缩因子 $z=0.8113$，天然气相对密度为0.57，求2000m处的压力。

2. 某输气管道尺寸为 $\phi159\text{mm}\times7\text{mm}$，长5km，输气压力为5.0MPa（绝），输送含硫天然气，请校核管道壁厚（$\sigma_s=245\text{MPa}$，设计系数0.72，选用无缝钢，腐蚀裕量选2mm）。

模拟试题四答案

一、单项选择题

1. A	2. D	3. C	4. D	5. D	6. A	7. C	8. B	9. A	10. A
11. C	12. A	13. A	14. A	15. B	16. A	17. B	18. A	19. A	20. D
21. B	21. C	23. A	24. B	25. B					

二、判断题

1. √ 2. √ 3. × 正确答案：当岩石中有两种以上流体充满时，岩石对其中一种流体的渗透率称为相渗透率。 4. √ 5. √ 6. √ 7. × 正确答案：地层深度每增加100m时，温度的升高值称为地温梯度。 8. √ 9. √ 10. × 正确答案：脱水装置中，作为脱水剂的甘醇溶液浓度与脱水效果有关。 11. √ 12. √ 13. × 正确答案：安全阀的开启压力应调为工作压力的1.05~1.1倍。 14. √ 15. √ 16. × 正确答案：盐酸处理主要用于碳酸盐岩地层和胶结物以碳酸盐为主的砂岩地层。 17. √ 18. × 正确答案：机械制图中，弯折线用细实线表示。 19. √ 20. √ 21. √ 22. √ 23. √ 24. √ 25. √

三、简答题

1. 气井的稳定试井，就是通过改变气井的工作制度，即改变井底回压，待生产中流动达到稳定时，测取稳定的井口压力、气量、水量，然后根据产气方程式求出气井的无阻流量，从而了解气井产能大小的方法。该方法又称系统试井或常规回压法试井，适用于中高产、渗透性好，且安装了输气管线的气井。

2. （1）分析和验证气藏的地质特点。（2）核实气藏储量。（3）研究气藏内部各开发单元地质特征和分布规律。（4）研究气水分布的活动特点及气藏的驱动类型。（5）通过室内实验进行烃类体系的组分分析、PVT分析及绘制相态图。（6）研究气井生产特点、产能变化规律和影响因素，以及气井井身结构的合理性。（7）进行多种采气工艺试验，确定气层改造的有效措施。（8）试验并选择经济有利的地面集输、净化等设施。

3. 天然气集输是继气田勘探、开发和开采之后的一个重要的生产过程，包括从井口开始,将天然气通过管网收集起来,经过预处理和其后的气体净化,最后成为合格的商品天然气并外输至用户的整个过程。

4. 在腐蚀介质中加入少量某种物质,能使金属的腐蚀速度大大降低,这种物质称为金属防腐缓蚀剂或腐蚀抑制剂。主要包括阳极型缓蚀剂、阴极型缓蚀剂和混合型缓蚀剂三种类型。

5. (1) 防止液态水生成固体水化物而堵塞管线。(2) 避免液态水和杂质在管道中局部积聚而降低输气量。(3) 避免天然气中的硫化氢和二氧化碳等酸性气体溶于水后,腐蚀管线内壁。(4) 尽可能减少输气能量的损失。

6. (1) 三甘醇吸收法脱水的优点:能耗小,操作费用低;处理量小时,可作成橇装式,结构紧凑占地面积小,搬迁和移动方便,预制化程度高,制造价低;三甘醇使用寿命长,损失量小,成本低;脱水后干气露点可达-30℃左右,能满足天然气输送要求。

(2) 三甘醇吸收法脱水的缺点:干气露点不能满足深冷回收轻烃凝液的要求;原料气中含有轻质油时,甘醇溶液易起泡,破坏吸收。

7. (1) 立式重力分离器是一种复合式的重力分离器,分离液滴的原理是利用离心力和重力双重作用。气流进入分离器后首先沿器壁回旋流动,借离心力作用将大量的液体分离下来,然后气流沿分离器筒体空间向上流动,液体微粒借重力作用分离下来。(2) 卧式重力分离器的分离原理是利用重力作用使液滴从气流中分离下来。分离器的进口结构使气流进入分离器后,在其端部产生冲击而使大量的携带液被分离下来。气流经过冲击后沿筒体折向流动,折向流动的过程是天然气中携带的微滴被进一步沉降分离的过程。

8. 气井生产分析是气井生产管理的重要手段,它是利用气井的静、动态资料,结合气井的生产史及目前生产状况,用数理统计法、图解法、对比法、物质平衡法和渗流力学等方法,分析气井的各项生产参数(地层压力、井底流动压力、油压、套压、输压、流量计静压、差压、油气比、水气比、日产气量、日产油量、日产水量及气井出砂量等)及其之间的变化原因,从而制定相应的措施,以便充分利用地层的能量,使气井保持稳产高产,提高气藏的采收率。

9. 气井经气举复活后,一般应用回声仪测量油管、套管环形空间液面来确定,也可以通过测量油管中的压力梯度来确定。如题9图所示,在 A 点以上深度,压力梯度变化均匀,而在 A 点以下深度,压力梯度急剧增大,则 A 点就是前油管中的动液面深度,A 点附近的气举阀就是工作阀的位置。

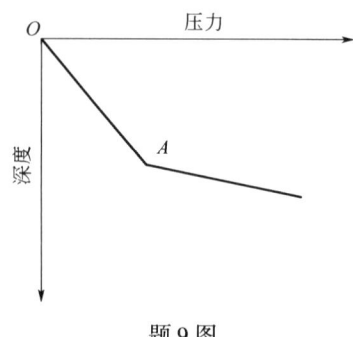

题 9 图

四、计算题

1. 解：井底压力计算公式：

$$p_{wf} = p_w e^s$$
$$s = \frac{0.03415GL}{ZT}$$

根据 $\overline{T} = t_0 + \frac{L}{2M} + 273$，则：

井筒平均温度：$\overline{T} = 15 + \frac{2000}{241.5} + 273 = 312(K)$

将井筒平均温度 312（K）、井筒天然气平均压缩因子 $Z = 0.8113$、天然气相对密度 $G = 0.57$，代入公式 $s = \frac{0.03415GL}{ZT}$ 得：

$$s = \frac{0.03415 \times 0.57 \times 2000}{312 \times 0.8113} = 0.1538$$

$$e^s = e^{0.1538} = 1.1662$$

因油管采气，所以 $p_w = p_c = 18.0(MPa)(绝)$

$$p_{wf} = p_w e^s = 18.0 \times 1.1662 = 20.99(MPa)(绝)$$

答：该井 2000m 处的压力为 20.99MPa。

2. 解：已知：$p = 5.0MPa$，$D = 159mm$，$\sigma_s = 245MPa$，$F = 0.72$，中等腐蚀 $C = 2mm$，$K_t = 1$（管子温度度减弱系数），管子纵向焊接系数 $\varphi = 1$。

由 $\delta = \frac{pD}{2\sigma_s F \varphi K_t} + C$ 得：

$$\delta = \frac{5 \times 159}{2 \times 245 \times 0.72 \times 1 \times 1} + 2 = 4.25(mm) < 7(mm)$$

答：因计算结果 4.25mm<7mm，满足要求。

模拟试题五

一、单项选择题（每题有 4 个选项，只有 1 个是正确的，请将正确选项填入括号内，每题 1 分，共 25 分）

1. 褶曲中心部位的岩层是指（　　）。
   A. 核　　　　　　B. 顶角　　　　　　C. 翼角　　　　　　D. 轴面

2. 渗透率的单位是（　　）。
   A. μm^2　　　　　B. cp　　　　　　C. m.m　　　　　　D. m/s

3. 以下说法错误的是（　　）。
   A. 气藏常见的驱动类型有气驱、弹性水驱、刚性水驱
   B. 气驱气藏的单位压降采气量是常数
   C. 弹性水驱作用的强弱与采气速度无关
   D. 刚性水驱气藏必须有地面供水露头且水源充足

4. 以下开采特点不属于气驱气藏的是（　　）。
   A. 气藏的单位压降采气量是常数　　B. 气藏压降储量曲线向下弯曲
   C. 采收率高，一般在90%以上　　　D. 地层压力下降快，稳产期短

5. 圈闭体积法计算凝析气田原始地质储量的公式是（　　）。
   A. $G_{Ci} = G f_g$
   B. $G = 0.01 A_g h_g \phi_e (1-S_{wi}) \dfrac{T_{sc} p_i}{T p_{sc} Z_i}$
   C. $G = A_t F_{ag} H_{fg} S_{gf}$
   D. $S_{gf} = 0.01 \phi (1-S_{wi}) \dfrac{T_{sc} p_i}{T p_{sc} Z_i}$

6. 夹在同一气层层系中的薄而分布面积不大的水称为（　　）。
   A. 层间水　　　B. 底水　　　C. 边水　　　D. 下层水

7. 弱喷及间喷产水井，最大排水量为120m³/d，最大井深为3500m左右，这种气井采用（　　）工艺为最佳。
   A. 优选管柱排水采气　　　B. 泡沫排水采气
   C. 气举排水采气　　　　　D. 活塞气举排水采气

8. 在轻烃吸附分离中，吸附剂吸附吸附质的过程称为（　　）。
   A. 吸附平衡　　　B. 出峰　　　C. 吸附　　　D. 脱附

9. 简单过程控制系统中单回路系统由4个基本环节组成，即（　　）。
   A. 被控对象、测量变送器、调节器和执行机构
   B. 被控对象、传感器、计算机和执行机构
   C. 被控对象、测量变送器、计算机和执行机构
   D. 被控对象、传感器、调节器和执行机构

10. 在金属有限面积上集中了比较深和大的损坏部分，这种金属腐蚀破坏类型属于（　　）。
    A. 坑点腐蚀　　　B. 选择性腐蚀　　　C. 溃疡腐蚀　　　D. 不均匀腐蚀

11. 天然气流量计算公式 $q_{vn} = A_{vn} C E d^2 \varepsilon F_Z F_T F_G \sqrt{p_1 \Delta p}$ 中，F_T 表示（　　）。
    A. 超压缩因子　　B. 流束膨胀系数　　C. 流动温度系数　　D. 相对密度系数

12. 天然气流量计算公式 $q_{vn} = A_{vn} C E d^2 \varepsilon F_Z F_T F_G \sqrt{p_1 \Delta p}$ 中，ε 表示（　　）。
    A. 超压缩因子　　　　　B. 流束膨胀系数
    C. 流动温度系数　　　　D. 相对密度系数

13. 管线吹扫时，先用天然气置换管内空气，气流速度不超过（　　），起点压力不大于0.1MPa。
    A. 5m/s　　　B. 10m/s　　　C. 3m/s　　　D. 1m/s

14. 站场设备中 TZY-4K 是（　　）。
A. 楔式单闸板阀　　　　　　　　　　B. 弹簧式安全阀
C. 自力式调压阀（气开式）　　　　　D. 自力式调压阀（气闭式）
15. 天然气采收率是指（　　）。
A. 可采储量与生产时间之比
B. 天然气采出气量与原始地质储量之比
C. 最终累计采气量与可采储量之比
D. 最终累计采气量与生产时间之比
16. 输气管道的实际输送量与设计的管道输送能力比值的百分数称为（　　）。
A. 输气管道的利用率　　　　　　　　B. 输气管道的输送效率
C. 输气管道无故障运转率　　　　　　D. 输气管道的输送率
17. 在脱水工艺流程中，脱水剂甘醇溶液最理想的 pH 值是（　　）。
A. 6.0~8.0　　　B. 6.5~7.5　　　C. 7.0~8.0　　　D. 7.0~7.5
18. 造成气井（藏）产量递减的主要地质因素是（　　）。
A. 地层压力下降　　　　　　　　　　B. 边水进入
C. 地层水活动　　　　　　　　　　　D. 双重介质的差异性
19. 对碳酸盐岩进行酸化增产措施常用的酸液是（　　）。
A. 盐酸　　　　B. 土酸　　　　C. 氢氟酸　　　　D. 自生氢氟酸
20. 为防止压裂后地层裂缝的闭合，需加入（　　）。
A. 前置液　　　B. 破裂液　　　C. 顶替液　　　D. 支撑液
21. 机械制图中，（　　）用粗点画线表示。
A. 可见轮廓线　　B. 中断线　　C. 有特殊要求的线　　D. 剖面线
22. 下列物质（　　）是绝缘体。
A. 金属　　　　B. 橡皮　　　　C. 石墨溶液　　　D. 碳溶液
23. 回路电压规定，回路中各段电压的代数和等于（　　）。
A. 负值　　　　B. 零　　　　　C. 正值　　　　D. 各段电压相减
24. 实验证明：磁力线、电流方向和导体受力的方向（　　）。
A. 一致　　　　B. 互相垂直　　C. 相反　　　　D. 无关
25. 空气中硫化氢的浓度为（　　）时，会引起中毒，中毒者表现为恶心、头痛、胸部压迫感和疲倦。
A. 1.02g/m³　　B. 0.7g/m³　　C. 0.12g/m³　　D. 0.02g/m³

二、**判断题**（对的画"√"，错的画"×"，每题1分，共25分）

（　）1. 褶曲是褶皱构造的基本单位，它是岩层的一个弯曲，是地壳中广泛发育的构造形态。

（　）2. 偏斜角是断层分类的补充标志。

（　）3. 气层的含气饱和性能用含气饱和度表示。

（　）4. 黏度值越大，流体越易流动。

(   ) 5. 在凝析气藏相图中，开始有蒸汽转变为液态，凝析出第一个液滴的曲线是泡点线。

(   ) 6. 由于地球内热力场的作用，不同地区的地层，相同的深度，其地层温度可能不同。

(   ) 7. 油吸收法系统复杂，运转费用高，能耗大，效益低，适用于无自然压能可以利用的场合。

(   ) 8. 阶式制冷深冷分离，最少需 3 个冷冻循环。

(   ) 9. 一定的拉应力或金属内部的残余应力，是使输气管线产生应力腐蚀破裂的原因之一。

(   ) 10. 使用高级孔板阀的优点是可不用系统旁通，从而消除了因旁通内漏而影响计量准确度的现象。

(   ) 11. 制定集输流程应遵循的技术准则：国家各种技术政策和安全法规；各种技术标准和产品标准、规程、规范和规定；环保、卫生规范和规定。

(   ) 12. 天然气生产用电单耗是在报告期内单位总耗电量与报告期内单位所生产天然气量之比。

(   ) 13. 对于同一天然气压缩机，若原吸气温度为 25℃，每升高 1℃，排气量将减少 0.336%；每降低 1℃ 排气量增加 0.336%。

(   ) 14. 根据递减指数 n 值的变化，若 $n<0$，属一次型递减类型。

(   ) 15. 根据每个工作制度开始时的地层压力，可以预测不同时期的地层压力。

(   ) 16. 对于流速高、排液能力较好、产水量大的气井，可相应增大管径生产，以达到减少阻力损失、提高井口压力、增加产气量的目的。

(   ) 17. 用来表达机械零件的结构、形状、尺寸、加工精度、技术要求的图样，称为剖视图。

(   ) 18. 机械制图中，螺纹的牙底线用虚线表示。

(   ) 19. 相邻辅助零件一般不画剖面符号。

(   ) 20. 在零件图中也可以用涂色代替剖面符号。

(   ) 21. 机件向任何基本投影面投影所得的视图，称为斜视图。

(   ) 22. 图例————表示绝缘法兰。

(   ) 23. 倒闸操作的原则是：停电时先停电源闸，后停负荷侧，先拉闸刀，后拉开关；送电时则相反。

(   ) 24. 电路中，电容器并联后，总电容增大。

(   ) 25. 在接地线、接零线上不能装熔断丝。

三、简答题（每题 4 分，共 36 分）

1. 断层与气藏的关系是什么？
2. 气井出水，多数气井都存在哪三个明显阶段？其特征是什么？
3. SCADA 系统的区域调度中心的功能有哪些？
4. 金属防腐缓蚀剂的一般要求是什么？

5. 缓蚀剂为什么能减缓管道内壁腐蚀？

6. 气液分离宜采用重力分离器，选择立式重力分离器和卧式重力分离器的原则是什么？

7. 手动平板阀的操作注意事项有哪些？

8. 集气干线紧急关闭系统具有哪些作用方式？

9. 气藏的采气速度要合理，应满足的条件是什么？

四、计算题（每题7分，共14分）

1. 某气井地层压力 $p_f = 10.0$ MPa，一点法测试得：$p_{wf} = 8.9$ MPa，$Q_g = 40 \times 10^4 \text{m}^3/\text{d}$，用图解法（题1图）求该井的绝对无阻流量。

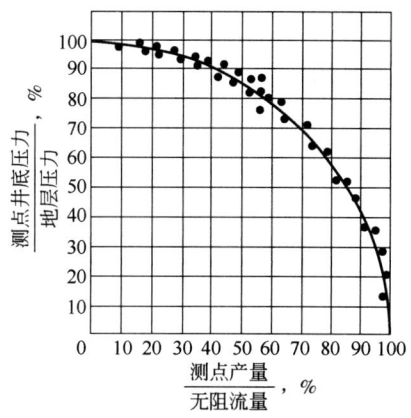

题1图　地区气井类型曲线

2. 试分析如果保持输气管线长度 L、起点压力 p_1、终点压力 p_2、天然气温度 T、天然气相对密度 Δ 不变，而改变管径 D 对管线输气量 Q 的影响。

模拟试题五答案

一、单项选择题

1. A　2. A　3. C　4. B　5. A　6. A　7. B　8. C　9. A　10. C
11. C　12. B　13. A　14. C　15. B　16. A　17. D　18. A　19. C　20. D
21. C　22. B　23. B　24. B　25. D

二、判断题

1. √　2. √　3. √　4. ×　正确答案：黏度值越小，流体越易流动。　5. ×　正确答案：在凝析气藏相图中，开始有蒸汽转变为液态，凝析出第一个液滴的曲线是露点线。
6. √　7. √　8. ×　正确答案：阶式制冷深冷分离，最少需两个冷冻循环。　9. √　10. √
11. √　12. ×　正确答案：天然气生产用电单耗是在报告期内生产天然气所消耗的电量与

生产的天然气量之比。 13. √ 14. √ 15. √ 16. √ 17. × 正确答案：假想用剖切面剖开机件，将处在观察者和剖切面之间的部分移去，而将其余部分向投影面投影所得的图形称为剖视图。 18. × 正确答案：机械制图中，螺纹的牙底线用细实线表示。 19. √ 20. √ 21. × 正确答案：机件向不平行于任何基本投影面的平面投影所得的视图，称为斜视图。 22. √ 23. × 正确答案：倒闸操作的原则是：停电时先停负荷侧，后停电源闸，先拉开关，后拉闸刀；送电时则相反。 24. √ 25. √

三、简答题

1. 断层与天然气的关系有两重性。一方面使气藏受到破坏；另一方面断层在适当的条件下形成断层遮挡类型的气藏，而且对于断块气藏的形成、分布起着一定的控制作用。

2.（1）预兆阶段：其特征为气井水中氯离子含量上升，压力、气产量、水产量无明显变化。（2）显示阶段：水量开始上升，井口压力、气产量波动。（3）出水阶段：气井出水增多，井口压力、产量大幅下降。

3. SCADA 系统的区域调度中心的功能有：

（1）接受总调度中心的调度指令、查询要求，并返回执行情况和查询结果。

（2）向总调度中心传送实时数据和历史数据。

（3）采集实时数据，建立本区域中心的历史和实时数据库。

（4）向被控站场发送遥调、遥控指令。

（5）管网系统动态模拟显示，站场流程显示，趋势图显示。

（6）报警及事件显示、打印、处理。

（7）生产、销售及营运统计报表处理等。

4. 金属防腐缓蚀剂的一般要求：

（1）用量少，保护效率高，不影响产品质量。

（2）不会造成工艺过程中的起泡、乳化、沉淀、堵塞等副作用。

（3）使用方便，溶解性和分散性好。

（4）原料易得，成本低廉，毒害性小，对环境污染少。

5. 把缓蚀剂注入管道，它在管壁上形成一层致密保护薄膜，使管道中的水或腐蚀介质不能与管壁直接接触，腐蚀就无法进行，所以缓蚀剂能减缓管道内壁腐蚀。

6.（1）液量较少，要求液体在分离器内的停留时间较短，宜采用立式重力分离器。（2）液量较多，要求液体在分离器内的停留时间较长，宜采用卧式重力分离器。（3）气、油、水同时存在，并需进行分离时，应采用三相卧式分离器。

7.（1）开关阀门，应按手轮上箭头指示的方向进行操作。（2）在排放阀体内的污水（物）时，应缓慢扭动螺塞，注意操作者不要正对螺塞，避免螺塞冲出伤人。（3）如果密封出现漏气，应全开闸阀，用油杯加注 7901 或 7903 密封脂，同时活动手轮。如果不能消除漏气，则应检修或更换新阀。（4）阀杆密封漏气，需要检查或更换填料时，必须把阀门关死（阀杆上升到最高位置），才能缓慢拆去阀盖上的检查螺钉进行检查和更换填料。（5）取阀板时，应旋转手轮缓慢提出阀板，不能损伤阀板和密封面以及阀杆，应采用专门夹具夹住阀板，以免擦伤阀板密封面。（6）各零部件先用无铅汽油浸泡，清洗干净后，再用酒精清洗阀板、阀座上的密封脂孔。

8. 集气干线紧急关闭系统有两种作用方式；(1) 由线路上的事故感测系统把信号送到中央控制室，再由中央控制室遥控阀门关闭。(2) 由附带在阀门上的事故感测系统就地控制阀门关闭。一般所说的紧急关闭系统多指第二种作用方式。

9. (1) 气藏能保持较长时间稳产。稳产时间的长短不仅与气藏储量和产量的大小有关，还与气藏是否有边底水、边底水活跃与否等其他因素有关。(2) 气藏压力均衡下降。可以避免边底水舌进、锥进，这对有水气藏的开采十分重要。(3) 气井无水采气期长。此阶段采气量高，资金投入相对少，管理方便，采气成本低。

四、计算题

1. 解：$p_{wf}/p_f = 8.9/10 = 89\%$，查该地区气井类型曲线得：

$$Q_g/Q_{AOF} = 0.43$$

$$Q_{AOF} = Q_g/0.43 = 40/0.43 = 93.02 \times 10^4 (\text{m}^3/\text{d})$$

答：该井的绝对无阻流量为 $93.02 \times 10^4 \text{m}^3/\text{d}$。

2. 解：假设管径变化前为 D_1，变化后为 D_2，根据公式：

$$Q = 5033.11 D^{\frac{8}{3}} \sqrt{\frac{p_1^2 - p_2^2}{\Delta ZTL}}$$

得管径变化前后的输气量 Q_1，Q_2：

$$Q_1 = 5033.11 D_1^{\frac{8}{3}} \sqrt{\frac{p_1^2 - p_2^2}{\Delta ZTL}}$$

$$Q_2 = 5033.11 D_2^{\frac{8}{3}} \sqrt{\frac{p_1^2 - p_2^2}{\Delta ZTL}}$$

将两式相除得到：

$$\frac{Q_2}{Q_1} = \frac{D_2}{D_1} = \frac{D_2^{8/3}}{D_1^{8/3}}$$

由此看出，输气量与管径的 $\frac{8}{3}$ 次方成正比，当管径增加一倍，即 $D_2 = 2D_1$，则输气量 $\frac{Q_2}{Q_1} = 2^{\frac{8}{3}} \approx 6.3$。

第二部分

技师技能操作

技能训练一　站场及管线吹扫

一、学习目的

学习站场及管线吹扫的方法，以保证正确、安全地将站场及管线中的杂物清除，确保管线、站场正常生产。

二、准备工作

（1）熟悉吹扫方案。
（2）准备合乎吹扫方案的气源（空气或天然气）。
（3）当管线采用清管器进行吹扫时，准备1~2个满足吹扫方案要求的清管器（清管球或清管器等）。
（4）与此次吹扫相关单位取得联系，并做好协调工作。
（5）准备相应的工具，如开启球筒的专用扳手、活动扳手、黄油、棉纱等。
（6）仔细检查与此次吹扫相关的设备、仪表等。
（7）做好消防及安全警戒工作。

三、操作步骤

（1）使用清管器（清管球）吹扫时：
① 可以采用天然气或者空气作为吹扫气源。
② 操作时应严格按照清管通球步骤进行。
③ 在收球筒处观察天然气或空气颜色的变化，直到其干净（无色）为止。
④ 吹扫结束时，对管线、场站设备等进行清洗保养。
（2）直接使用天然气高速放喷吹扫时：
① 一般用于小直径、无清管装置的集气管线和站场吹扫。
② 必须先置换站场或管线内的空气，以防止吹扫中站场、管线内的杂物碰撞，可能出现火花而发生危险。
③ 吹扫速度要快，操作中应逐步提高吹扫速度，当吹扫口气流干净，不继续喷出污物时，吹扫完毕。

四、技术要求

（1）放空管口应固定牢靠，放喷口应设在开阔区，严禁正对民房、工厂和公路要道等设施。
（2）使用天然气置换站场、管线内的空气时，要缓慢进行，气流速度不得超过5m/s，起点压力不超过0.1MPa（只有在起伏地形、管线内积液较多时，才允许逐步缓慢地提高压力）。当放空天然气中含氧量不超过2%时即合格（无化验设备时，当站场、管线内进气量为其容积的3倍时，认为置换合格）。

（3）吹扫时，气流速度逐步提高至20m/s，直到不继续喷出污水、杂物为止。

（4）进行站场、管线吹扫时操作应平缓，不可猛开猛关阀门。

（5）采用清管器（球）进行吹扫时，严格按照清管器（球）收发操作进行。同时对吹扫过程中出现的故障，可采用清管器（球）收发操作中相应的方法处理。

五、相关知识

（一）站场、管线吹扫目的

站场、管线施工过程中，总会带进泥土、石块、积水、焊渣以及施工工具等杂物，吹扫的目的就是清除这些杂物，保证正常生产。

（二）站场、管线的吹扫方法

（1）站场一般采用天然气或空气高速放喷吹扫，对直径小、无清管球收发装置的管线同样适用。

（2）管线一般采用清管器进行吹扫，常用的有清管球或清管器等。

（三）吹扫程度

1. 置换空气

要严防空气与天然气混合物发生爆炸或在站场设备、管线内燃烧。在吹扫时，站场设备、管线内的杂物在高速下碰撞管壁可能出现火花，因此用天然气置换站场、管线内的空气时，要缓慢进行，气流速度不得超过5m/s，起点压力不超过0.1MPa（只有在起伏地形、管线内积液较多时，才允许逐步缓慢地提高压力）。当放空天然气中含氧量不超过2%时即置换合格（无化验设备时，当设备、管线内进气量为其容积的3倍时，认为置换合格）。

2. 吹扫

吹扫管段的长度以20km为宜，吹扫速度要快，逐步升速到20m/s。同时应有足够的吹扫时间，当吹扫口气流干净，不继续喷出污水、杂物时，即可结束吹扫。

（四）吹扫的善后工作

吹扫结束后，管线的阀件、分离器等可能有堵塞，此时要放掉站场设备、管线内的余气，对所有设备进行清洗、检修。

（五）安全注意事项

（1）用天然气置换空气阶段是最危险的时间，因此置换速度一定要慢。

（2）放喷管线要固定且牢靠，放空阀门操作要灵活。

（3）放喷口应设置在开阔地区，严禁对准民房、工厂和公路要道，放喷口前方200m、左右侧50m以及后侧50m内不得有建筑物和人、畜等，并严禁烟火和隔绝交通。

（4）置换空气结束后，要等天然气完全扩散完后才能点火放喷。一般情况下，放喷的天然气应点火燃烧，如果不能点火燃烧，则必须扩大放喷警戒安全区。

技能训练二　站场及管线试压

一、学习目的

学习站场及管线强度试压、严密性试压操作，以检验站场、管线的最大工作压力是否达到设计要求，以及在工作压力（设计压力）下的密封性能是否达到设计要求。

二、准备工作

（1）熟悉试压方案，了解试验压力、介质、要求、稳压时间等方面的规定。
（2）与此次试压相关单位取得联系，并做好协调工作。
（3）准备相应的工具，如扳手、螺丝刀、加力杠等。
（4）准备记录所需的笔和记录纸（记录表）。
（5）至少准备 2 块检验合格的压力表（精度等级不得小于 1.6 级，并经计量检定在有效期内，表的刻度值不得小于试验压力的 1.5 倍）。
（6）准备经校验合格的温度计 2 支。
（7）仔细检查与此次试压相关的站场设备、仪表以及试压介质等是否符合试压方案要求。

三、操作步骤

（一）水试压

（1）打开进水阀和放气阀，向站场设备或管线内灌水。当充满水时，放气阀有水流出，说明空气排净，即可关闭进水阀和放气阀。
（2）开动试压泵，使压力平稳上升。
（3）试压完毕，打开放水阀和放气阀，把站场设备或管线内的存水排尽，并用压缩空气吹扫干净。
（4）根据试验压力的高低分次升压：当升压至强度试验压力的 1/3 和 2/3 时，停止升压，各稳压 15min，检查无问题后，继续升压至强度试验压力，稳压时间不小于 4h，目测管线或设备无变形、不破裂、无渗漏时强度试验合格。
（5）将试验压力降至工作压力（设计压力）进行严密性试验，稳压 24h，其压降不大于试验压力的 1%为合格。

（二）气试压

（1）将试验压力均匀缓慢上升，升压不超过 1MPa/h。
（2）当试验压力大于 3MPa 时，分 3 次升压，在压力为试验压力的 30%、60%时，分别停止升压并稳压 30min，对设备或管线进行检查。若未发现问题，继续升压至强度试验压力，稳压时间不小于 4h，目测管线或设备无变形、无破裂、无渗漏时强度试压合格。

(3) 当试验压力为 2~3MPa 时，分 2 次升压：当压力为试验压力的 50%时，停止升压并稳压 30min，对设备或管线进行检查。若未发现问题，继续升压至试验压力，在试验压力下稳压 6h，并仔细检查。目测管线或设备无变形、无破裂、无渗漏且压降不大于强度试验压力的 1%时强度试压合格。

(4) 进行严密性试压，将设备或管线压力降到工作压力（或设计压力），使设备或管线内气体温度和周围介质的温度相同后，稳压 24h，经检查无泄漏，且压降率不大于允许压降率，则严密性试压合格。

(三) 试压压降率计算

计算方法参考本部分相关知识。

(四) 试压允许压降率计算

计算方法参考本部分相关知识。

四、技术要求

(1) 熟悉试压流程，确保试压全面顺利完成。

(2) 严格按照安全规范执行操作。

(3) 用水试压时，稳压期间应对设备或管线进行全面检查，若发现渗漏，应打上记号，降压后立即整改，整改后应重新试压直至合格。

(4) 管线试压时，由于地形起伏变化，压力表读数受到高差静压力的影响，试验压力应以最高点压力为准，且低点压力下的管线的环向应力不得超过管材本身的屈服强度与焊缝系数的乘积。

(5) 管线采用气体试压时，应设立可靠的通信系统，沿线每隔 2~3km 应设置一个通信点。

(6) 管线在升压过程中，工作人员不得沿管线检查，当试验压力超过 4MPa 时沿管线两侧 6m 范围内应划为禁区，若为架空管道，禁区范围增大 1 倍。

(7) 在试压过程中若发现问题，应及时进行整改，实施整改前必须将压力降至 0.02MPa 以下（不得出现负压），避免发生危险。

(8) 在试压过程中，应密切注意压力的变化，做好记录。

(9) 试压结束后，应书面总结试压结果及试压过程中出现的问题和处理办法。

五、相关知识

站场、管线的试压分为强度试压和严密性试压两个阶段。根据管线的设计要求和实际条件，可以整体试压也可分段试压；对于站场，则要求对设备及其附件进行整体试压。

试压介质采用水、空气或者天然气，但必须有严格的安全措施。站场、管线的试压一般采用水试压。在地形起伏较大的山区、丘陵地带进行管线试压时一般不宜采用水试压，这主要是由于：地形高差大，高低点之间将会有一个静水柱压力差，使试验的压力难以控制，以至于出现低点的压力超过了试验压力而高点压力还较低的情况，并且试验后排水也较困难。通常情况下，强度试压采用洁净水为试验介质，当存在水源困难或地形限制的情况时，也可采用压缩空气。严密性试压以压缩空气作为试验介质。

(一)强度试压及允许压降率

对于管线强度试压压力,有如下的规定:
(1) 一级地区内的管线不应小于最大工作压力的 1.1 倍。
(2) 二级地区内的管线不应小于最大工作压力的 1.25 倍。
(3) 三级地区内的管线不应小于最大工作压力的 1.4 倍。
(4) 四级地区内的管线不应小于最大工作压力的 1.5 倍。允许压降率 $\Delta p \leqslant 1\% p_{试}$ 时,强度试压合格。

对于采输气站,则规定强度试压压力不应小于最大工作压力的 1.5 倍,且不得低于 0.7MPa。采输气站强度试压宜采用洁净水。

(二)严密性试压及允许压降率

在强度试压合格之后,方可进行严密性试压。将管道的压力降到工作压力(设计压力),稳压 24h,使站场、管线内的气体温度与管线周围介质的温度相平衡,然后进行严密性试压。其持续时间不得小于 24h,经检查无渗漏且不大于允许的压降率,则严密性试压合格。

无论采用洁净水还是压缩空气,采输气管线或是站场的严密性试压压力均等于设计压力,且不得小于 0.7MPa。其允许压降率为 $\Delta p \leqslant 1\% p_{试}$。

(三)压降率的计算

站场、管线采用压缩空气作为试压介质时,压降率的计算公式如下:

$$\Delta p = 100\% \times \left(1 - \frac{p_z T_s}{p_s T_z}\right) \tag{2-2-1}$$

式中 Δp——压降率,%;
T_s——稳压开始时气体的热力学温度,K;
T_z——稳压终了时气体的热力学温度,K;
p_s——稳压开始时气体的绝对压力,MPa;
p_z——稳压终了时气体的绝对压力,MPa。

$$p_s = p_{s1} + p_{s2} \tag{2-2-2}$$
$$p_z = p_{z1} + p_{z2} \tag{2-2-3}$$

式中 p_{s1},p_{z1}——稳压开始及终了时压力表读数,MPa;
p_{s2},p_{z2}——稳压开始及终了时当地大气压,MPa。

技能训练三 清管阀（筒）收发球操作

一、学习目的

熟悉清管阀（筒）收发球的全过程，能安全平稳进行收发球操作。

二、操作方法

（一）清管阀发球操作步骤

(1) 检查清管阀指示盘上指针是否处于正确流向状态。
(2) 打开旁通阀。
(3) 关闭清管阀。
(4) 打开清管阀下部的排污口、放空口，排尽阀腔余气。
(5) 拔出保险销子，待无气流声时，打开阀前的盲板，装入清管球。
(6) 关闭排污口、放空口，上好清管阀前的盲板，将保险销插进去。
(7) 全开清管阀。
(8) 关闭旁通阀，球在气流的推动下被发出。

（二）清管阀发球技术要求

(1) 清管阀内余气排尽后才能打开清管阀前部盲板。
(2) 对于低产量气井，发球时应暂时提高压差，否则气流在清管球前后无法形成一定推球压差，就不能将球发出。

（三）清管阀收球操作

(1) 判断球快到时，将旁通阀打开。
(2) 通过球过指示器或声音判断球是否到达清管阀内。
(3) 待清管球进入清管阀后，关闭清管阀。
(4) 打开清管阀下部的排污阀，排尽阀腔余气，直到无气流声为止。
(5) 拔出保险销，打开清管阀前的盲板，同时将阀后面螺钉卸下，用专用铁棒通过螺钉孔将球推出阀体。
(6) 关闭清管阀前的盲板，将保险销插入，关闭排污口。
(7) 将清管阀后部螺钉装上。
(8) 全开清管阀。
(9) 关闭旁通阀。

（四）清管阀收球技术要求

(1) 待清管阀阀腔内余气排尽后才能打开清管阀前部盲板。
(2) 由于清管阀阀腔内有挡条，清管球到时，球速过大会撞断挡条，所以放空引球时注意调节放空阀开度以控制球速。集输管线通球时球速应控制在 3.5~5.0m/s，建议不超过 5.0m/s。

技能训练四　清管器（球）发送操作

一、学习目的

掌握清管器发送方法及技术要求，能对管线清管过程中常见的故障进行分析与处理，会计算清管器的运行距离等相关参数。

二、准备工作

用于管线清管的清管器有许多种，大致可分为三种类型：清管球（圆球形橡胶球）；皮碗清管器（定径清管器、测径清管器、隔离清管器、双向清管器等）如图 2-4-1 和图 2-4-2 所示；泡沫清管器（高、中、低密度泡沫清管器）。

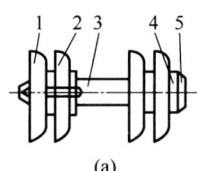 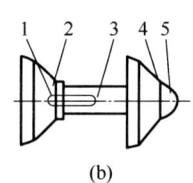 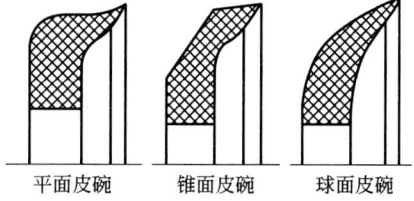

图 2-4-1　皮碗清管器结构图　　　　图 2-4-2　清管器皮碗形式
1—QXJ-1 型清管器信号发射机；2—皮碗；
3—骨架；4—压板；5—导向器

（1）制定管线清管方案并报上级主管部门批准。
（2）准备好相应的工器具。
（3）依据清管方案准备合格的清管球或清管器 2 个。
（4）与有关单位取得联系，确保通信畅通。

三、操作步骤

清管器发送装置流程图如图 2-4-3 所示。
（1）检查发球筒，打开放空阀，球筒泄压为零。
（2）卸防松楔块，开快开盲板。
（3）将清管球或清管器送入发球筒的大小头部位。
（4）关快开盲板，装防松楔块。
（5）关发球筒放空阀。
（6）开发球筒进气阀（引流阀），并观察压力表的压力上升至略高于管输压力。
（7）缓慢全开球阀。
（8）关输气管线主进气阀。

（9）推球进入输气管道。
（10）清管球或清管器过三通后,开输气管线主进气阀。
（11）关闭球阀的同时关闭球筒进气阀。
（12）打开球筒放空阀泄压,使球筒压力下降为零。
（13）卸发球筒防松楔块,开快开盲板。
（14）检查清管球或清管器是否发出。
（15）若清管球或清管器没有发出,查明原因,重复步骤（3）~（15）,若已经发出,继续进行下一步操作。
（16）关快开盲板,装防松楔块。
（17）详细做好相应记录。

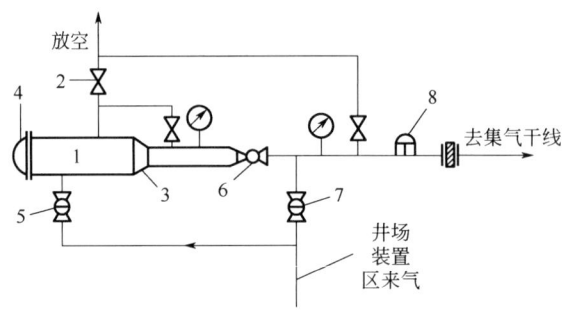

图 2-4-3　清管器发送装置流程图
1—球筒；2—放空阀；3—大小头；4—快开盲板；5—进气阀；6—球阀；7—生产阀；8—球过指示仪

四、清管球技术要求

（1）选定清管球后,应将球内空气排空,注满清水。球体直径过盈量为管径的3%~10%（过盈量可根据管线实际情况确定）。注水前后球的质量和直径应分别进行检测,以便分析判断球内有无空气存在以及球的过盈量是否符合要求（一般情况下,管径增大,过盈量相应增大）。

（2）发球前,应对清管球的外观进行描述（如圆度、划痕等）,测量球径、质量、过盈量等,并详细记录,严禁使用不合格的清管球。

（3）开发球筒盲板前,球筒压力必须放空至零时才能卸下防松楔块,为防止万一,操作人员严禁正对盲板或在盲板支撑臂后站立。

（4）应对球筒各部位全面检查,发现问题及时整改,确认无疑后才能进行操作。

五、清管器技术要求

（1）清管器在其皮碗不超过允许变形的情况下,应能够通过管道上曲率最小的弯头和曲率最大的管道变形。

（2）保证清管器通过最大口径支管三通,前后两节皮碗的间距应有一个最短的限度。

（3）输气管道椭圆度大于5%的,在设计清管器时,应增大清管器皮碗的变形能力。

（4）为了通过更小曲率的弯头,清管器各节皮碗之间可用万向节连接。

（5）前后两节皮碗的间距应小于管道直径，清管器长度可按皮碗节数多少和直径大小保持在 1.1~1.5D（D 为清管器直径）范围内，直径较小的清管器长度较大。

（6）清管器的主体部分直径小于输气管内径，清管器唇部直径要大于管道内径 2%~5%。

（7）其他技术要求与清管球相同。

皮碗清管器的优点是在管道内运行时，能保持固定的方向，能携带各种检测仪器和其他装置，如探测管道的变形量、置换介质和清扫管内空间、清除管壁铁锈等。

六、清管器（球）常见故障的分析与处理

（1）清管球收发作业常见故障的分析与处理见表 2-4-1。

（2）清管器收发作业常见故障的分析与处理见表 2-4-2。

表 2-4-1　清管球收发作业常见故障的分析与处理

故障	原因分析	处理方法
球未发出	球未进入球筒的大小头处； 球的过盈量不够； 推球的压力小于输气管的压力就打开球阀； 球阀内漏严重	球必须放入球筒的大小头处，并顶紧； 球的过盈量要符合要求； 观察球筒压力必须大于输压才能开启球阀； 采取补救办法或者空管通球
中途停止不前（漏气）	球内注水量不够，有空气存在； 管线内有硬物或有焊堆，弯头支撑或管线有低凹处； 球的前后压力差未形成	球内注水充足，排净空气； 发送第二个过盈量稍大的球去顶第一个球； 增大进气量或收球端放空增大压力差
球卡	组焊管线时管径偏离不同心，内径改变； 泥砂、石块及其他硬物淤塞	增大进气量或球前放空，提高推球压差； 停止进气，球后放空，反向运行后再正向运行或加大放空量，增大压差； 球后放空，将球引回发球站； 找到卡点后割管取球
推力不足	管线内脏物多而干涸堵塞； 输气管线有较大高差的山坡地段	发球前，输气管内注入一定量的清水（应加注缓蚀剂），然后发球（干气输送管线不能使用此方法）； 增大进气量或在球的前进方向加大放空量，形成足够的压力差

表 2-4-2　清管器收发作业常见故障的分析与处理

故障	原因分析	处理方法
清管器失密	清管器停留于管径较大或三通处	发送第二个清管器
遇卡	管道变形； 三通处的挡板断落； 管内的物体堵塞； 推力不足	反向运行解除； 上、下同时放空降压，采用优选法寻找遇卡处并打孔排除； 发送第二个清管器； 增大气量或放空加大压差

七、计算清管球或清管器运行距离

发球以后，球在管线中运行，其压力和气量随时不断变化，因此发球时的起点和终点以及沿途各监测点，要经常取得联系，互通情况，按时记录压力和气量，发现问题及时处理，另外还可通过容积法计算了解球的运行距离，提前做好收球的准备工作。计算公式如下：

$$L=\frac{4p_{\mathrm{b}}TZQ_{\mathrm{b}}}{\pi D^2 T_{\mathrm{b}}p}\times(0.99 \text{ 或 } 0.92) \tag{2-4-1}$$

式中 L——球运行距离，m；

Q_{b}——发球后的累计进气量，m^3；

p——推球压力，即球后管段的平均压力（可用发球站压力代替），MPa；

T——球后管段天然气平均温度，K；

Z——p，T 条件下的天然气压缩因子；

p_{b}——标准参比条件下压力，0.101325MPa；

D——输气管内径，m；

T_{b}——标准参比条件下温度，293.15K；

0.99 或 0.92——清管器或清管球密封漏失量修正数值。

技能训练五　清管器（球）接收操作

一、学习目的

掌握清管球或清管器的接收方法及技术要求，能对清管过程中常见故障进行分析与处理。

二、准备工作

（1）制定清管收球方案并经上级部门批准。
（2）准备好工具用具。
（3）与有关单位取得联系，确保通信畅通无阻。
（4）检查放空及排污系统，必须可靠完好。

三、操作步骤

清管器接收装置流程图如图 2-5-1 所示。

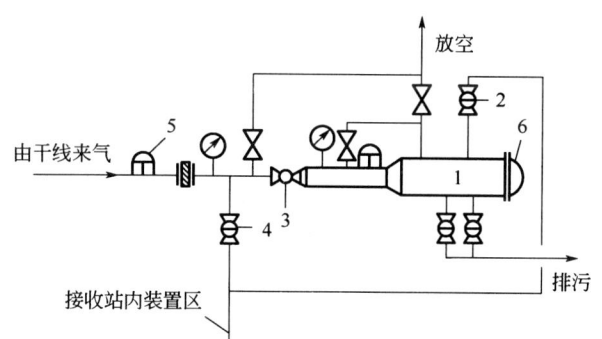

图 2-5-1　清管器接收装置流程图
1—球筒；2—引流阀；3—球阀；4—生产阀；5—球过指示仪；6—快开盲板

（1）在收球筒的前面安装指示信号发生器。
（2）通过计算和分析判断，球到前 30min 左右，关闭收球筒上的放空阀和排污阀。
（3）开收球筒球阀的旁通阀（引流阀），平衡筒压。
（4）全开球阀。
（5）关输气管线进气阀（生产阀）。
（6）开引球放空阀和排污阀。
（7）清管器或清管球进入收球筒内后，打开输气管线进气阀。
（8）关球阀和球阀旁通平衡阀。
（9）开球筒放空阀将球筒泄压为零后，卸防松楔块，打开快开盲板。

(10) 取出清管球或清管器。

(11) 清除球筒内脏物，冲洗干净后关快开盲板，装防松楔块。

(12) 检查球形清管器的直径、质量并对球外观进行描述等。

(13) 详细填写相关记录。

四、技术要求

(1) 收球前，应对收球筒各部位全面检查，存在问题应及时整改，保证各部位工作正常。

(2) 指示信号发生器的安装应垂直于输气管，将触点弹簧的松紧程度调整好，顶杆应自由降落伸入输气管内15mm，上推时能触发信号。

(3) 球筒压力为零后，才允许打开快开盲板，操作人员严禁正对盲板站立或在盲板支撑臂后站立。

(4) 自清管器或清管球发出之时开始，自始至终必须在统一指挥与沿途各监测点协调配合下进行。未收到清管器或清管球之前，观察、联系、判断和紧急情况下的处理决不能松懈。

(5) 收到清管器或清管球后，正常生产时球筒应处于不受压状态。

(6) 干气输送管道在开快开盲板前应向球筒注满清水，润湿球筒内粉尘，避免打开球筒时，粉尘自燃，造成人员伤害。

五、常见故障的分析与处理

清管器接收常见故障的分析与处理见表2-5-1。

表2-5-1 清管器接收常见故障的分析与处理

故障	原因分析	处理方法
球未收到	球在管线总停留； 推球压力不足； 球未发出来； 球被卡，前后窜气	发球站加大气量； 收球站加大放空，增大压差； 再次发球； 发送过盈量稍大的球去顶
球体严重变形	组焊管线接口错位，偏心超标； 管内硬物或焊接凸点多； 球径过盈量偏大	要求施工单位严格按照管线施工要求施工，对于已形成的现状，只有一次次摸索，找出最佳方案； 球径的大小要符合实际情况

技能训练六　脱水装置日常维护操作（脱水剂为三甘醇）

一、学习目的

学习脱水装置日常应维护的部位及维护步骤，以保障脱水装置性能良好、运转正常。

二、准备工作

准备润滑油、密封脂、变压器油、黄油枪、防锈漆、面漆、棉纱等材料和工具。

三、操作步骤

（1）对所有阀门定期（一个月）加注润滑油、密封脂，阀门丝杆抹变压器油。
（2）防止设备管线外腐蚀，对锈蚀处除锈刷漆。
（3）按规定定期切换空气压缩机、循环泵。
（4）对停运脱水装置的气动调节阀定期（一个月）手动开启并上下活动，检查其性能。
（5）对停运脱水装置易发生腐蚀的调节阀、流量计、自控仪表等可用塑料薄膜包扎，防止日晒雨淋。
（6）检查停运脱水装置二次仪表各种连接部位是否拧紧。
（7）检查现场仪表指示与自动控制系统显示是否一致。
（8）及时处理自动控制系统报警。

四、技术要求

（1）工艺阀门的日常维护详见各类工艺设备的操作维护规程。
（2）自动控制系统、机泵等方面的日常维护详见自动控制系统、机泵的操作维护规范。

五、相关知识

从采气井口出来的天然气几乎都为水汽所饱和，含饱和水的天然气进入管线常常造成一系列的问题：在管线中因液态水的沉积而增大天然气输气压降，从而导致管线输气效率严重下降；水分与天然气在一定条件下形成水合物影响平稳供气，严重时甚至阻塞整个管路；天然气中所含的腐蚀性介质如二氧化碳和硫化氢溶于游离水，对管线、阀件形成强烈腐蚀，极大降低管线所承受压力，大大缩短了管线的使用寿命，甚至引发爆管等突发事件，造成天然气大量泄漏并导致安全事故。由于天然气中所含水分存在的种种危害，因此在有条件的情况下，天然气均需脱水后在进行集输。

天然气脱水的方法较多，主要有低温分离法脱水、溶剂吸收法脱水、固体吸附法脱水、化学反应法脱水，比较常用的是溶剂吸收法脱水。

天然气溶剂吸收法脱水常用三甘醇（TEG）、二甘醇（DEG）作为脱水剂。当然还有一甘醇（EG）和四甘醇（TREG）。由于三甘醇作为脱水剂较其他类型的甘醇具有较多的优越性，应用得最为广泛。

技能训练七　脱水装置开车操作（脱水剂为三甘醇）

一、学习目的

学习并掌握脱水装置开车操作及其技术要求，以保证脱水装置正常投入运行。

二、准备工作

（1）动力供应到位。

（2）空气压缩机持续提供符合要求的仪表风。

（3）单机调试已完成。

（4）设定脱水装置运行时各项工艺参数的高低限值。

（5）所有过滤元件装填完毕，脱硫塔能正常工作，并提供合格的燃料气。如果是滤网式过滤器，脱水装置初次投产时，应用较大目数的滤网。

（6）重沸器、缓冲罐已加满三甘醇；三甘醇应有一定备用量。

（7）所有阀门、仪表、接头齐全，阀门开闭位置符合要求；仪表引液阀、引压阀开启。

（8）检查防毒面具、灭火器材是否齐全完好。

（9）检查循环冷却水是否畅通。

（10）除吸收塔三甘醇液位控制阀外，倒顺三甘醇流程、天然气流程。

（11）现场仪表调检准确，且与控制室内自动控制系统显示一致。

三、操作步骤

（一）三甘醇冷循环

（1）当三甘醇循环泵为能量回收泵时，吸收塔先建压再建液位，吸收塔建压至操作压力时启泵循环。当三甘醇循环泵为电泵时，吸收塔先建液位再建压，吸收塔达到正常液位时，建压至操作压力，将吸收塔三甘醇出口液位调节阀投入自动控制状态。

（2）闪蒸罐建液位达到设定值时，建压 0.35~0.42MPa，将闪蒸罐液位调节阀及压力调节阀投入自动控制状态，确保其输出值与显示屏示值一致。

（3）打开机械过滤器、活性炭过滤器进出口阀，如三甘醇温度较低，活性炭过滤器走旁通。

（4）检查缓冲罐液位是否正常，液位过低及时补充。

（5）调节控制回路，确保各个点的输出值与自动控制系统显示一致。

（二）三甘醇热循环

（1）逐级调节好燃料气各级操作压力。

（2）灼烧炉点火，调节一、二次风门，确保火焰燃烧正常。

（3）重沸器点火，调节一、二次风门，确保火焰燃烧正常。

（4）重沸器温度在200~204℃，且三甘醇浓度大于98%时，完成热循环。

（三）脱水装置进气和生产调节

（1）缓慢打开脱水装置进气阀，严格控制进气速度，压力上升速度在0.2~0.3MPa/min。

（2）当吸收塔压力达到正常操作压力后，在控制室手动缓慢打开脱水装置背压调节阀，以43%/min左右的速度打开，控制其开度，并注意观察吸收塔塔压的变化情况，适当调整吸收塔背压调节阀的开启速度，直到吸收塔压力稳定在设定值很小范围内波动（±0.1MPa），将吸收塔背压投入自动控制。

（3）调整流程为正常生产流程，并将所有自控回路投入自控，检查所有的参数设定是否正常。

（4）根据分析化验结果，调整有关运行参数，并做好原始资料录取。

四、技术要求

（1）开车前，设定好各放空阀的动作压力值。

（2）开车时，所有调节阀先投入手动状态，在达到设定值时，投入自动状态。

（3）热循环时，控制重沸器温升在35℃/h左右，160℃以上温度应在25℃/h以下，严禁加热过快。

（4）经过水洗后的装置，装置内部有少量积水，三甘醇会因此稀释。所以在开车热循环过程中，重沸器温度在90℃、120℃、150℃左右应保持恒温，并化验三甘醇浓度，在其浓度大于98%后才能继续升温。

（5）热循环中，重沸器温度不允许超过204℃。

（6）严格控制吸收塔进气速度，压力上升速度控制在0.2~0.3MPa/min。

（7）脱水装置开车后未稳定运行时，必须加密现场巡回检查次数，确保所有操作参数在正常范围内波动。

（8）吸收塔进气前，应确保三甘醇贫液浓度大于99%，富液浓度大于98%。

技能训练八　脱水装置停车操作（脱水剂为三甘醇）

一、学习目的

学习脱水装置停车操作及其技术要求，以保证脱水装置安全平稳地停车。

二、准备工作

（1）首先与有关单位取得联系，确定上游采气井站的关井时间。
（2）做好三甘醇回收准备工作。

三、操作步骤

（一）脱水装置定期检修时正常停车操作

（1）在确认采气井站关井，且管网压力平衡后，切断重沸器燃料气气源，三甘醇继续循环，待重沸器内三甘醇温度降至65℃左右，停止三甘醇循环。

（2）切断脱水装置上、下游干气进出气阀门。将重沸器、缓冲罐内所有三甘醇回收至三甘醇储罐。

（3）将吸收塔、闪蒸罐、机械过滤器、活性炭过滤器内的三甘醇回收至三甘醇储罐。三甘醇回收完毕后将所有设备的三甘醇回收阀门关闭。

（4）过滤分离器、吸收塔、闪蒸罐分别进行排污。排污完毕，从吸收塔放空系统将脱水装置余气泄放掉。

（5）将机械过滤器、活性炭过滤器及滤芯进行清洗或更换，清洗重沸器和缓冲罐。

（6）切断灼烧炉燃料气源，停运空气压缩机，做好脱水装置停运的详细记录。

（二）脱水装置短期正常停车操作

（1）待管网压力平衡后，缓慢关闭天然气进出站阀门。
（2）停车小于48h，将重沸器再生温度设定至120℃，继续热循环。
（3）停车大于48h，继续热循环，当富液浓度大于98%时，关闭重沸器燃料气。
（4）继续冷循环，当缓冲罐三甘醇温度降至65℃时，停循环泵，同时关闭吸收塔、闪蒸罐三甘醇出口阀。
（5）保持吸收塔、闪蒸罐、重沸器、缓冲罐各压力、液位在正常范围。做好开车准备。

（三）脱水装置紧急停车操作

（1）当出现电源中断，仪表风、三甘醇循环泵故障，火灾等突发性事故时，应立即进行紧急停车（按紧急停车按钮）。
（2）脱水站进出气阀切断后，三甘醇循环系统按短期正常停车步骤进行。

(3) 与调度室尽快取得联系，通知关闭脱水装置上游采气井站。
(4) 立即分析事故原因，采取相应措施，排除故障并尽快恢复生产。
(5) 详细做好相应的记录。

四、技术要求

(一) 脱水装置定期检修时的正常停车操作

(1) 先关脱水装置上游采气井站，再进行脱水装置停车。
(2) 停止进气后，注意观察吸收塔、闪蒸罐液位，防止液位超高。
(3) 停车时，三甘醇温度必须降到65℃以下，才能停止循环泵。
(4) 应尽量将脱水装置内的三甘醇回收干净。

(二) 脱水装置短期正常停车操作

(1) 先关脱水装置上游单井，再进行脱水装置停车。
(2) 停止进气后，注意观察吸收塔、闪蒸罐液位，防止液位超高。
(3) 如果出站阀有调压作用，应在单井关井后，缓慢手动打开此阀平衡压力，切忌突然以较大开度打开此阀。

(三) 脱水装置紧急停车操作

(1) 停止进气后，注意观察吸收塔、闪蒸罐液位，防止液位超高。
(2) 注意观察进站管线压力，如压力超高，立即放空泄压。

技能训练九　SCADA 系统计算机及相关设备操作和日常维护管理

一、学习目的

学习并掌握有关 SCADA 系统计算机及相关设备操作和日常维护管理，确保 SCADA 系统计算机及相关设备的安全、可靠运行。

二、准备工作

清洁用具、备用色带或墨盒等。

三、操作步骤

（1）检查并擦拭显示屏和显示器外壳，保持其清洁、干燥。
（2）检查并确保 UPS（不间断电源）与电源板的插头稳固，加载设备未超负荷。
（3）检查并确保集线器的网线与别的电源线相互独立。
（4）检查并擦拭主机箱外壳，保持其清洁、干燥、通风散热良好。
（5）检查并确保主机箱地线接地。
（6）检查并清扫键盘灰尘，保持其清洁、干燥。
（7）对机械鼠标定期检查并清洁鼠标外壳及鼠标球，保持其清洁、干燥。
（8）检查并擦拭打印机外壳及内部，保持其清洁、干燥。
（9）定期清洗磁介质驱动设备。

四、技术要求

（一）显示器

（1）让放置显示器的房间保持通风和不潮湿，为避免妨碍显示器的散热，不要在显示器上随意摆放杂物。
（2）清洁显示屏和显示器外壳时，应用清洁柔软的什物如海绵和软抹布等擦拭。
（3）注意不要将水洒在显示器上部的散热孔内，也不可将水洒在显示屏上。
（4）禁用粗硬尖锐的东西划磨显示器屏幕。
（5）不要在带电时插拔显示器与主机的接头。
（6）显示器的亮度和对比度不要调得太高，只要画面清晰可见就行，以免缩短显示器的寿命。
（7）显示器不要放在太阳直射的地方，最好放在室内干爽通风处。阳光强烈时可掩上窗帘。

（二）UPS

（1）注意不要让 UPS 过载，应在其负荷范围内加载设备。打印机的插头不要插在 UPS 上。

（2）UPS 电源板的插头连接应保持紧固。

（三）集线器

集线器的网线不要与别的电源线等连线绞在一起，彼此间最好隔一定距离，以免主机网卡接出的网线因拉扯而松动或脱落，造成部分数据未能及时传送或不能通过通信实施控制的严重后果。

（四）主机箱

（1）主机箱上不要乱搭放物件，注意主机箱周围的空间，勿堆放杂物在其上面和周围，以免阻碍主机箱及时散热，也不要在主机箱上放置重物。

（2）放置主机箱的房间应保持干净、通风和不潮湿，室内温度不宜太高，应长期保持空调开机，否则会因主机长期开机过热而缩短其寿命，甚至可能会导致 CPU 芯片等部件损坏。

（3）确保主机箱上的地线可靠接出去，并不要用尖锐的东西划伤主机箱外壳，更不要用手触及划伤或脱漆处，以防触电。

（4）确保主机和 UPS 之间的连接电缆线不会松动，网卡接头必须插牢固。不要随意移动主机箱。切忌不可倒放或倾斜主机箱，在授权搬移主机箱的情况下，一定注意尽量保持水平搬移。

（5）主机箱后接口接出的线较多，应理顺接线，不要使其绕在一块，影响连接的稳定性。

（6）主机箱不可放在太阳直接照射处，一般应在室内干爽处放置，如靠窗口放置，应注意掩好窗帘遮住强光。主机电源未经授权不可人为关闭，若擅自关机，安全日志会记录此用户名的非法行为，而由此造成的后果应由非法操作者自行承担。

（7）被授权开关机的用户在必须关机且征得主管负责人员同意的情况下，必须按照操作程序开关机，确保关机时保存了重要数据，并通过正常关机退出。

（8）主机上的光驱弹出与闭合都应通过按钮进行操作，不可强行拽拉光驱托盘。

（五）键盘

（1）保持键盘清洁。因为太多的灰尘进入键盘内会导致键盘对使用人员的击键动作反应不灵敏。发现此类问题，维护人员可拆卸键盘，彻底清扫其内部积累的灰尘。

（2）键盘内若进水可能导致键盘损坏，注意不要使键盘内进水，若进水，应立即拔掉键盘插头，拆开键盘擦拭晾干，并正确复原。

（3）若发现键盘打不出字，检查其与主机箱的连接是否正确。

（六）鼠标

（1）若鼠标不反应，检查其与主机箱的连接。

（2）光电鼠标应在光电板上操作，机械鼠标也应在一块较平滑的纸板上操作，而不要直接将鼠标置于操作台上进行操作。

（3）如发现机械鼠标反应迟缓，维护人员可取下鼠标球清洗，并取干净软布擦拭鼠标球孔，待鼠标球吹干后复原。

（4）不可用力拉扯鼠标与主机箱的连线，应放置鼠标于适当位置，使操作时不会拉扯连线，以防断路。

（5）当鼠标更换且型号改变时，维护人员为新的鼠标安装正确的鼠标驱动程序。

（七）打印机

（1）连接在网络打印机服务器上的打印机不要散放，应有规律放置，一般根据客户机的位置放置，使客户机上的用户能清楚自己的文件在哪台打印机上打印，使相应客户能更加方便提取自己的打印文档。

（2）打印纸张应符合要求，过薄或过厚的纸张都不应使用，否则容易出现卡纸，并损及针式打印机的针头，导致断针。

（3）当打印机卡纸时，应立即取消打印，手动将卡住的纸取出。

（4）当发生打印机死机时，维护人员可停止打印机后，再重新开启打印机。

（5）及时更新打印机色带及墨盒，保证文档打印质量。

（八）存储介质（硬盘、光盘、U盘）

（1）存储介质应工作在室温 20~25℃，相对湿度 50%~55% 的环境中。

（2）严禁存储介质与带磁性物质存放在一起，同时注意防潮、防尘。

（3）定期清洁驱动设备，减少对存储介质的磨损。

五、相关知识

（一）UPS

UPS 在正常供电情况下 NORMAL 灯亮。当耗电过度造成 UPS 过流时，UPS 的 BACK-UP 灯亮，说明此时使用 UPS 的设备已经开始消耗 UPS 的后备电池了。维护人员应适当减少连在 UPS 上的不必要设备，或者换插到别的未过流的 UPS 上。若仍未解决，应切换系统中冗余的 UPS。否则，若后备电源用尽，将会导致 FAULT 红灯亮，UPS 此时无法提供合适的电流。

（二）SCADA 系统

1. SCADA 简介

在目前气田生产中，SCADA 系统是较典型的控制系统。

SCADA 系统由远程终端站控系统、调度控制中心主计算机系统和数据传输通信系统组成，用以完成生产过程中的数据采集、检测、数据传输和处理以及控制等功能。远程终端站控系统完成预定数据采集和控制。通信设备完成数据和控制命令的传输。主控计算机定期收集各远程终端的信息加以分析处理和储存，并向各远程终端发出控制指令。SCADA 就是采用这种模式的自动化监测、控制和数据采集系统的统称。

SCADA 系统是随着气田和管道的生产过程自动化控制和管理而发展起来的一种高级自动化监控和管理系统，采用"分散控制，集中管理"的原则，用分布式控制系统代替集中式控制系统，体现了现代工业控制系统技术发展的趋势，代表了气田自动化生产管理的国际先进水平。

2. SCADA 系统的组成及工作原理

1) 站控系统

站控系统（Station Control System，SCS）是天然气集输站场的控制系统，也是 SCADA 系统网络中最基本的控制系统，该系统主要由远程终端装置（RTU）、站控计算机、通信设施及相应的外部设备组成。

站控系统通过 RTU 从现场测量仪表采集所有参数，并对现场设备进行监控，根据需要将采集的数据经过 RTU 处理，传送至站控计算机，并经通信通道传送至调度控制中心的主计算机系统，同时接收来自调度中心的远程控制指令对站场进行控制。

站控系统具有独立运行的能力，当 SCADA 系统某一环节出现故障或与调度控制中心的通信中断时，不影响其数据采集和控制功能。

站控系统的硬件配置和应用程序设置应根据所控制场站的重要程度、规模和功能的不同而进行设置。被控站可分为两类：第一类是大中型站，如集气站、脱水站、调压计量站、增压机站、分输站等有人值守的站场。第二类是小型站，如阀室、清管站、阴极保护站、单井站等，通常是无人值守的站场。典型的大型站控制系统框图如图 2-9-1 所示，小型站控制系统框图如图 2-9-2 所示。

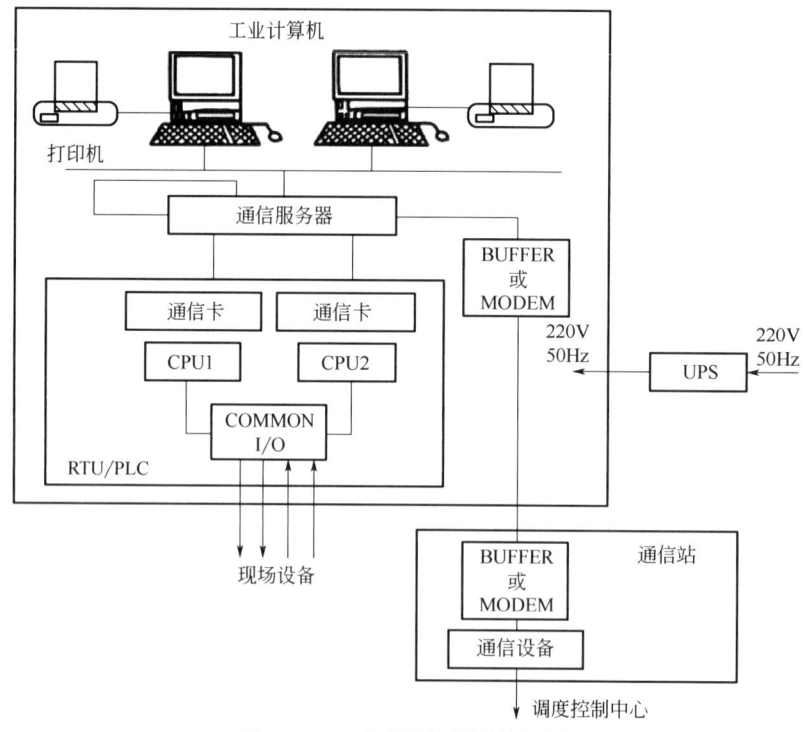

图 2-9-1 大型站控制系统框图

RTU 主要用于数据采集、数据处理、远程控制以及通信，同时部分 RTU 还提供操作人员接口、信息存储与检索等全部和部分功能。远程终端可以通过通信设备接收来自上位计算机的控制信息，并将它们分别传发给受控设备，完成控制操作。同时远程终端可以直接接收来自各传感器的模拟、数字和脉冲等形式的信号输入，也可以向受控设备发出 4~

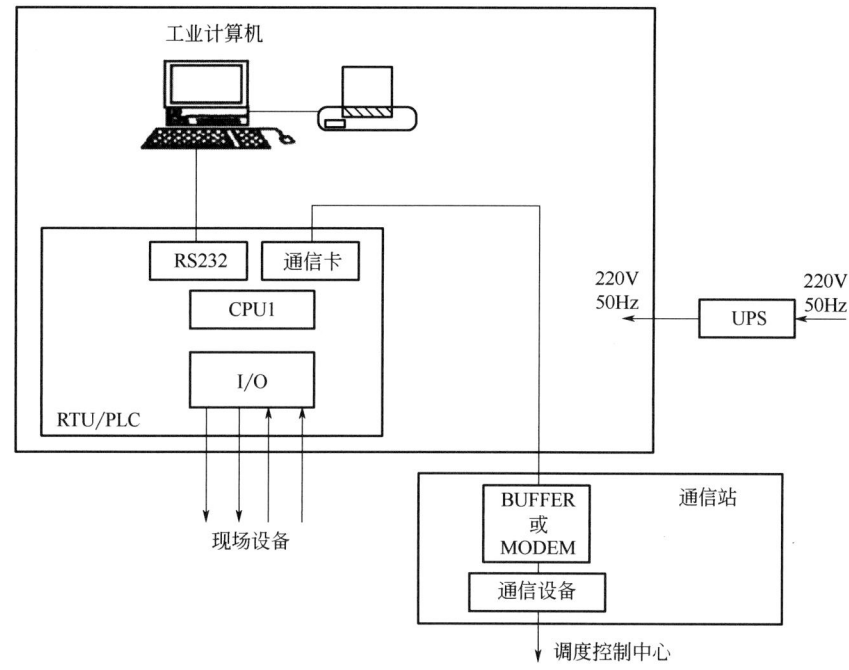

图 2-9-2　小型站控制系统框图

20mA 或 1~5V 的控制信号以触发受控设备的执行机构。对于某些特殊功能，有时还需设置特殊的功能程序。在上位计算机（站控计算机和调度中心计算机）出现故障时，RTU 能独立完成数据采集、处理及控制，避免造成现场工艺过程的失控，一旦恢复与上位计算机的通信，远程终端能够将故障期间的数据按照时间标志传送至上位计算机，以保证整个 SCADA 系统数据的完整性。根据技术规格要求，远程终端应能在 -30~60℃ 的环境温度和 95% 最高相对湿度的环境下操作。

2）数据传输通信系统

SCADA 系统的可靠性和可用性取决于从主站到 RTU 及从 RTU 返回主站的数据传输情况。天然气集输工程 SCADA 系统主要采取以下几种通信媒体进行数据传输：有线、微波、卫星、同轴电缆、光纤及其他通信方式。

数字数据在通信信道上传输时，必须转换成一个音频信号。这种将数字信号转换成音频信号的技术称为调制，常用的几种调制方式有调频、调幅和调相。调制器和解调器主件称为调制解调器（MODEM）。

SCADA 系统的数据传输方式主要有单工、半双工、全双工三种方式。单工传输方式只能向一个方向传输数据，且通信能力极为有限。半双工方式可以双向传输数据，但同时一刻内只能向一个方向传输。全双工方式则允许同时双向传输数据。

数据传输率即主站与远程终端装置之间的数据传输速率，也称波特率或比特率，是指每秒内传输的二进制位数，以 bit/s 为单位。SCADA 系统中采用的标准波特率一般有 300bit/s、600bit/s、900bit/s、1200bit/s。300bit/s 以下为低速系统；600~4800bit/s 为中速系统；4800bit/s 以上达 19200bit/s 或更高的数据传输率为高速系统。

主站与远程终端装置之间的数据传输示意图如图 2-9-3 所示。RTU 输出的数字信号经调制解调器转换成音频信号，然后由信号传输器发送，经过通信媒介将数据传输至调度控制中心的信号接收器，经调制解调器转换成数字信号后进入主计算机系统。主计算机系统的数字信号以同样的方式传输至 RTU。

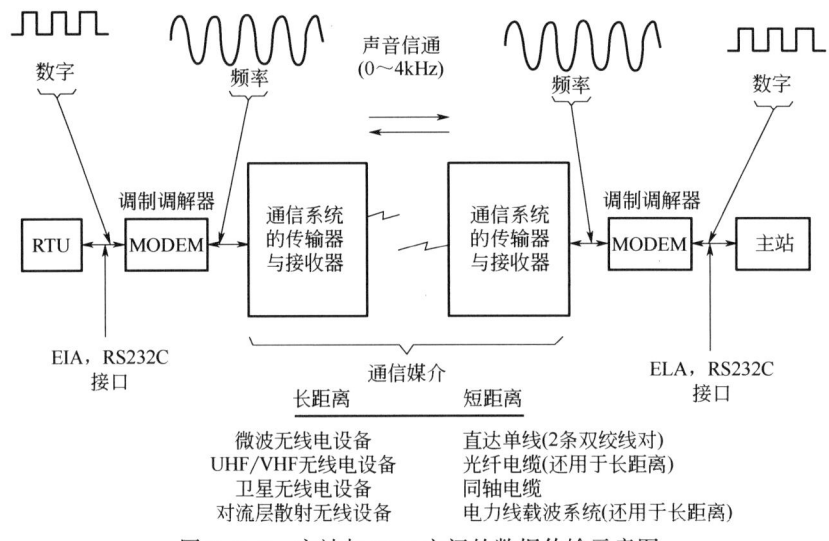

图 2-9-3　主站与 RTU 之间的数据传输示意图

3）调度控制中心

SCADA 系统调度控制中心，由主站或终端装置（Master Termina Unit，MTU）、通信设备以及相应的外部设备组成。主站担负着整个气田集输系统生产数据的采集、整理、存储、分析、调度和远程控制，如关键阀门的开关、压缩机的启停等。根据 SCADA 系统主站规模的大小，调度控制中心可分为总调度控制中心（GMC）或区域调度控制中心（AMC），其中总调度控制中心一般还包括应急调度监视中心（EMC）。

(1) SCADA 系统的总调度控制中心系统的功能如下：

① 监视主要运行参数。

② 统一指挥、协调各区域集输系统，确保安全平稳供气。

③ 合理解决供需矛盾，及时调配，提高供气质量。

④ 提高输配气系统效益，为优化决策服务。

⑤ 与有关上级部门进行数据交换。

(2) SCADA 系统的区域调度控制中心系统的功能如下：

① 接收总调度控制中心的调度指令、查询要求，并返回执行情况和查询结果。

② 向总调度控制中心传送实时数据和历史数据。

③ 采集实时数据，建立本区域调度控制中心的历史和实时数据库。

④ 向被控站场发送遥调遥控指令。

⑤ 管网系统动态模拟显示，站场流程显示，趋势图显示。

⑥ 报警及事件显示、打印、处理。

⑦ 生产、销售及营运统计报表处理等。

(3) SCADA 系统主站系统功能如下：
① 监视和采集远程站 RTU 的运行数据。
② 统计、分析、存储各种运行参数。
③ 打印报警和事故信息，提供生产报表。
④ 发送遥控指令，启停压缩机及开关站场和管道上的关键阀门。
⑤ 对管道系统的输配量进行调度，提高供气质量。
⑥ 模拟管道系统运行，优化管理，为管理系统运营决策提供依据。
⑦ 管道漏失的定位及监测。
⑧ SCADA 系统参数、状态、趋势、系统和站场流程的模拟显示。
⑨ 系统操作、维护的培训。
⑩ 系统组态、扩展。

技能训练十　气井综合动态分析的资料收集

一、学习目的

学会收集气井综合动态分析资料。

二、操作方法

（一）准备工作

（1）选择一口典型的气井。

（2）将该井从钻井到开发生产历年来的资料集中起来。

（二）操作步骤

（1）摘录有关的静态资料：

① 各产层岩性及气田构造特点。

② 各产层渗透率及其他变化。

③ 各产层间上、下、左、右的连通情况。

④ 气层、水层情况。

⑤ 纵横向流体性质的变化情况。

⑥ 断层情况。

⑦ 原始数据。

（2）整理该井历年或近期生产资料：

① 压力资料（油压、套压、地层压力）。

② 产量资料（油、气、水的产量）。

③ 分析资料（油、气、水、砂样分析资料）。

④ 温度资料（温度梯度和油层温度、气层温度、气流温度）。

（3）该构造上的观察井资料（井口压力、地层压力和井温、液面位置等）。

（4）与邻井相关的资料（压力、产量和油、气、水分析资料等）。

（5）试井、试采资料等。

三、技术要求

（1）气井的静态资料和动态资料要齐全准确。

（2）编制整理的该井日综合记录表、综合月报表、气田综合日报表和气田气井采气情况汇总表，气井采气曲线图、气藏的综合采气曲线图和其他动态曲线图等要详尽，数据齐全准确。

技能训练十一　用指示曲线分析气井

一、学习目的

学会用指示曲线分析气井。

二、操作方法

（一）准备工作

（1）收集、整理一口气井的试井资料。
（2）整理各种试井资料。
（3）绘制指示曲线。

（二）操作步骤

（1）分析正常曲线型。
（2）分析 Δp_2 偏小或产量偏低型。
（3）分析 Δp_2 偏大或产量偏高型。
（4）分析产层污染型。
（5）分析测点不稳定型。
（6）分析产层净化或多层产气型。

三、技术要求

（1）指示曲线大致有 6 种类型。现场应视具体情况具体分析，还有其他很多奇形怪状而远远偏离标准的二项式指示曲线，无法找出直线段，建立不起方程。

（2）产层污染型和产层净化型，是指在试井过程中发生的污染和净化。产层的污染原因有很多，如气层出现底水、井壁垮塌、钻井液污染等，在试井中均有可能造成产层污染，使渗透性变差。

（3）Δp_2 偏大或偏小，是由于地层压力或者井底流动压力偏离真实值造成。

技能训练十二　计算井底压力

一、学习目的

学习气井井底压力的静气柱计算方法，了解与井底压力相关的地层压力、温度和井下压力、温度知识，掌握相关计算方法。

二、准备工作

（1）收集整理井口压力、气井中部井深、天然气分析、井口常年平均温度等资料。
（2）准备好天然气偏差系数图版和计算工具。

三、操作步骤

（1）利用井口压力 p_{wh} 计算近似井底压力 p_{wf}。
（2）利用 p_{wh} 和力 p_{wf} 计算井筒平均压力 p_{avg}。
（3）利用 p_{avg} 和天然气临界压力 p_{pc} 计算天然气对比压力 p_{pr}。
（4）利用井口常年平均温度 t_0 和当地地热增温率计算井筒平均温度 T（这一步也可以利用该气田地热公式计算）。
（5）利用 T 和天然气临界温度 T_{pc} 计算天然气对比温度 T_{pr}。
（6）利用 p_{pr} 和 T_{pr}，在天然气偏差系数图版上，查找对应的井筒内平均天然气偏差系数 Z 值（这一步也可以利用天然气偏差系数公式计算）。
（7）利用公式计算井底压力。

同理，将气井产层中部井深 L 换成气井折算井深 L'，通过以上操作步骤所计算出来的压力就是气井折算地层压力。

四、技术要求

（1）井口压力必须采用真实压力资料。
（2）井口真实压力应加上 0.098MPa，转换为绝对压力。
（3）气井温度应加上 273.15K，转换为热力学温度。
（4）井底压力值应重复计算，当前后两次压力值相差 0.01MPa 时，才能结束计算。
（5）所得井底压力值保留 3 位小数。

五、相关知识

气井折算井深计算公式：

$$L'=L-(H-h') \qquad (2\text{-}12\text{-}1)$$

式中　L'——气井折算井深，m；
　　　L——气井产层中部井深，m；
　　　H——基准面海拔，m；
　　　h'——产层中部海拔，m。

技能训练十三　气藏动态分析

一、学习目的

学习利用气藏生产资料和采气曲线进行气藏动态分析，掌握气藏动态分析内容的有关知识。

二、准备工作

(1) 收集整理气藏静态地质资料。
(2) 收集整理气藏动态生产资料。
(3) 绘制相关图件。

三、操作步骤

(1) 分析气藏各气井的压力变化、压降幅度对比，作出气藏开采均衡性、合理性的认识判断。
(2) 分析气藏、气井产量的合理性，进行产量递减趋势分析。
(3) 分析气藏一段时期的开发动态特点，即气、油、水运动状况，地层压力的变化情况等，核对所实施方案的符合程度，提出方案修正措施。
(4) 分析气藏的驱动类型和压力系统，分析产出流体的特点。
(5) 分析气藏边（底）水的活跃性和推进程度，以及对气藏开采的影响。
(6) 复核气藏储量，分析气藏储量动用情况。
(7) 分析地面工艺的适应性，提出相应建议。
(8) 预测未来气藏的生产状况和开发效果，提出进一步提高气藏开发效益的措施。

四、技术要求

(1) 气藏静态地质资料包括气田构造情况、气层岩性、气层物性、层间关系、断层情况和原始数据等。
(2) 气藏动态生产资料包括：
① 气井生产资料：压力资料（套压、油压、地层压力），产量资料（油、气、水的产量），分析资料（油、气、水、砂样的分析资料），温度资料（温度梯度和油气层温度、气流温度）。
② 观察井资料：井口压力、地层压力（定期下压力计实测）和井温、水井液面位置（定期探测液面）。
③ 试井试采资料、生产测井资料等。

(3) 气藏相关图件，包括气藏采气曲线和重点气井采气曲线、气藏等压图、压力剖面图、开发现状图等。

(4) 按照相关的行业标准和技术规范要求，从八个方面进行分析、预测。

五、相关知识

气藏动态分析是认识和开发气藏的基础工作。分析气藏的动态特征、掌握气藏的动态规律是编制气藏开发（调整）方案的重要依据，只有以气藏动态分析为基础，才能充分挖掘气藏的生产潜力，控制气藏开发的全过程。气藏动态是指气藏特征参数随开采时间的增加而变化的过程，如气藏压力、产能、产量、流体性质、地下流体分布状况等，都在随时间的变化而变化，这些变化特点及规律的总和就称为气藏动态。按照行业标准和技术规范要求，气藏动态分析应包括以下内容。

（一）连通性分析

连通性分析包括构造形态、圈闭类型和断层发育情况，各部位流体性质的异同，气藏各井原始地层压力和折算压力的大小分布、井间干扰分析等。

（二）气藏类型判别

气藏类型判别包括计算气藏压力系数，分析气藏驱动类型，确定气藏边界及气水界面、油气界面等。

（三）气藏储层渗流特征研究

主要根据储层物性实验分析和气井试井解释对储层储集结构进行分类，确定产层渗流特性参数，如渗透率、有效层厚、表皮污染、储集比、窜流系数、井底裂缝参数等。

（四）气藏产能分析

主要根据试井资料确定气井无阻流量和产气方程，研究气井生产特点、稳产特征和递减规律，分析产能影响因素等。

（五）动态储量计算

采用不稳定试井资料计算气井控制储量，利用关井恢复压力资料核实压降储量，并对不同阶段不同方法的储量计算结果进行综合对比评价。

（六）水侵动态分析

包括水体类型（底水或边水）、水体能量大小和封闭性分析、出水气井类型判断及特点研究、气藏水侵方式和水侵机理分析等。

（七）气藏采收率分析

主要分析气藏生产资料，计算不同阶段气藏采收率的大小，确定气藏废弃条件，分析提高气藏采收率的途径和方法。

（八）气藏动态监测分析

主要针对水区观察井和气水界面附近的观察井作测压、取样分析等动态跟踪，分析气藏压力剖面及其变化情况。

由此可知，气藏动态分析的目的在于通过气藏动态资料的分析识别气藏储集类型和驱动类型，研究气藏水动力系统及连通性，分析不同时期气藏储量和产能的大小分布，确定气藏采收率等。

　　气藏动态分析是一项长期工作,从气藏钻开第一口井开始,直至气藏结束开采,都要不断地收集、整理、分析资料,以便逐渐使认识接近气藏真实情况。在当前条件下,都应建立计算机跟踪分析系统,使分析工作更及时、更全面、更系统,提高管理和开发水平。

技能训练十四 试井

一、学习目的

学习试井的定义,掌握试井的目的和试井步骤。

二、准备工作

(1) 准备好试井方案。
(2) 准备好测试仪器,如真重仪或电子压力计。
(3) 地面设施符合试井要求。

三、操作步骤

(1) 按试井方案,执行气井的开井或关井。
(2) 按试井方案,连续录取气井动态资料。
(3) 试井完毕,执行试井方案的气井生产计划。
(4) 对试井资料进行处理、解释。
(5) 编写试井报告。

四、技术要求

(1) 试井方案应包括试井条件(提出对人员、技术、地面设施和井下情况的要求)、试井目的、采取的试井方法、资料的录取和试井后生产安排等内容。
(2) 测试仪器应保证较高的精度和灵敏度。
(3) 资料解释应取得产气方程式、无阻流量、气层物性参数的成果。
(4) 试井报告应包括试井过程、成果、认识和建议等内容。

技能训练十五　计算开发参数

一、学习目的

学习气藏采出程度、采气速度的概念，掌握采出程度、采气速度的计算方法。

二、准备工作

（1）收集气藏地质储量。
（2）收集汇总气藏年采气量和历年累计采气量。

三、操作步骤

（1）用历年累计采气量，按公式计算气藏采出程度。
（2）用年采气量，按公式计算气藏采气速度。

四、技术要求

（1）所用计算数据的单位必须统一。
（2）结果保留两位小数。

五、相关知识

采出程度是指气藏历年累计采气量与地质储量之比。

$$采出程度 = \frac{历年累计采气量}{地质储量} \times 100\%$$

采气速度是指气藏年采气量与地质储量之比。

$$采气速度 = \frac{折算年采气量}{地质储量} \times 100\%$$

技能训练十六　常用基本地质图件识读

一幅地质图件一般应有图名、图框、比例尺、图例、纵横坐标等基础内容，对某一用途的图件，再根据需要绘制相关的内容。常用地质图件有平面图和剖面图两种。

一、平面图

（一）构造图

构造图是气藏动态分析的基础图件，主要反映地质构造（褶皱、断层）在平面上的分布、形状、走向、相对位置。基本做法是：将褶皱构造中地层的底板和断层的海拔高度，按一定的高程间隔水平投影到平面图上完图。地质构造（褶皱、断层）的海拔数据从地震测量和钻井资料中索取。

（二）井位分布图

主要反映气井在构造图上分布情况及相对地理位置。基本做法是：将气井（包括水井）按地理纵横坐标水平投影到构造图上，同时将重要的地貌、地物，如河流、城镇、公路绘入图内成图。因井位分布图主要反映气井在构造上的所在位置，内图框上的纵横坐标可不标绘，如图 2-16-1 所示。

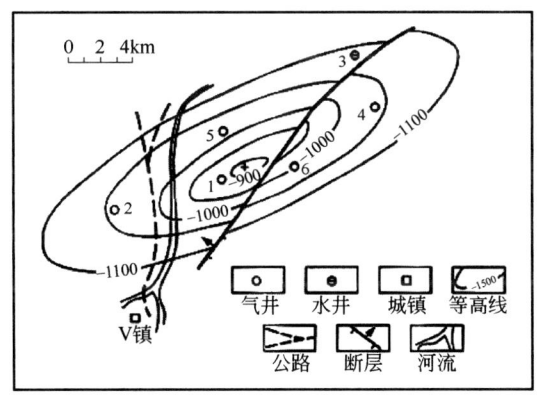

图 2-16-1　井位分布图

（三）开采现状图

主要反映地质构造、气井、采（集）气站、集输气管线、重要的地貌、地物分布情况。基本做法是：将要反映的气井、采（集）气站、集输气管线、重要的地貌、地物绘制到构造图上，再加上必要的图例说明成图。

二、剖面图

地质剖面图有构造剖面图和柱状剖面对比图两种。

（一）构造剖面图

构造剖面图又分为实测和图切两种。图切简便易作，基本做法是：在有地形等高线的地质构造图上，选褶皱构造的中轴部位，横向切取地形走向线（构造图上无地形等高线时，可按剖面线的地理坐标位置在地形图上切取）、褶皱构造地层顶底界线、断层线；并将气井纵向投影到相应的位置处。图上应标注纵坐标高程，注上井号、地层代号、断层性质（正、逆）符号，如图 2-16-2 所示。构造剖面图直观地反映了褶皱纵向形态、褶皱与断层关系、气井钻进层位、井斜、是否钻遇断层等情况。

实测构造剖面图由地震测量成图。

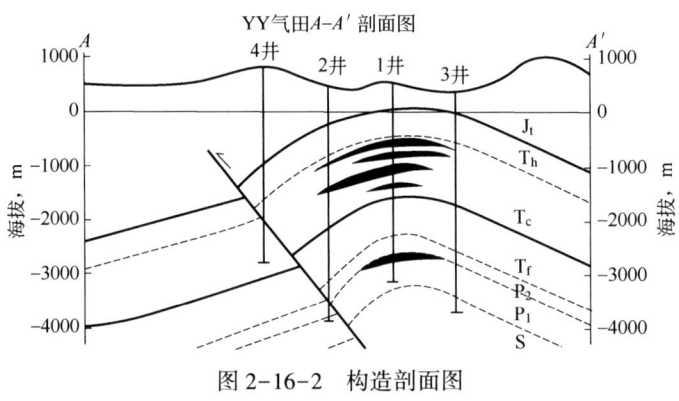

图 2-16-2　构造剖面图

（二）柱状剖面对比图

柱状剖面对比图是对气田构造的地层、产气层、钻井油气水显示进行综合对比分析的图件。基本做法是：将相邻的气田构造通过钻井、测井取得的综合柱状剖面绘制到一张纵剖面图上成图，如图 2-16-3 所示。用柱状剖面图对比图分析更直观。

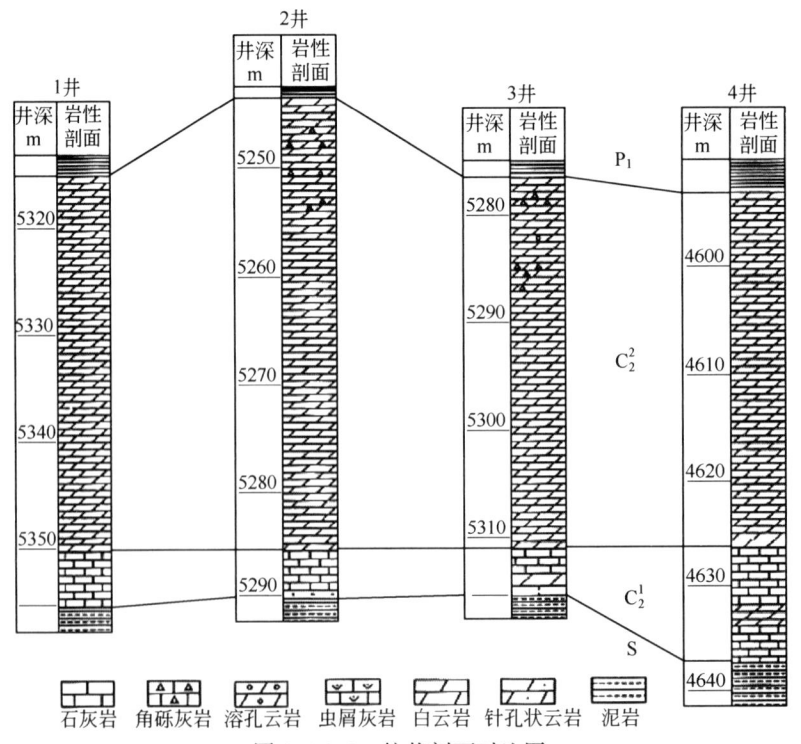

图 2-16-3　柱状剖面对比图

对同一气藏或同一压力（裂缝）系统，将气藏或同一压力（裂缝）系统各井的钻井录井剖面图资料，按照褶皱构造横向（也可以纵向），从西向东或从南向北顺序，投影到一张剖面上成为气藏或同一压力（裂缝）系统柱状剖面对比图，用以对同构造的气井纵向对比分析。

若将同一气藏或同一压力（裂缝）系统各井历次系统关井时，测得的地层压力经折算后绘制到一张纵剖面图上成为折算压力剖面图，供气藏气井压力变化和裂缝系统连通对比分析用，如图2-16-4所示。

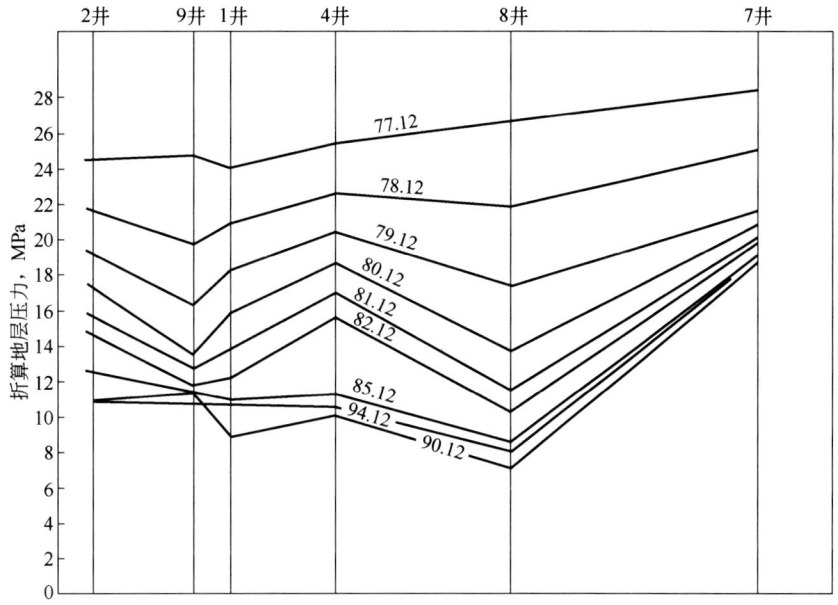

图2-16-4 折算地层压力剖面图

技能训练十七　绘制设备零件图纸

一、学习目的

通过绘制设备零件的图纸，学习和掌握零件图纸的绘制技能。

二、准备工作

（1）绘图仪器、工具用具1套。
（2）确定图纸的规格（A0、A1、A2、A3、A4、A5）。

三、操作步骤

（1）将选择好的图纸用透明胶贴于绘图板上。
（2）根据零件的结构、形状等选择合适的视图。
（3）根据零件的大小确定合适的图纸比例。
（4）在图纸上布置视图。
（5）画出零件的底稿。
（6）检查、描深图纸。
（7）在图纸上画出剖面线。
（8）标注尺寸、加工精度。
（9）用仿宋字标注零件的技术要求。
（10）标注比例、加工数量、材料、设计人、制图人、审核人以及相关的信息。

四、技术要求

（1）贴图纸时，以图纸的边框为基础，并用丁字尺靠平。
（2）选择视图时，应根据零件的具体情况，选择合适的视图，并尽可能使图纸便于绘制和识别。
（3）选择图纸的比例时，应大小适宜。
（4）视图布置合理，以不致造成图纸大面积空白为宜。
（5）画底稿时用2H铅笔或较硬的铅笔轻画，以便于修改。
（6）剖面线应选用45°斜剖线，剖线均匀。
（7）标注尺寸、加工精度后，应逐一检查，避免标错。
（8）标注技术要求必须使用仿宋字，标注位置适当，字体大小适中。
（9）其他的标注应严格按照图面说明。

五、相关知识

进行各类图件的绘制时，必须遵循有关的国家标准和机械、电子、石油天然气等行业的行业标准,根据图件的性质,所属行业的特征来绘制需要的图件。

以下主要介绍绘图的基本知识,如图幅、图线、比例、字体等。掌握这些基本知识后,才能绘制标准、规范的图件,同时才能够识别相关的技术图件。

(一) 图纸幅面和格式

1. 图纸幅面

为了使图纸幅面统一,便于装订和保管以及符合缩微复制原件的要求,绘制图件时,应按以下规定选用图纸幅面。

(1) 应优先选用基本幅面(表 2-17-1)。基本幅面有 5 种,其尺寸关系如图 2-17-1 所示。

表 2-17-1 图纸幅面

代号	$B×L$,mm×mm	a,mm	c,mm	e,mm
A0	841×1189			20
A1	594×841		10	20
A2	420×594	25		
A3	297×420			10
A4	210×297		5	10

注:a,c,e 为留边的宽度,参见图 2-17-2 和图 2-17-3。

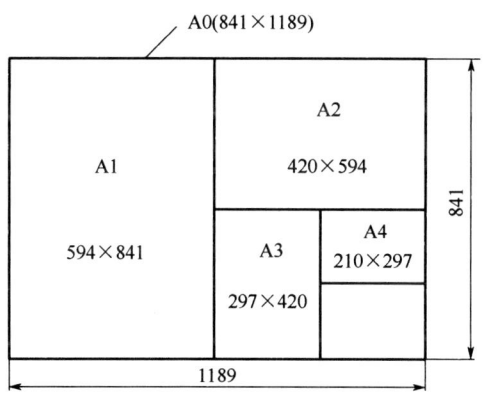

图 2-17-1 基本幅面尺寸关系

(2) 必要时,也允许选用加长幅面,但加长后幅面的尺寸必须由基本幅面的短边成整数倍增加后得出。

按照所作零件图,选择合适的图纸型号,准备必要的工具。

2. 图框格式

(1) 在图纸上必须用粗实线画出图框,格式分为不留装订边和留装订边两种,但同一零件或同一系列的图件只能采用一种格式。

(2) 不留装订边的图纸,其图框格式如图 2-17-2 所示,尺寸按照表 2-17-1 的规定标注。

(3) 留有装订边的图纸,其图框格式如图 2-17-3 所示,尺寸按照表 2-17-1 的规定标注。

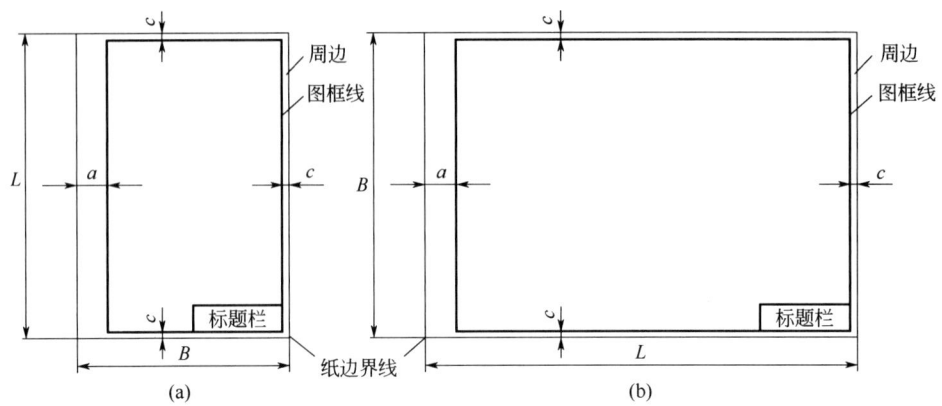

图 2-17-2 不留装订边的图框格式

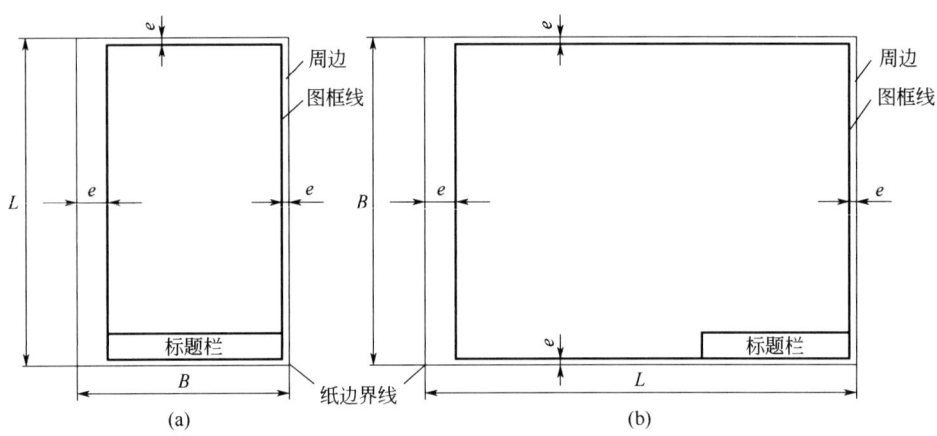

图 2-17-3 留装订边的图框格式

3. 标题栏的方位

(1) 每张图纸都必须画出标题栏。标题栏的格式和尺寸应遵循相应标准的规定。标题栏应位于图纸的右下角。

(2) 标题栏的长边置于水平方向并与图纸的长边平行,则构成 X 型图纸,如图 2-17-2(b) 和图 2-17-3(b) 所示。标题栏的长边与图纸的长边垂直,则构成 Y 型图纸,如图 2-17-2(a) 和图 2-17-3(a) 所示。

(3) 为了利用预先印制好的图纸,允许将 X 型图纸的短边置于水平位置使用,或将 Y 型图纸的长边置于水平位置使用。

(4) 标题栏的格式如图 2-17-4 所示。

(二) 比例

1. 术语

(1) 比例:图中图形与实物相应要素的线性尺寸之比。

(2) 原值比例:比值为 1 的比例,即 1:1。

(3) 放大比例:比值大于 1 的比例,如 2:1 等。

(4) 缩小比例:比值小于 1 的比例,如 1:2 等。

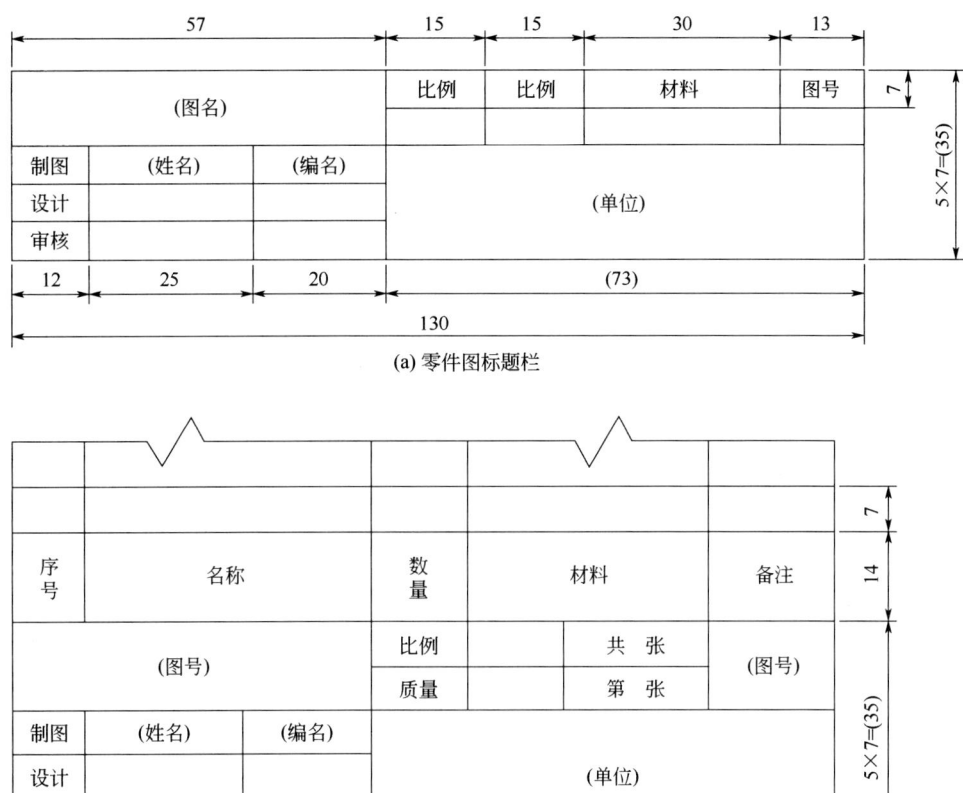

图 2-17-4 标题栏格式

2. 比例系列

(1) 需要按照比例绘制图件时,应由表 2-17-2 "优先选择系列" 中选取适当的比例。

(2) 必要时,也可由表 2-17-2 "允许选择系列" 中选取适当的比例。

为了从图件中直接反映实物的大小,应尽量采用原值比例。因各种实物大小与结构千差万别,绘图时应根据实际需要选取放大比例或缩小比例。

表 2-17-2 比例系列

种类	优先选择系列	允许选择系列
原值比例	$1:1$	—
放大比例	$5:1, 2:1, 5\times10^n:1, 2\times10^n:1,$ $1\times10^n:1$	$4:1, 2.5:1, 4\times10^n:1, 2.5\times10^n:1$
缩小比例	$1:2, 1:5, 1:10, 1:2\times10^n$ $1:5\times10^n, 1:1\times10^n$	$1:1.5, 1:2.5, 1:3, 1:4, 1:6, 1:1.5\times10^n,$ $1:2.5\times10^n, 1:3\times10^n, 1:4\times10^n, 1:6\times10^n$

注:n 为正整数。

(3) 比例一般应标注在标题栏内的比例栏内。

无论采用何种比例，图形中所标注的尺寸数值必须是实物的实际大小，与图形的比例无关。

（三）字体

书写字体的基本要求如下：

(1) 在图件中书写的汉字、数字、字母，都必须做到字体工整、笔画清楚、间隔均匀、排列整齐。

(2) 字体高度（用 h 表示）的公称尺寸系列为：1.8mm，2.5mm，3.5mm，5mm，7mm，10mm，14mm，20mm。如需要书写更大的字，其字体高度应按照 $\sqrt{2}$ 的比率递增。字体的高度代表字体的号数。

(3) 汉字应写成长仿宋字，并应采用国家正式公布的简化字。汉字的高度（h）不应小于 3.5mm，其字宽一般为 $h/2$。

(4) 字母和数字分 A 型、B 型，A 型字体的笔画宽度（d）为字高（h）的 1/14，B 型字体的笔画宽度（d）为字高（h）的 1/10。在同一图上，只允许选择一种形式的字体。

(5) 字母和数字可写成斜体和直体。斜体字字头向右倾斜，与水平基准线成 75°。

（四）图线

常用图线线型、宽度及其一般的应用见表 2-17-3。

表 2-17-3 常用图线线型、宽度及其一般应用

图线名称	图线型式及代号	图线宽度	一般应用举例
粗实线	——— A	b	A1 可见轮廓线
细实线	——— B	约 $b/3$	B1 尺寸线及尺寸界线 B2 剖面线 B3 重合剖面的轮廓线
波浪线	∼∼∼ C	约 $b/3$	C1 断裂处的边界线 C2 视图和剖视的分界线
双折线	∧∧∧ D	约 $b/3$	D1 断裂处的边界线
虚线	------ F	约 $b/3$	F1 不可见轮廓线
细点画线	—·—·— G	约 $b/3$	G1 轴线 G2 对称中心线 G3 轨迹线
粗点画线	—·—·— J	b	J1 有特殊要求的线或表面的表示线
双点画线	—··—··— K	约 $b/3$	K1 相邻辅助零件的轮廓线 K2 极限位置的轮廓线

（五）尺寸标注

1. 标注尺寸的基本规则

(1) 零件或者物体的真实大小应以图件上所标的尺寸为准，与图形的大小及给图的准确度无关。

(2) 图件中尺寸以 mm 为单位时,不需标注计量单位的代号或名称,如采用其他单位,则必须注明相应单位的代号或名称。

(3) 对零件或物体的每一尺寸,一般只标注一次,并应标注在反映该尺寸最清晰的图形上。

(4) 标注尺寸时应记录常用符号和缩写词。常用的符号和缩写词见表 2-17-4。

表 2-17-4　常用的符号和缩略词

名称	符号和缩写词	名称	符号和缩写词
直径	ϕ	45°倒角	C
半径	R	深度	↧
球直径	$S\phi$	沉孔或忽平	⊔
球半径	SR	埋头孔	∨
厚度	t	均布	EQS
正方形	□		

2. 尺寸的组成

完整的尺寸由尺寸数字、尺寸线和尺寸界线等要素组成,其标注示例见图 2-17-5。图中尺寸线终端可以有箭头、斜线两种形式。箭头的形式见图 2-17-6,适用于各种类型的图件;斜线用细实线绘制,其方向和画法如图 2-17-7 所示。

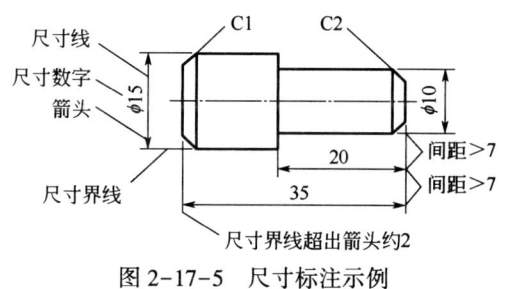

图 2-17-5　尺寸标注示例

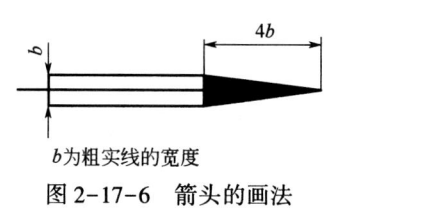

图 2-17-6　箭头的画法

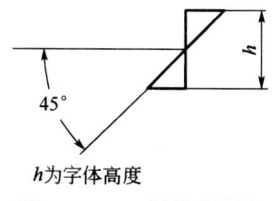

图 2-17-7　斜线的画法

3. 常见尺寸的标注方法

1) 尺寸数字

(1) 线性尺寸的数字一般标注在尺寸线的上方,也允许填写在尺寸线中断处,如图 2-17-8 所示。

(2) 线性尺寸的数字应尽量避免在垂直方向偏左 30°范围内标注尺寸。竖直方向上的尺寸数字也可以按照图 2-17-8 所示的形式标注。

（3）数字不可被任何图线所通过，但不可避免时，图线必须断开，如图 2-17-8 所示。

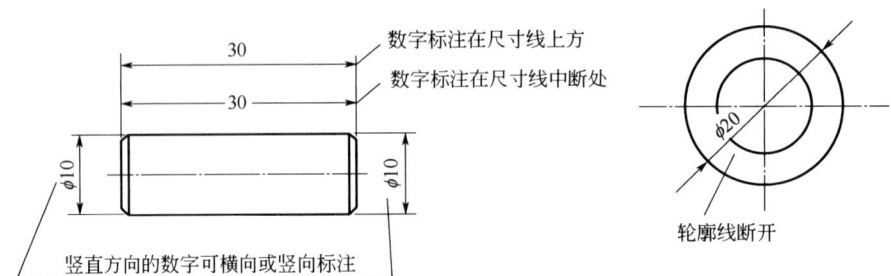

图 2-17-8　尺寸数字的标注方法

2）尺寸线

（1）尺寸线必须用细实线单独画出，轮廓线、中心线或它们的延长线不可作为尺寸线的使用，如图 2-17-9 所示。

（2）标注线性尺寸时，尺寸线必须与所标注的线段平行，如图 2-17-9 所示。

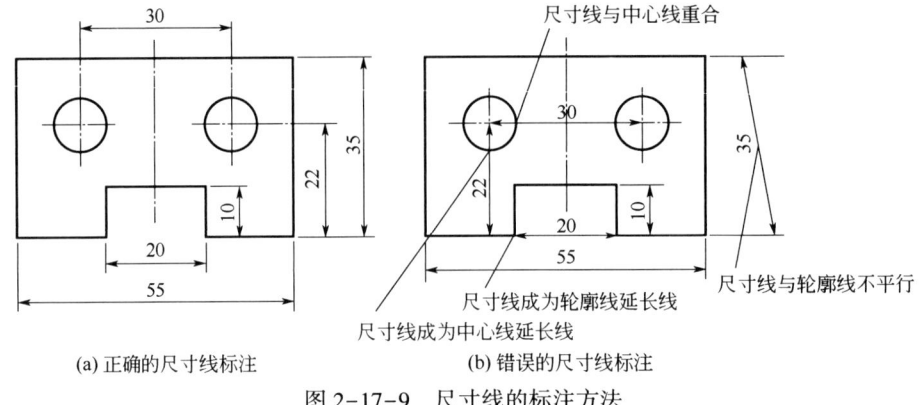

图 2-17-9　尺寸线的标注方法

3）尺寸界线

（1）尺寸界线必须使用细实线绘制，也可利用轮廓线或中心线的延长线作为尺寸界线（图 2-17-10）。

（2）尺寸界线应与尺寸线垂直。当尺寸界线过于贴近轮廓线时，允许倾斜画出。

（3）在光滑过渡处标注尺寸时，必须用细实线将轮廓线延长，从它们的交点引出尺寸界线。

4）直径和半径

（1）标注直径尺寸时，应在尺寸数字前加注直径符号"ϕ"，标注半径尺寸时，加注半径符号"R"，尺寸线应通过圆心。

（2）标注小直径或半径尺寸时，符号和数字都可以布置在外面。

5）小尺寸

（1）标注一连串的小尺寸时，可用小圆点或斜线代替箭头，但最外两端箭头仍应画出。

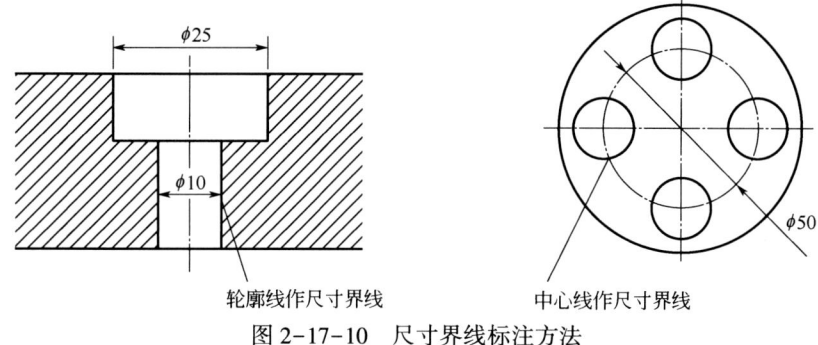

图 2-17-10 尺寸界线标注方法

（2）小尺寸还可以按照图 2-17-11 中右边的方式标注。

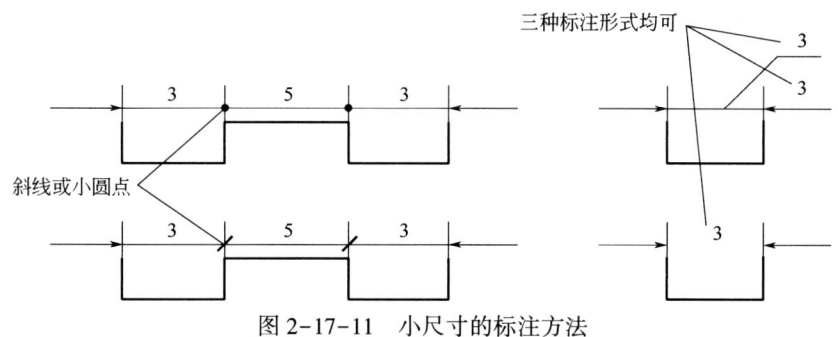

图 2-17-11 小尺寸的标注方法

6）角度

（1）角度数字一律水平填写（图 2-17-12）。

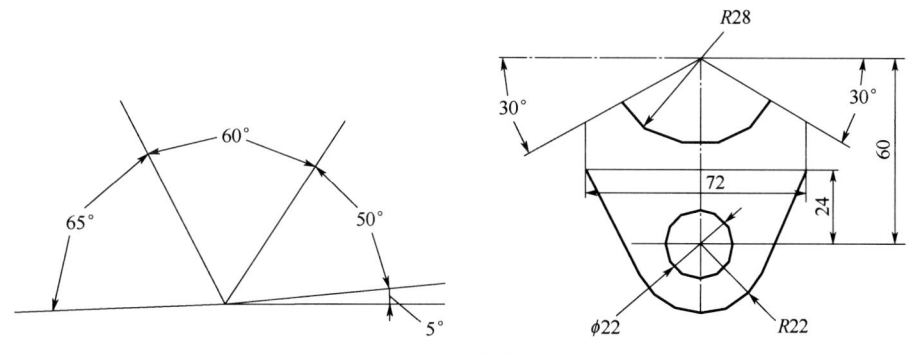

图 2-17-12 角度的标注方法

（2）角度数字应写在尺寸线的中断处，必要时允许写在外面或引出标注。

（3）角度的尺寸界线必须沿径向引出。

（六）图件绘制的基本要求

（1）完全：在对零件分析后应把所有应该标注的尺寸标注清楚，对于一些常见形状的尺寸标注方法和符号应有所了解和熟悉，常见形体见图 2-17-13。

（2）清晰：为了看图的方便应尽量将尺寸标注布置得整齐清晰，如相互平行的尺寸应按大小顺序排列。小尺寸在内大尺寸在外,并使尺寸数字错开,相关尺寸最好布置在一条线上。

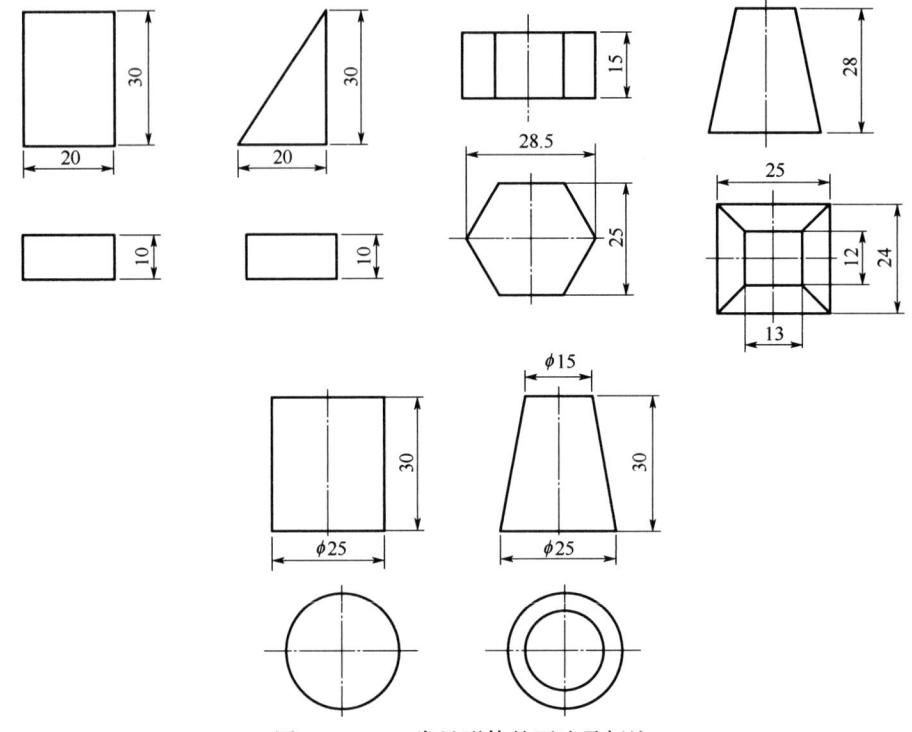

图 2-17-13　常见形体的画法及标注

(3) 合理:主要尺寸应直接标注和考虑测量各尺寸的方便,既使得加工、测量方便,又能满足使用要求。

(4) 对标准零件如螺纹、轴承等的标准图样,采取相应的简化画法。在绘图过程中,还应注意部分零件的特殊性,这部分零件因为使用量大,应用广泛,所以国家对其名称、结构和尺寸,甚至所使用的材料都做出了明确的规定,实现标准化,以便于制造和使用。在制图上也专门规定了它的简化画法,即规定画法和标注方法,在制图时应采取其对应的简化画法。

(七) 投影及视图

投影和视图是制图、识图过程中经常碰到的,此处简单介绍其概念。

1. 投影

投射线通过物体向选定的面投射,并在该面上得到图形的方法称为投影法。投影法分为中心投影法和平行投影法。中心投影法不能反映物体的真实形状和大小,在石油天然气相关的制图中应用较少,一般采用平行投影法。

中心投影法:投射线交于一点的投影法。

平行投影法:投射线相互平行的投影法。

平行投影法分为斜投影法和正投影法。斜投影法指投射线与投影面倾斜的平行投影法,其所得投影图称为斜投影图或斜投影。正投影法指投射线与投影面垂直的平行投影法，其所得投影图称为正投影或正投影图。

2. 视图

1）三投影体系

三个相互垂直的投影面组成了三投影体系。三个投影面分别为：正立投影面，简称正面，用 V 表示；水平投影面，简称水平面，用 H 表示；侧立投影面，简称侧面，用 W 表示。

相互垂直的投影面之间的交线称为投影轴，分别是：

OX 轴（简称 X 轴），是 V 面与 H 面的交线，代表长度方向。

OY 轴（简称 Y 轴），是 H 面与 W 面的交线，代表宽度方向。

OZ 轴（简称 Z 轴），是 V 面与 W 面的交线，代表高度方向。三根投影轴相互垂直，其交点 O 称为原点。三投影面的关系如图 2-17-14 所示。

2）视图定义

在制图中，把人的视线设想为一组平行线，而把物体在投影面上的投影称为视图。

物体在正立投影面上的投影，即由前向后投射所得的视图称为主视图。

物体在水平投影面上的投影，即由上向下投射所得的视图称为俯视图。

物体在侧立投影面上的投影，即由左向右投射所得的视图称为左视图。

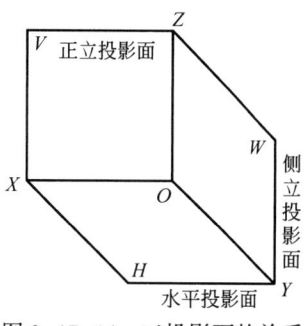

图 2-17-14　三投影面的关系

3）三视图之间的关系

以主视图为准，俯视图在它的下面，左视图在它的右面。主视图反映物体的长度（X）和高度（Z）；俯视图反映物体的长度（X）和宽度（Y）；左视图反映物体的高度（Z）和宽度（Y）。

由此可得出：

主、俯视图——长对正（等长）；

主、左视图——高平齐（等高）；

俯、左视图——宽相等（等宽）。

（八）采气制图中常用图例

前面提到，不同的行业都拥有本行业相关的制图标准，石油天然气行业也有相应的《石油天然气工程制图规范》（SY/T 0003—2021），对天然气开采、集输中管线、设备均规定相应的图例符号以及颜色标准。为保证所绘制的图件不会产生混淆，在绘制相关的图件时，推荐采用这些图例符号和颜色。

技师技能考核组卷示例

一、三甘醇脱水装置开车操作（笔试）

（一）操作程序（参考答案）

1. 准备工作

（1）动力供应到位。

（2）空气压缩机持续提供符合要求的仪表风。

（3）单机调试已完成。

（4）设定脱水装置运行时各项工艺参数的高低限值。

（5）所有过滤元件装填完毕，脱硫塔能正常工作，并提供合格的燃料气。如果是滤网式过滤器，脱水装置初次投产时，应用较大目数的滤网。

（6）重沸器、缓冲罐已加满三甘醇，同时三甘醇应有一定备用量。

（7）所有阀门、仪表、接头齐全，阀门开闭位置符合要求：仪表引液阀、引压阀开启。

（8）检查防毒面具、灭火器材是否齐全完好。

（9）检查循环冷却水是否畅通。

（10）除控制阀外，倒顺三甘醇流程、天然气流程。

（11）现场仪表调检准确，且与控制室内自动控制系统显示一致。

2. 操作步骤

1）三甘醇冷循环

（1）当三甘醇循环泵为能量回收泵时，吸收塔先建压再建液位，吸收塔建压至操作压力时启泵循环。当三甘醇循环泵为电泵时，吸收塔先建液位再建压，吸收塔达到正常液位时，建压至操作压力，将吸收塔三甘醇出口液位调节阀投入自动控制状态。

（2）闪蒸罐建液位达到设定值时，建压 $0.35 \sim 0.42$ MPa，将闪蒸罐液位调节阀及压力调节阀投入自动控制状态，确保其输出值与显示屏显示值一致。

（3）打开机械过滤器、活性炭过滤器进出口阀，如三甘醇温度较低，活性炭过滤器走旁通。

（4）检查缓冲罐液位是否正常，若液位过低应及时补充。

（5）调节控制回路，确保各个点的输出值与自动控制系统显示一致。

2）三甘醇热循环

（1）逐级调节好燃料气各级操作压力。

（2）灼烧炉点火，调节一次、二次风门，确保火焰燃烧正常。

（3）重沸器点火，调节一次、二次风门，确保火焰燃烧正常。

（4）重沸器温度在 $200 \sim 204$°C，且三甘醇浓度大于98%时，完成热循环。

3) 脱水装置进气和生产调节

(1) 缓慢打开脱水装置进气阀,严格控制进气速度,压力上升速度在 0.2~0.3MPa/min。

(2) 当吸收塔压力达正常操作压力后,在控制室手动缓慢打开脱水装置调压阀,以 4%/min 左右的速度打开,控制其开度,并注意观察吸收塔塔压的变化情况,适当调整调压阀的开启速度,直到吸收塔压力稳定在设定值很小范围内波动(±0.1MPa),吸收塔背压投入自动控制。

(3) 调整流程为正常生产流程,并将所有自控回路投入自控,检查所有的参数设定是否正常。

(4) 根据分析化验结果,调整有关运行参数,并做好原始资料录取。

(二) 考核时间

(1) 准备工作时间:10min。

(2) 正式操作:一人单独操作时间 45min。

(三) 配分、评分标准

序号	考核内容	评分要素	评分标准	配分	扣分	得分
1	开车准备工作	开车前准备工作必须按顺序,不能颠倒顺序	开车前的准备检查工作必须按顺序答全,每缺一项扣2分;(1)~(7)项顺序颠倒一项扣1分	15		
2	开车操作	三甘醇冷循环	没有按照规定建立吸收塔液位或者压力扣4分;没有按照规定建立闪蒸罐液位和压力扣4分;没有按照规定将过滤器走旁通或是违反相关操作规定扣4分	20		
		三甘醇热循环	没有调节燃料气的操作压力以及灼烧炉、重沸器风门,火焰燃烧不正常一次扣4分;没有达到相关技术要求的每项扣4分	30		
		脱水装置进气及生产调节	没有严格控制脱水装置进气速度和压力上升速度每项扣4分;没有按照相关技术要求进行脱水装置进气操作每项扣4分	30		
3	其他	卷面整洁情况、超时扣分		5		
备注			合计	100		
			考评员签字			
			考核时间		年 月 日	

二、三甘醇脱水装置停车操作(笔试)

(一) 操作程序(参考答案)

1. 准备工作

(1) 首先与有关单位取得联系,确定上游采气井站的关井时间。

(2) 作好三甘醇回收准备工作。

2. 操作步骤

1)脱水装置定期检修时的正常停车操作

(1)在确认采气井站关井,且管网压力平衡后,切断重沸器燃料气气源,三甘醇继续循环,待重沸器内三甘醇温度降至65°C左右,停止三甘醇循环。

(2)切断脱水装置上游进气阀门和下游干气出站阀门。将重沸器、缓冲罐内的所有三甘醇回收至三甘醇储罐。

(3)将吸收塔、闪蒸罐、甘醇机械过滤器、活性炭过滤器内的三甘醇回收至三甘醇储罐。三甘醇回收完毕后,将所有设备的三甘醇回收阀门关闭。

(4)过滤分离器、吸收塔、闪蒸罐分别进行排污。排污完毕,从吸收塔放空系统将脱水装置余气泄放掉。

(5)将机械过滤器、活性炭过滤器及滤芯进行清洗或更换。清洗重沸器和缓冲罐。

(6)切断灼烧炉燃料气源,停运空气压缩机,作好脱水装置停运的详细记录。

2)脱水装置短期正常停车操作

(1)待管网压力平衡后,缓慢关闭天然气进出站阀门。

(2)停车小于48h,将重沸器再生温度设定至120°C继续热循环。

(3)停车大于48h,继续热循环,当富液浓度大于98%时,关闭重沸器燃料气。

(4)继续冷循环,当缓冲罐三甘醇温度降至65°C时,停循环泵,同时关闭吸收塔、闪蒸罐三甘醇出口阀。

(5)保持吸收塔、闪蒸罐、重沸器、缓冲罐各压力、液位在正常范围。做好开车准备。

3)脱水装置紧急停车操作

(1)当出现电源中断、仪表风和三甘醇循环泵故障、火灾等突发性事故时,应立即进行紧急停车(按紧急停车按钮)。

(2)脱水站进出气阀切断后,三甘醇循环系统按短期正常停车步骤进行。

(3)与调度室尽快取得联系,通知关闭脱水装置上游采气井站。

(4)立即分析事故原因,采取相应措施。

(5)排除故障后尽快恢复生产。

(二)考核时间

(1)准备工作时间:10min。

(2)正式操作:一人单独操作时间120min。

(三)配分、评分标准

序号	考核内容	评分要素	评分标准	配分	扣分	得分
1	停车准备工作	做好协调工作和三甘醇回收准备工作	未做好协调工作,本项扣5分;未做好三甘醇回收准备工作扣1分	5		
2	正常停车	正常停车操作的顺序和技术要求	停车操作必须严格按顺序执行,每颠倒一次扣5分;每漏一项扣10分;技术要求没达到一项扣10分	30		
3	短期停车	短期正常停车操作顺序和技术要求	停车操作必须严格按顺序执行,每颠倒一次扣5分;每漏一项扣10分;技术要求没达到一项扣10分	30		

续表

序号	考核内容	评分要素	评分标准	配分	扣分	得分
4	紧急停车	紧急停车操作顺序、技术要求、应对措施	停车操作必须严格按顺序执行,每颠倒一次扣5分;每漏一项扣10分;技术要求没达到一项扣10分;应对措施缺少一项扣10分	30		
5	其他	卷面整洁情况、超时扣分		5		
备注			合计	100		
			考评员签字			
			考核时间		年 月 日	

三、井站生产工艺流程切换（答辩）

（一）操作步骤

（1）根据本井站生产情况判断上下游井站、管线生产是否正常，若发生异常情况则判断原因，并根据原因采取必要的措施，切换本井站的生产流程确保安全生产和平稳供气。

（2）根据调度指令切换本井站生产工艺流程，保证用户用气和安全生产。

（3）井站工艺流程切换操作原则如下：

① 流程切换过程中必须确保本井站及上下游井站、管线的安全生产和平稳供气。流程切换过应平缓进行，严禁造成站场、管线憋压等危及安全生产的操作。同时必须保证用户供气平稳，避免给用户造成损失。

② 在发生紧急情况下切换井站工艺流程时，首先必须确保人员、设备安全，同时尽可能减少环境污染和经济损失。

③ 除紧急情况外，井站工艺流程进行任何切换操作前必须汇报生产调度部门，得到许可后方能进行操作，以便生产调度部门统一协调各井站、管线的生产、集输。

（二）考核时间

（1）提前15min进入考场。

（2）考核额定时间40min（其中准备时间10min，答辩时间30min）。

（三）配分、评分标准

编号	问题	回答记录	答辩评分	备注
		合计		
答辩评分分为优(90~100分)、良(70~89分)、合格(60~69分)、不合格(低于60分)				
考评员：		记录员：	年 月 日	

四、绘制井站及控制点工艺流程图

(一) 操作步骤

(1) 将已经确定规格大小的图纸，用透明胶带牢固地粘贴于图版上。

(2) 根据井站生产工艺流程图的走向逐件逐段绘制。

(3) 绘制内容。因各个气田或构造的气体组分不同，气量和压力的等级也不同，所设计安装的工艺流程及其控制点也不同。根据井站类型，大致可分为单井站工艺流程图和多井站工艺流程图。其包括的主要内容如下。

① 单井站工艺流程图：井口装置（采气树）、一级角式节流阀、保温装置（水套炉等）、紧急放空和安全阀、消泡罐、分离器、集液器、计量装置、污水排放计量罐（池）、各设备及管道操作参数。

② 多井站工艺流程图：井口装置（采气树），一级角式节流阀，集气支线，紧急放空装置，保温装置（水套炉），二级节流阀，安全装置，分离器，计量装置，汇管，输气干线，安全装置，高、中、低旁通，污水排放计量罐（池），清管装置等。

根据生产需要，有的井站需增设缓蚀剂注入装置，有的井站需增设防冻剂注入设备和凝析油回收设备；气举排水井站增设化排、机抽等装置系统。

(4) 标注井站各个设备及管线的操作参数。

(5) 按流程顺序，对阀件、设备、仪表等内容标注编号。

(6) 将编号顺序整齐排列，填写于图纸右下角的标题框格内。

(7) 图例及相关的说明标注于图纸右上角位置。

(二) 考核时间

(1) 提前 15min 进入考场。

(2) 考核额定时间 60min。

(3) 每超过时限 1min，从总分中扣 1 分，超过时限 5min 停止考核。

(三) 配分、评分标准

序号	考核内容	评分要素	评分标准	配分	扣分	得分
1	准备工作	图纸选择及流程、设备、仪器仪表的熟悉	图纸选择不当扣1分，仪表仪器熟悉程度不够1分	5		
2	图纸内容	流程图标注	流程图上标注错一处扣3分	10		
		井站工艺流程及流程图图例	工艺流程画漏、画错或流程图中的图例画错一项扣5分	30		
		控制点绘制、标注	每缺少一个或画错一个控制点扣5分	30		
		阀件、设备、仪器仪表编号	按照流程顺序，对阀件、设备、仪器仪表进行编号，并整齐排列，填写相应的内容于右下角的标题栏中。每错漏一项扣3分	10		
		图例及相关的说明	图例和相关的说明标注于图纸的右上角，每错漏一项扣2分	10		

续表

序号	考核内容	评分要素	评分标准	配分	扣分	得分
3	其他	卷面整洁情况、超时扣分		5		
备注			合计	100		
			考评员签字			
			考核时间	年 月 日		

五、吹扫无清管收发装置的小口径管线

(一) 技术要求及说明

(1) 吹扫前期用天然气置换管线内的空气是最危险的阶段，一定要缓慢进行，气流速度不得超过 5m/s，起点压力尽可能低于 0.1MPa。

(2) 吹扫管段长度以 20km 以下为宜，吹扫速度不要快，逐步提高吹扫速度，同时应具有足够的吹扫时间。

(3) 放喷口应朝上，与管沟成 30°左右的角度并高出管沟沟顶，用地锚固定，放空阀门要操作灵活。

(4) 当吹扫速度不够，污物清理不出时，可关闭放喷口阀门，一定时间后提高管线的压力，再迅速打开放喷口的阀门，使气流速度增大，带出污物。

(5) 放喷口前方 200m 以内，左右 100m 以内，后侧 50m 内，不得有建筑物和人、畜等，严禁烟火，隔绝交通。

(6) 置换空气结束时，要等天然气扩散完成后才能点火放喷。一般情况下放喷天然气都应点火燃烧，如果不能点火燃烧，则必须扩大放喷警戒安全线范围。

(二) 操作程序

(1) 安装吹扫口。
(2) 置换空气。
(3) 吹扫。
(4) 清洗保养。
(5) 关闭气源。

(三) 考核时间

(1) 准备时间 5min，正式操作时间 35min，总时间 40min。
(2) 总时间超过 2min 停止作业。
(3) 违章操作时，停止作业，且评分为 0。

(四) 配分、评分标准

序号	考核内容	评分要素	评分标准	配分	扣分	得分
1	检查吹扫口	检查吹扫口是否朝上，且与管沟成 30°左右的角度。同时吹扫口高出管沟沟顶，用地锚固定，并在吹扫放喷管线上安装阀门	放喷管线未固定扣 6 分；放喷管线上未安装阀门扣 6 分	18		

续表

序号	考核内容	评分要素	评分标准	配分	扣分	得分
2	设置警戒区域	按照规定设置警戒区域	设置警戒区域一项不合格扣6分	12		
3	置换空气	置换空气时气流速度不得超过5m/s，起点压力尽可能不大于0.1MPa	未置换空气扣6分；置换速度过快扣6分；压力过高扣6分	15		
4	吹扫	当进气量为管线容积的3倍时，则认为置换空气合格	未达到要求扣10分	10		
		吹扫速度不要快，逐步提升速度；当吹扫口气流不再喷出污水、污物时，即吹扫完毕	吹扫方法不当扣12分；吹扫不符合要求扣10分	20		
5	清洗保养	放空管线内的余气，拆除放喷管线，清洗管线的阀件、分离器、分水器等设备	未放空管线内的余气扣4分；未拆除放喷管线扣8分；未清洗保养扣8分	20		
6	安全文明生产	工具的选择使用	不会选用工具扣2分			
		劳动保护用品穿戴	不按照规定穿戴劳保用品扣1分			
		尊重考评人员和现场工作人员，规范操作，正确使用、爱护工具和设备	违反一次扣1分			
		工完、料尽、场地清，工具、设备清洁整齐	未做到扣2分			
7	其他	超时及其他扣分		5		
备注			合计	100		
			考评员签字			
			考核时间	年 月 日		

六、清洗检修重沸器、缓冲罐、精馏柱

（一）操作程序

（1）熟悉经上级部门批准的检修方案。

（2）对脱水装置停车，回收甘醇。

（3）准备葫芦（1.5t）、吊车（8t）、撬棍10根、钢丝绳15m、3%~4% $NaHCO_3$ 溶液及蒸馏水各10t。

（4）脱水装置水循环。

（5）循环完毕，用清水浸泡重沸器、缓冲罐、富液精馏柱。

（6）浸泡24h后，将污水排至污水池。

（7）对精馏柱搭临时操作平台，再将富液精馏柱内填料取出清洗或者更换，对于进口装置需将精馏柱顶部法兰盖取出才能进行填料装填。安装完毕，恢复人孔及管线连接，拆除临时操作平台。

（8）分别打开重沸器、缓冲罐端盖，用葫芦、吊车将火管、换热盘管取出。

(9) 对重沸器火管及内壁、缓冲罐换热盘管及内壁进行清洗除垢。

(10) 重新安装好重沸器、缓冲罐。

(11) 用 3%~4%$NaHCO_3$ 溶液、工业水、软水依次对脱水装置进行水洗。

(12) 水洗合格后,将污水排放到检修污水池。

(13) 做好记录。

(二) 考核时间

(1) 提前 15min 进入考场。

(2) 考核额定时间 60min。

(3) 每超过时限 1min,从总分中扣 1 分,超过时限 10min 停止考核。

(三) 配分、评分标准

序号	考核内容	评分要素	评分标准	配分	扣分	得分
1	准备工作	按要求熟悉检修方案,停车,回收甘醇,准备好工具、用具、用品等	缺一项扣 2 分	5		
2	脱水装置水循环	水循环次数、时间、污水排放	操作步骤不正确一次扣 10 分;塔温超高一次扣 10 分;未验漏扣 10 分	15		
3	清洗精馏柱	取填料、清洗、装填、恢复	操作步骤不正确一次扣 10 分;各项操作达不到技术要求一次扣 10 分	30		
4	清洗重沸器、缓冲罐	取火管,取换热盘管,清洗,安装	操作步骤不正确一次扣 10 分;各项操作达不到技术要求一次扣 10 分	30		
5	水洗脱水装置	水洗顺序,仪表保护,复位。水洗时管道内流量,判断水洗合格,冲洗污水排至检修污水池	操作步骤不正确一次扣 10 分;各项操作达不到技术要求一次扣 10 分	20		
备注			合计	100		
			考评员签字			
			考核时间		年 月 日	

七、安全教育培训

(一) 操作程序

1. 目的和范围

为保证生产和建设任务完成,避免或减少伤亡事故、财产损失,贯彻安全生产方针政策和法令,认真遵守企业有关安全生产的规章制度,保证实现安全生产。

适用于从事天然气生产员工(包括新工人、实习生、代培人员、新调入人员、合同工、临时工、外来施工人员、参加生产劳动的待业人员、家属工等)。

2. 职责

基层劳资教育部门负责组织工作,技安部门负责进行安全教育培训。

3. 安全教育内容

1）日常安全教育

（1）基层单位每月组织一次安全学习，总结本月安全工作、布置下月安全工作。

（2）井站班组每周开展一次安全活动，并作好记录。

2）学习内容

（1）学习国家安全生产方针政策和法令、上级安全文件、有关安全生产规章制度。

（2）学习安全常识、安全生产责任制、事故预案等，提高岗位人员安全技能。

（3）学习安全、消防器材的使用方法，掌握工艺设备操作规程，提高业务水平。

（4）分析事故案例、生产中的异常现象及处理方法，从中吸取教训。

（5）作好事故预案的演练。

3）对新工人的安全教育主要内容

（1）基层单位入厂教育：

① 宣传安全生产方针政策和法令、上级指示决定等。

② 介绍本气矿生产任务、性质、特点、安全规章制度、气矿内外典型经验和事故教训。

③ 劳动纪律、安全生产制度及注意事项。

④ 安全生产组织形式及负责人。

⑤ 劳动安全保护。

⑥ 防火、防爆、防毒。

（2）井站班组教育：

① 介绍井站生产工艺设备的特点、危险区域及安全标志和防护知识。

② 从事的生产工作性质、岗位责任。

③ 防火、防爆、防中毒、防洪、防冻、防腐蚀、防泄漏等基本常识。

④ 介绍本班组的机器、工艺设备、工具的性能、特点，安全装置、防护设施的性能、作用和维护方法。

⑤ 保持工作场地、工艺设备整洁，正确排放污水，杜绝或减少污染事故的发生。

⑥ 个人劳动保护用品的正确使用和保管方法。

⑦ 预防事故的措施及发生事故后应采取的应急措施与报告方式，安全生产的经验教训。

4）特殊工种教育

（1）凡从事车辆驾驶、电气、铲车、焊接、放射性等特殊作业人员，必须进行体检，进行安全技术培训，并经理论和实际考试合格，领取"安全操作证"后方能独立操作。

（2）特殊作业工种人员每隔一定时期须经人事、技安部门考核复试，不合格者吊销"安全操作证"，直至考试合格方能上岗。

（3）转工教育：

① 更换新工种、采用新工艺、新技术、新设备的工人，工作单位的领导和技安或技术员应对其进行操作规程、生产特点、设备性能及注意事项的培训教育。

② 教育执行人应将教育内容、时间、姓名、工种和考核成绩等作出详细记录，由单

位领导或技安员转交技安办填入"教育卡片"备查。

(4) 复工教育：

① 对受伤职工，所属单位领导或技安员必须对其进行复工教育，并做好记录。

② 凡脱离本岗位半年以上的职工，复工前由所属工作单位的领导负责进安全操作规程、有关制度和注意事项的教育，并做好记录。

4. 安全教育培训组织计划

(1) 基层工会主席负责组织安全教育培训工作，人事部门负责培训计划拟订、召集工作，生产技安部门负责具体培训工作。

(2) 基层生产单位行政正职领导负责组织领导安全教育培训工作及培训经费落实工作，技安员负责培训计划拟订、召集、具体培训工作。

(3) 保证专业培训学时。

① 基层行政领导专业培训不得少于20h。

② 技术干部、技安员每年受专业技安教育培训时间不得少于60h。

③ 采气工、巡线工每年劳动保护教育培训不少于40h。

④ 焊工、电工、仪表工等特殊工种每两年专业培训不得少于1次（20d）。

（二）考核时间

(1) 提前15min进入考场。

(2) 考核额定时间60min。

(3) 每超过时限1min，从总分中扣1分，超过时限10min停止考核。

（三）配分、评分标准

序号	考核内容	评分要素	评分标准	配分	扣分	得分
1	准备工作	文件、记录	缺一项扣2分	5		
2	培训目的、范围	目的、范围	缺一项扣5分	10		
3	职责	职责明确	不明确扣10分	10		
4	安全教育培训	日常安全教育、安全教育内容、新工人的安全教育、特殊工种教育、转工教育、复工教育	缺一项扣5分	60		
5	教育培训组织计划	职务、工种、学时	缺一项扣5分	15		
备注			合计	100		
			考核员签字			
			考核时间	年　月　日		

八、安全检查管理

（一）操作程序

1. 安全检查内容

(1) 查思想：查对安全生产的认识是否正确；查安全责任心是否强；查对忽视安全生产的思想是否敢于斗争。

（2）查制度：查安全生产制度的建立和健全情况，是否有违章作业情况；查安全生产制度的执行情况，有无违章作业现象。

（3）查纪律：查岗位上劳动纪律的执行情况，有无擅离岗位现象。

（4）查领导：领导是否把安全生产摆在议事日程；对安全生产有功人员是否做到及时表扬和奖励；对忽视安全生产造成事故的责任者是否严肃处理；生产与安全是否做到"五同时"。

（5）查隐患：是否做到了文明、安全生产；每台设备是否都有安全装置，场站是否有不安全因素；压力容器、管道壁厚减薄是否满足工作压力，设备是否有跑、冒、滴、漏现象等。

2. 安全检查标准

（1）认真贯彻执行国家生产方针、政策、法令和上级的批示文件；建立健全各种安全管理制度、岗位安全生产责任制和安全操作技术规程，并严格执行。

（2）建立安全机构（安全领导小组），按时召开会议，研究解决生产过程中的重大问题，安全承包人到点检查率达10%（每月一次），发现隐患督促整改。

（3）安全设备、安全器材完好；对安全设备、器材进行定期保养维护；生产场所安全警示、警语标志完好。

（4）易燃易爆场所电气设备、电线、管线符合防火、防爆、防雷要求。

（5）生产现场标准化，无违章指挥、违章作业，遵守劳动纪律。

（6）上岗操作人员能正确穿戴劳保用品，使用消防器具。

（7）岗位人员应经过技术和安全知识培训，并经考试合格，特殊人员应持证上岗，外来施工队伍应进行安全技术交底并持准入证进入施工现场。

（8）定期开展安全教育、安全法规学习及事故预案应急演练，岗位人员具有一定安全知识和处理突发事故的能力。

（9）定期开展安全检查，基层单位每月一次，班组每周一次，安全检查有领导、技安人员、技术员参加。发现问题及时处理，对不能立即整改的安全隐患应落实预防措施，明确整改期限，对无力整改的安全隐患应及时上报整改，并做好上报记录。

（10）生产（停用）设备的安全防护装置齐全有效，灵活可靠，有定期检查维护记录，生产设备做到"三清、四无、五不漏"，生产环境清洁卫生、规范化。

（11）建立安全台账，并认真填写，按时上报安全月报表。

（12）发生事故按规定统计上报，及时召开事故分析会，严格按"四不放过"原则处理事故，60d内上报对责任者的处理意见。

3. 对查出隐患的处理办法

（1）每次安全大检查，带队人员应如实填写"安全生产检查情况表"，对查出的隐患必须认真研究并填写存档、上报。

（2）根据查出的安全隐患情况进行分类，一类为井站班组整改隐患，二类为基层单位整改隐患，三类为上级主管部门整改隐患。

（3）对井站班组能自行整改的安全隐患，安全领导小组必须发送"安全整改通知书"督促整改，井站班组应按时将整改情况上报安全领导小组存档。

（4）对二类、三类隐患交基层单位主管领导批示处理。

（5）技安员、检查人员、指挥人员查出有危及生产、生命、财产安全的重大隐患，有权责令停产、停业或限期整改。

（6）隐患整改实行"谁检查、谁验收"的原则。

4. 管理内容

（1）周末碰头会上总结本周安全工作，部署下周安全生产工作，对存在的安全隐患提出整改意见，发放隐患整改通知书。

（2）每月召开一次安委会，学习安全文件，总结本月安全生产工作，部署下月安全生产工作，向安委会提交遗留安全隐患、事故分析报告。

（3）开展安全生产竞赛活动，每月生产会上表彰先进，处理违章、事故。每月进行一次安全大检查，严格执行奖惩考核制度。

（4）组织职工学习本岗位安全技术操作规程和设备保养规程，达到"四懂三会"，即：懂设备性能、懂设备作用、懂设备的一般结构原理、懂设备事故的预防和处理；会使用、会维护、会保养。

（5）组织职工学习各项安全管理规定和各类事故典型案例，检查事故隐患，纠正非标准化动作和习惯性错误操作。

（6）组织职工修改安全生产制度，促使员工自觉执行规定规范。

（7）学习新工艺、新技术，不断提高领导干部、员工的业务素质，加强新工人、大中专（技校）毕业生、外来人员入厂安全教育培训工作，做好各项培训、活动记录。

（8）定期召开安委会，及时调整安委会成员，公布领导对要害生产部位检查情况。

5. 安全生产管理考核

按照"安全生产管理考核规定"进行考核。

（二）考核时间

（1）提前15min进入考场。

（2）考核额定时间60min。

（3）每超过时限1min，从总分中扣1分，超过时限10min停止考核。

（三）配分、评分标准

序号	考核内容	评分要素	评分标准	配分	扣分	得分
1	准备工作	安全检查文件、记录、标准	缺一项扣1分	5		
2	安全检查内容	查思想、查制度、查纪律、查领导、查隐患	缺一项扣4分	10		
3	安全检查标准	建立制度、机构；设备、器材保养维护；生产场所安全，建立警示、警语标志；防火、防爆、防雷要求；生产现场标准化，无违章指挥、违章作业；劳动纪律；劳保用品、消防器具；安全教育、培训、考试、持证上岗、安全交底；安全台账、报表；定期开展安全检查；事故分析、处理	缺一项扣5分	30		

续表

序号	考核内容	评分要素	评分标准	配分	扣分	得分
4	管理内容	周末碰头会,月安委会;安全生产竞赛活动;员工岗位业务、技术学习;员工安全管理、制度学习,新工人、外来人员学习培训;领导对要害生产部位检查	缺一项扣10分	25		
5	对隐患处理	隐患研究分析、填写存档、上报;隐患分类整改;重大隐患处理;隐患整改原则	缺一项扣5分	25		
6	安全生产管理考核	按照"安全生产管理考核规定"进行考核(只要求作此项工作,不作具体考核)	不进行考核扣5分	5		
备注			合计	100		
			考核员签字			
			考核时间	年 月 日		

第三部分

高级技师理论知识

第一章 气藏中的流体及其性质

学习要点

1. 掌握天然气的主要物理、化学性质。
2. 掌握凝析油、原油、地层水的概念及其特征。

第一节 天然气的主要物理-化学性质

一、天然气的定义

天然气是指在不同地质条件下生成、运移并以一定压力储集在地下构造中，以碳氢化合物为主的可燃性烃类气体。

碳氢化合物种类极多，一般以分子中碳原子的多少为排列顺序。天然气中主要存在的烷烃有：甲烷（CH_4）、乙烷（C_2H_6）、丙烷（C_3H_8）、丁烷（C_4H_{10}）、戊烷（C_5H_{12}）、己烷（C_6H_{14}）、庚烷（C_7H_{16}）。同时在天然气中还有少量 H_2S、CO_2、CO、N_2、He、H_2 等。在常温、常压下，$C_1 \sim C_4$ 为气态，是天然气的主要成分；$C_5 \sim C_{16}$ 呈液态，是石油的主要成分；C_{17} 以上大都呈固态。

二、天然气的组成

天然气的成分因地而异，大部分是甲烷，其次是乙烷、丙烷、丁烷等，此外还含有少量其他气体，如氮气、硫化氢、一氧化碳、二氧化碳、水汽、氧气、氢气和微量惰性气体氦气、氩气等。天然气主要成分的物理-化学性质见表3-1-1。

表3-1-1 天然气主要成分的物理-化学性质（一）

名称	分子式	相对分子质量	理想相对密度	临界温度 K	临界压力 MPa
甲烷	CH_4	16.043	0.5539	190.55	4.604
乙烷	C_2H_6	30.070	1.0382	305.43	4.880
丙烷	C_3H_8	44.097	1.5224	369.82	4.249
正丁烷	nC_4H_{10}	58.12	2.067	425.16	3.797
异丁烷	iC_4H_{10}	58.12	2.067	408.13	3.648
氦气	He	4.003	0.1382	5.2	0.2275
氮气	N_2	28.013	0.9672	126.1	3.399
氧气	O_2	31.999	1.1048	154.7	5.081

续表

名称	分子式	相对分子质量	理想相对密度	临界温度 K	临界压力 MPa
氢气	H_2	2.016	0.0696	33.2	1.297
二氧化碳	CO_2	44.010	1.5195	304.19	7.382
一氧化碳	CO	28.010	0.9671	132.92	3.499
硫化氢	H_2S	34.076	1.1765	373.5	9.005
空气	$N_2+O_2+\cdots$	28.964	1.000	132.4	3.771

名称	气体黏度,$\mu mPa \cdot s$ (101.325kPa,288.15K)	可燃性限,%(体积分数)		理想发热量,kJ/m^3 (101.325kPa,293.15K)	
		低限	高限	高位 $H_{高}$	低位 $H_{低}$
甲烷	0.01078	5.0	15.0	37033	33356
乙烷	0.00901	3.2	12.45	64877	59362
丙烷	0.00788	2.37	9.50	92331	84978
正丁烷	0.00732	1.86	8.41	119655	110463
异丁烷	0.00724	1.8	8.44	119307	110116
氦气	0.01927	—	—	—	—
氮气	0.01735	—	—	—	—
氧气	0.02006	—	—	—	—
氢气	0.00871	4.1	74.2	11889	10051
二氧化碳	0.01439	—	—	—	—
一氧化碳	0.01725	12.5	74.2	11763	11763
硫化氢	0.01240	4.3	45.5	23393	21555
空气	0.01790	—	—	—	—

三、天然气的分类

(一) 干气和湿气

根据天然气中 C_5 以上的烃液含量的多少，用 C_5 界定法将天然气划分为干气和湿气。

干气：每一标准立方米井口流出物中，C_5 以上重烃液体含量低于 $13.5 cm^3$ 的天然气。它稍加压缩不会有液体产生，故称为干气。

湿气：每一标准立方米井口流出物中，C_5 以上重烃液体含量高于 $13.5 cm^3$ 的天然气。它稍加压缩就有汽油析出来，故称为湿气。

(二) 酸性天然气和洁气

按酸气（指 CO_2 和硫化氢）含量多少，天然气可分为酸性天然气和洁气。

酸性天然气：含有显著量的硫化氢和 CO_2 等酸性气体，需要进行净化处理后才能达到管输标准或商品气气质指标的天然气。

洁气：硫化氢和 CO_2 含量甚微或根本不含的气体，它不需净化就可外输和利用。

(三) 气田气、石油伴生气、凝析气田气

(1) 气田气：产自气田的天然气，一般以甲烷为主。

(2) 石油伴生气：产自油田的天然气，主要成分是 $C_1 \sim C_6$ 的烷烃。

(3) 凝析气田气：产自凝析气田的天然气。

四、天然气的主要物性参数

(一) 密度

单位体积天然气的质量称为密度，其计算式为：

$$\rho_g = \frac{m}{V} \tag{3-1-1}$$

式中　ρ_g——密度，kg/m^3；

　　　m——质量，kg；

　　　V——体积，m^3。

气体的密度与压力、温度有关，在低温高压下与压缩因子 Z 有关。

(二) 相对密度

相同压力、温度下天然气的密度与干燥空气密度的比值称为天然气的相对密度，其计算式为

$$G = \frac{\rho_g}{\rho} \tag{3-1-2}$$

式中　G——天然气相对密度；

　　　ρ_g——天然气密度，kg/m^3；

　　　ρ——空气密度，kg/m^3。

(三) 黏度

天然气的黏度是指气体的内部摩擦力。当气体内部有相对运动时，就会因内部摩擦力产生内部阻力，气体的黏度越大，阻力越大，气体的流动就越困难。黏度就是气体流动的难易程度。

动力黏度：相对运动的两层流体之间的内部摩擦力与层之间的距离成反比，与两层的面积和相对速度成正比，这一比例常数称为流体的动力黏度或绝对黏度：

$$\mu = \frac{Fd}{\nu A} \tag{3-1-3}$$

式中　μ——流体的动力黏度，$Pa \cdot s$；

　　　F——两层流体的内摩擦力，N；

　　　d——两层流体间的距离，m；

　　　A——两层流体间的面积，m^2；

　　　ν——两层流体的相对运动速度，m/s。

黏度使天然气在地层、井筒和地面管道中流动时产生阻力，压力降低。

（四）临界温度和临界压力

每种气体要变成液体，都有一个特定的温度，高于该温度时，无论加多大压力，气体也不能变成液体，该温度称为临界温度。临界温度时对应的压力，称为临界压力。

天然气是混合气体，为了区分单组分气体和混合气体的临界参数，将天然气各组分的临界温度和临界压力的加权平均值分别称为视临界温度（T'_c）和视临界压力（p'_c）。

（五）气体状态方程

在天然气有关计算中，总要涉及压力、温度、体积，气体状态方程就是用来表示压力、温度、体积之间关系的。用下式表示：

$$\frac{pV}{T}=\frac{p_1V_1}{T_1} \tag{3-1-4}$$

式中　　p——气体压力，MPa；

　　　　V——气体体积，m³；

　　　　T——气体热力学温度，K；

　　　　p_1，V_1，T_1——气体在另一条件下的压力、体积、温度。

天然气为真实气体，与理想气体的偏差用气体偏差系数（也称压缩因子）Z 校正：

$$\frac{pV}{T}=\frac{p_1V_1}{ZT_1} \tag{3-1-5}$$

式中　　Z——气体偏差系数。

偏差系数是一个无量纲系数，决定于气体的特性、温度和压力。根据天然气的视对比温度 T_r，视对比压力 p_r，可从天然气偏差系数图 3-1-1 中查出。

$$T_r=\frac{T}{T_e} \tag{3-1-6}$$

$$p_r=\frac{p}{p_e} \tag{3-1-7}$$

式中　　T_r——视对比温度；

　　　　T_e——视临界温度，K；

　　　　T——天然气温度，K；

　　　　p_r——视对比压力；

　　　　p_e——视临界压力，MPa；

　　　　p——天然气压力，MPa。

（六）天然气的含水量和溶解度

1. 天然气的含水量

天然气在地层中长期和水接触，含有一定量的水蒸气，把每立方米天然气中含有水蒸气的质量（以克计）称为天然气的含水量或绝对湿度，用 e 表示。

一定压力、温度下，每立方米天然气中含有最大水蒸气的质量称为天然气的饱和含水量，用 e_s 表示。当 e 小于 e_s 时，天然气未被水蒸气饱和；e 等于 e_s 时，天然气刚好被水

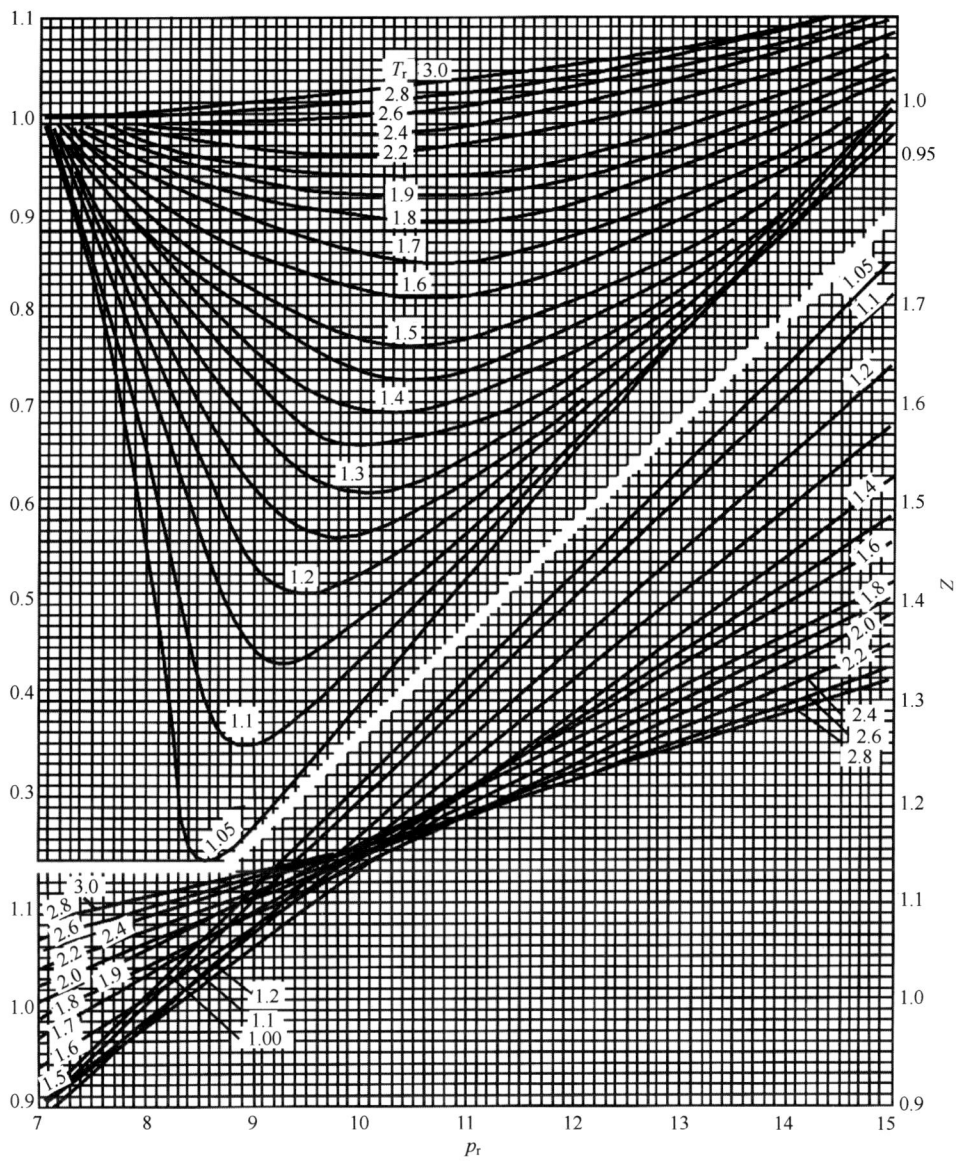

图 3-1-1 天然气偏差系数图

蒸气饱和。经过脱水处理的天然气 e 小于 e_s。在一定条件下，天然气的含水量与饱和含水量之比称为天然气的相对湿度，用下式表示：

$$\mu = \frac{e}{e_s} \tag{3-1-8}$$

在采输气工程中，常用露点表示饱和含水量。露点就是在一定的压力下，天然气刚被水饱和时对应的温度。例如某一天然气的露点为-5℃，则表示天然气在-5℃时处于含水饱和状态，只要天然气温度低于-5℃，就会凝析出液态水。相对密度为 0.6 的天然气，在各种压力和温度下的饱和含水量可由图 3-1-2 查出。压力相同时，温度越高，含水量越高；温度相同时，压力越高，含水量越低。天然气中重烃、杂质含量以及地层水的含盐量,都会影响按图 3-1-2 查得的结果,但对于甲烷含量在 90% 以上的天然气,误差极小。

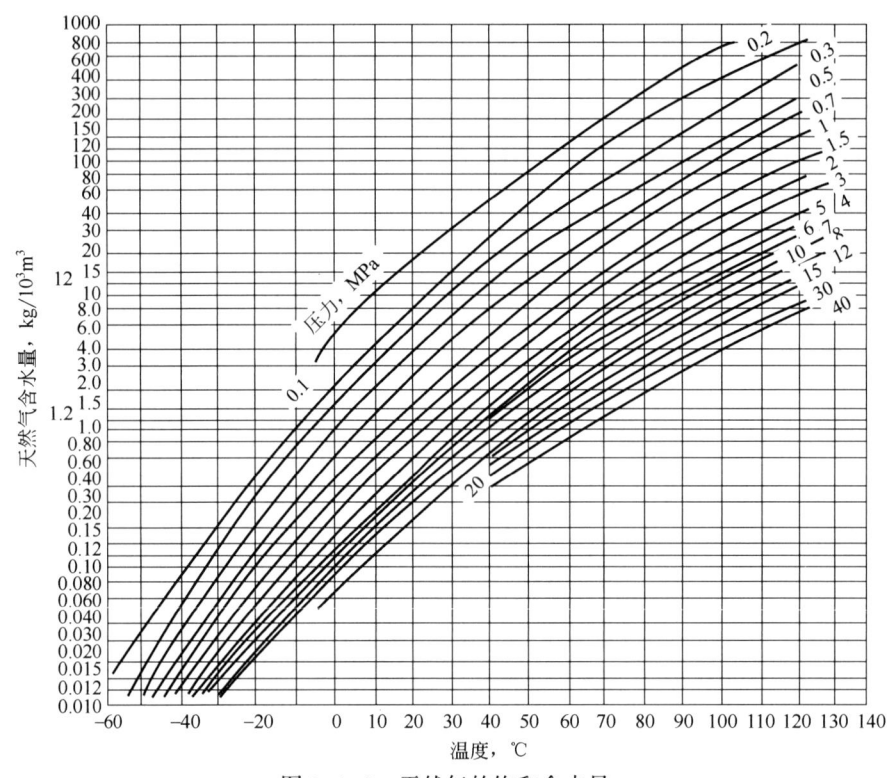

图 3-1-2 天然气的饱和含水量

2. 天然气的溶解度

在地层压力下,地层水中溶解有部分天然气,每立方米地层水中含有标准状态下天然气的体积数称为天然气的溶解度。天然气在地层水中的溶解度可按下式计算:

$$S_2 = S_1\left(1 - \frac{XY}{10000}\right)$$

式中 S_1——天然气在纯水中的溶解度,m^3/m^3,可由图 3-1-3 查得;

S_2——天然气在地层水中的溶解度,m^3/m^3;

X——校正系数,由表 3-1-2 查出;

Y——地层水中的含盐量,mg/L。

表 3-1-2 校正系数 X

温度,℃	X 值
38	0.074
66	0.050
83	0.044
121	0.033

溶解的天然气会释放出来从而增加天然气的储量。在某些条件下，还会形成水溶性气藏。

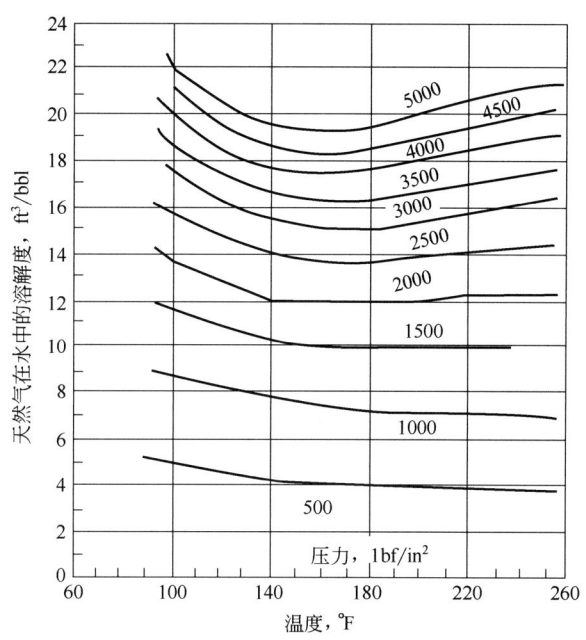

图 3-1-3　天然气在纯水中的溶解度

$1ft/bbl = 0.178m^3/m^3$；$°F = 9/5℃ + 32$；$1lbf/in^2 = 6.89476kPa$

（七）天然气的可燃性限和爆炸极限

1. 可燃极限

可燃物和空气中的氧化合而放出光、热的现象称为燃烧。天然气燃烧时空气量过多、过少都不好。空气量过少使燃烧不完全而降低了热值，同时生成一氧化碳等有毒气体，对人体产生毒害；空气量过多，使过剩空气被加热而降低了燃烧温度甚至使火焰熄灭。当甲烷在空气中的含量占总体积的5%~15%时，甲烷与空气的混合气体才能稳定燃烧。可燃气体与空气组成的混合物，可以稳定燃烧的最低浓度称为可燃下限，最高浓度称为可燃上限，低限和高限之间的浓度范围称为可燃极限。

2. 爆炸极限

燃烧与爆炸是同一性质的化学反应过程，但在反应强度上，爆炸比燃烧激烈。天然气爆炸是在一瞬间产生高压、高温（2000~3000℃）的燃烧过程，体积突然膨胀，同时发出巨大的声响，爆炸时波速可达2000m/s左右，具有很大的破坏力。

天然气与空气以一定比例组成的混合气体，在封闭的系统中，遇到明火就发生爆炸，可能发生爆炸的最低浓度称为爆炸下限，最高浓度称为爆炸上限。低限和高限之间的浓度范围，称为爆炸界限，简称爆炸极限。

爆炸极限与混合气体的压力及温度有关，天然气与空气混合物的压力、温度越高，爆炸极限范围越大。表3-1-3列出了甲烷在不同压力下的爆炸极限。

表 3-1-3　不同压力下甲烷的爆炸极限

压力,$1.01×10^5$Pa	体积爆炸限
1	5%~15%
10	5.8%~17%
50	5.7%~29.5%
125	5.7%~45.4%

第二节　凝析油和原油

气井在开采过程中有时也产出原油和凝析油。

一、原油

在地下构造中及常温常压下均呈液态，且以烃类化合物为主的可燃物液体称为石油，加工提炼前称为原油。

原油的颜色较深，油黄色、棕黄色、棕褐色、黑褐色、黑绿色等。原油一般比水轻，相对密度为 0.75~1.0。

二、凝析油

在地下构造中呈气态，在开采时因为降温降压凝结为液态而从天然气中分离出来的轻质石油称为凝析油。在常温常压下凝析油中 C_3~C_{16} 的烷烃为液态。它是一种特殊的石油，是介于天然气和石油之间的物质，主要成分是 C_5~C_{10} 的烷烃。它的性质介于天然气和原油之间。凝析油的相对密度比原油小，一般在 0.75 左右。凝析油的燃点比原油低，易引起火灾。

第三节　地层水

地层水是和天然气或石油埋藏在一起，具有特殊化学成分的地下水，也称为油气田水。

一、地层水的分类

（一）按位置分类

按地层水在气藏中的位置分类有底水、边水、夹层水 3 种。

1. 底水

当气层平缓时，水位于气层之下，与储层地面没有交线的水，或处于气藏之下、含气外边界与含气内边界之间的水称为底水（图 3-1-4）。

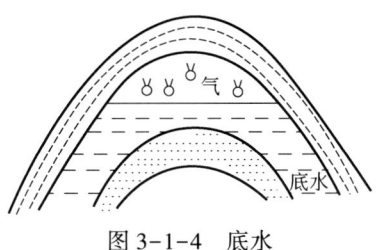

图 3-1-4 底水

2. 边水

气水界面同时与储层顶、底界面相交时，处于气藏外圈的水或含气外边界外围的水称为边水（图 3-1-5）。

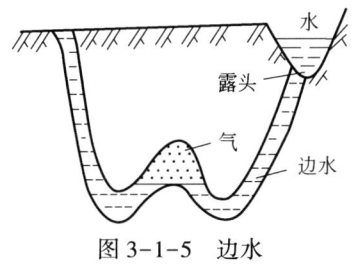

图 3-1-5 边水

3. 夹层水

夹在同一气层层系中的薄而分布面积不大的水称为夹层水（图 3-1-6）。含水层位于气层上部时称为上层水，位于气层下部时称为下层水。

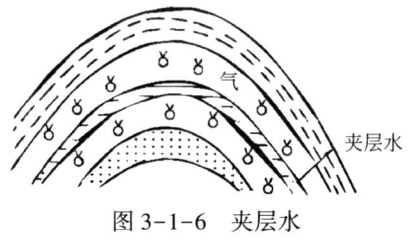

图 3-1-6 夹层水

（二）按活动性分类

按地层水在气藏中的活动性质分类，有自由水、间隙水两种。

1. 自由水

自由水充满地层的连通孔隙，形成一个连续的水系。在压力差的作用下可向低点流动的边水、底水都属于自由水。

2. 间隙水

间隙水是以分散状态储存在地层部分孔隙中难以流动的水。间隙水是地层在沉积过程中就留在地层孔隙中的，当油、气聚集时未被置换出来，吸附在岩石表面。油气藏都有间隙水存在，含量约占孔隙空间的 5%～50%，用容积法计算储量时，必须知道间隙水的含量（含水饱和度）。

二、地层水的特点

（1）地层水一般较暗，呈灰白色，透明度差，特别是刚从井中出来时浑浊不清。

（2）地层水由于溶解的盐类多，矿化度高，一般有咸味，也有硫化氢味或汽油味等特殊气味。

（3）地层水化学成分复杂，含元素种类多。常见的阳离子有钠离子（Na^+）、钾离子（K^+）、钙离子（Ca^{2+}）、镁离子（Mg^{2+}）、氢离子（H^+）、铁离子（Fe^{3+}）；阴离子有氯离子（Cl^-）、硫酸根离子（SO_4^{2-}）、碳酸氢根离子（HCO_3^-）。其中又以 Cl^- 和 Na^+ 含量最多，故食盐（NaCl）含量丰富。

知道了地层水的特点，就能在气井出水时，对水进行化验并判断水的性质，根据不同的出水情况，采取有效措施，维持气井正常生产。

第二章　气藏气井生产管理

学习要点

1. 掌握气层温度、压力的基本概念及获取方法。
2. 掌握气井分析、气藏分析、单井系统分析的基本方法及内容。

第一节　气层的温度

气井生产管理的目的就是要保证在规定的工作制度下稳定地进行正常生产。一般说来，对于未出水的气井，主要工作就是使其稳定生产，尽量延长无水采气期。对于已出水气井，主要方法是尽量排除或减少水对采气的影响。

气藏气井的生产管理的主要手段是气井的生产分析，它是利用气井的静、动态资料，并结合气井的生产史及目前的生产状况，借助于数理统计法、图解法、对比法、物质平衡法和渗流力学等方法，分析气井生产参数及其变化的原因，提出相应的改进措施，以便充分利用地层能量，使气井保持稳产、高产，提高气藏最终采收率。

一、气层温度的概念

气层温度是指气层中部流体的温度。在同地区，气层温度与气层的埋藏深度有关，埋藏越深，温度越高。气层温度是气井非常重要的一个物理量，是确保气井、气藏正确分析的重要依据。

二、气层温度的获取方法

在采气现场获得气层温度的方法有实测法和计算法。

（一）实测法

实测法即气井关井到压力稳定后，下入井下温度计到气层中部，测量气层的温度。目前使用较多的井下温度测量仪表有膨胀式温度计和弹簧管式温度计。膨胀式温度计又分为液体膨胀式和固体膨胀式两种。液体膨胀式温度计是一种水银温度计，其结构和体温表相似。固体膨胀式温度计是以不同金属在不同的温度下膨胀系数不同的原理，制成以双金属片作为感温元件的连续记录式温度计，如国产的 SW-150 温度计等。目前在气田使用的主要有 CY-614、RT 等型号。此外一般电子式压力计都兼有通过电气原理实现温度测量的功能。

（二）计算法

计算法即通过计算求得气层温度，计算公式为：

$$t_L = t_0 + \frac{L-L_0}{M} \approx t_0 + \frac{L}{M} \qquad (3-2-1)$$

$$T_L = t_0 + \frac{L-L_0}{M} + 273.15 \approx t_0 + \frac{L}{M} + 273.15 \qquad (3-2-2)$$

式中　L——从地面到气层中部的气井深度，m；

　　　L_0——从地面到地层恒温层的深度，m；

　　　M——地温级率（地温增温率），m/℃；

　　　t_L、T_L——从地面到井内 L 处的温度和热力学温度，℃，K；

　　　t_0——恒温层的温度（该井井口常年平均温度），℃。

1. 恒温层的深度 L_0

距离地面某一深度开始，不受大气温度的影响，这一深度称为恒温层的深度。一般 L_0 仅为几米，当井深 L 远远大于 L_0 时，L_0 可忽略不计。

2. 地温级率 M

地层温度每增加1℃要向下加深的距离（m），即：

$$M = \frac{L-L_0}{t-t_0} \approx \frac{L}{t-t_0} \qquad (3-2-3)$$

由于地球热力厂的不均匀，因而地温级率 M 在不同的地区是不相同的，对于某一地区而言，M 是一个常数。如老君庙油田第三系地温级率为28m/℃。

3. 地层温度 T_L（t_L）

地层温度随着地层深度的变化而变化，因此在计算地层温度时，应指明某一深度的地层温度。

4. 井口常年平均气温 t_0

当所测的气井井口与当地气象站相对高差不大时，可用当地气象站所测得的常年平均气温。若气井井口位置与当地气象站海拔高度相差较大时，必须用下式计算：

$$t_0 = t_{xi} + M_{da} \Delta h \qquad (3-2-4)$$

式中　t_{xi}——当地气象站所测得的常年平均大气温度，℃；

　　　M_{da}——当地大气平均递减率，海拔每升高100m，年平均温度降低的温度数值（当地气象站可查）；

　　　Δh——当地气象站海拔和气井井口海拔高度的差值，m。

三、井筒平均温度

井筒平均温度计算式为：

$$T_{平均} = \frac{L}{2M} + 273 \qquad (3-2-5)$$

式中　$T_{平均}$——井筒平均温度，K。

第二节　气井的压力

天然气生产中，压力是非常普遍的一个概念。对气井而言，则能根据气井不同位置压力的变化情况分析气井生产状况。

一、采气常见压力概念

气层中流体所承受的压力称为气层压力。气层压力是气层能量的反映，它是推动流体从气层中流向井筒的动力。气层未开发前，气层中部压力处于平衡状态，气体不流动，一旦气井投入开发生产，气层压力就失去了平衡，井底压力低于气层压力，井底附近的气层压力低于离井底距离较远处的气层压力。由于这种压力差的形成，使得天然气从气层流入井筒，再沿井筒流到地面。下面介绍在采气中常用的几种压力概念。

（一）原始地层压力

气藏未开发前的气藏压力称为原始地层压力，即当第一口气井完钻后，关井稳定后测得的井底压力，它表示气藏开采前地层所具有的能量。原始地层压力越高，地层能量也越大，在气藏含气面积、储集空间一定的情况下，原始地层压力越高，储量越大。

原始地层压力的大小，与其埋藏深度有关。根据世界上若干油气田统计资料表明，多数的油、气藏深度平均每增加10m，其压力增加 70~120kPa，如增加的压力值低于70kPa或高于120kPa，这种现象称为压力异常。压力增加值不足 70kPa 者称为低压异常；压力增加值大于 120kPa 者称为高压异常。

（二）目前地层压力

气层投入开发后，在某一时间关井，待压力恢复平稳后，所获得的井底压力称为该时期目前的地层压力，又称为井底静压力。地层压力的下降速度反映了地层能量的变化情况，在同一气量开采下，地层压力下降得慢，则地层能量大，地层压力下降得快，则地层能量小。

（三）井底压力

井底压力是指气井产层中部的压力。

（四）流动压力

气井在生产时测得的井底压力称为流动压力。它是流体从地层流入井底后剩余的能量，同时也是流体从井底流向井口的动力。

（五）井口压力

井口压力分为油压和套压。油压指井口油管头测得的油管内的压力。套压指井口套管头测得的套管内的压力。

（六）总压差

原始地层压力与目前地层压力的差值称为总压差。

（七）采气压差

目前地层压力与流动压力的差值称为采气压差。

(八) 套油压差

套压与油压之差称为套油压差。

(九) 大气压

用气压表测量的大气层中空气对地表的压力称为大气压。

(十) 表压力

用压力表测得的比大气压高出的压力称为表压力。

(十一) 绝对压力

绝对压力指起量点以物理真空作标准的压力。

二、井底压力的获得方法

井底压力的获得方法有实测法和计算法两种。

(一) 用井下压力计直接测量井底压力

井底压力计是可下到井底直接测量井底压力、温度的仪器。井下压力计分机械式和电子式两种。

目前普遍采用的机械式井下压力计是弹簧管式，进口的有 RPG、KPG、DPG-125 等种类，国产的有 CY613-A、CY-613B、JY-721 等种类。机械式仪器的感压元件是多圈弹簧管，弹簧管下部与仪器本体固定，接头下部与波纹管或多圈毛细管相连接，弹簧管及波纹管（毛细管）构成一个系统，内部充满液态油，上端与记录笔固定。当井下压力计下入井下后，井下压力作用于波纹管（或毛细管）端部，传递给弹簧管，在弹簧管端部产生旋转位移，并带动记录笔在卡片上划出压力轨迹。卡片筒在时钟机构驱动下往下移动，使记录笔在卡片筒内绘出时间坐标，而卡片上记录的是表针压力和时间的关系曲线，测试结束后，将卡片上的曲线换算成真实的压力随时间变化的关系曲线，或计算某一点的压力。

电子式井下压力计的种类较多，根据下入方式不同，可分为地面直读式电子压力计和存储式电子压力计两种。直读式电子压力计以电缆下入井内，存储式电子压力计以钢丝下入井内。

地面直读式电子压力计有 EPG、HP2811-B、PENEX、TPG、JGZ-1 及振弦式电子压力计等型号。地面直读式电子压力计的一次仪表是各式电子传感器，如应变式、电压式、电容式、振弦式等。这类仪表的基本原理是：下入井内的一次仪表（压力传感器）将压力信号转变为电信号，经电缆将信号传递至地面的二次仪表（信号处理器），再由二次仪表将电信号转变为压力信号，并实施显示、自动记录和存储。

井下储存式电子压力计有 EMR-502、EMS-700、PANEX-142、PANEX-1550、SSDP 等型号，其一次仪表的结构和原理与地面直读式完全相同。不同的是，仪器内部设有一个存储器，一次仪表记录的电信号直接在存储器内部保存，仪器起出地面后，再经计算机回收处理。仪器的采样制度，在地面上事先由计算机编程设定，仪器电源采用耐高温的高性能电池供电。这类仪器具有精度高、井下工作时间长、作业成本低的优点。

用井下压力计直接测量井底压力直接可靠，但是由于有些气井的天然气含硫化氢高或压力特别高，有的气井因钻井过程中的某些原因，造成不能下井下压力计时，可用计算法获得井底压力。

(二) 用计算法获得井底压力

井底压力的计算方法有静气柱法和动气柱法两种。静气柱法又有两种情况，一是油管阀、套管阀均关闭，井筒内气体不流动，油管、套管内气柱都是静气柱，用油压、套压计算均可；二是油管处于生产，套管阀关闭，此时油管内的气柱为动气柱，套管内为静气柱，用静气柱计算，只能取套管压力。油管、套管同时生产或未下油管生产时，井筒内无静气柱，只能按动气柱计算。

1. 用静气柱计算井底压力

不考虑温度变化和压缩因子的影响，可用下式计算：

$$p_{wf'} = p_w e^{1.251 \times 10^{-4} GL} \tag{3-2-6}$$

若考虑温度变化和压缩因子的影响，可按下式精确计算：

$$p_{wf} = p_w e^{s'} \tag{3-2-7}$$

$$s' = \frac{0.03415 GL}{ZT} \tag{3-2-8}$$

式中 $p_{wf'}$——近似井底压力，MPa；

p_{wf}——井底压力，MPa；

p_w——井口静气压力，MPa；

G——天然气相对密度；

L——气层中部深度，m；

Z——气柱平均压缩因子；

T——气柱平均温度，K；

e——自然对数的底（e=2.718）；

$e^{s'}$——可计算求得。

2. 用动气柱计算井底压力

动气柱计算井底压力比较复杂，一般情况下当无法利用静气柱计算井底压力时才使用，本书从略。

第三节 气井分析

一、气井分析的内容

气井是认识气藏的窗口，因此气井生产状况分析是气藏动态分析的基础。为了深入细致地分析每一口气井的生产状况，并且进一步与气藏动态联系起来，应进行如下工作：

(1) 收集气井的全部地质和生产技术资料，编制气井井史，绘制采气曲线。

(2) 已经取得的地震、测井、岩心、试油及物性等资料是气藏动态分析的重要依据，应综合考虑各方面的认识。

(3) 分析气井气、油、水产量与地层压力、生产压差之间的关系，寻求它们之间的内在联系和规律，推断气藏内部的变化。

(4) 通过气井生产状况和试井资料，结合静态资料分析井周围储层及整个气藏的地质情况，判断气藏边界和驱动类型。

（5）分析气井产能和生产情况，建立气井生产方程式，评价气井和气藏的生产潜力。

（6）提供气藏动态分析工作所需的各项资料，包括地层压力、地层温度及流体性质变化等。

二、气井的生产分析

气井生产分析是气井生产管理的重要手段，它是利用气井的静态、动态资料，结合气井的生产史及目前生产状况，用数理统计法、图解法、对比法、物质平衡法和渗流力学等方法，分析气井各项生产参数（地层压力，井底流动压力，油压，套压，输压，流量计静压，差压，油气比，水气比，日产气量、油量、水量及气井出砂量等）之间变化的原因，从而制定相应的措施，以便充分利用地层的能量，使气井保持稳产高产，提高气藏的采收率。

分析程序可分为收集资料，了解现状，找出问题，查明原因，制定措施等步骤。分析的方法应从地面到井筒，再到地层；从单井到井组，再到全气藏。

（一）用生产资料分析气井动态

生产资料是指气井生产过程中的一系列动态和静态资料，压力，产量，温度，油、气、水物性，气藏性质及各种测试资料。气井生产资料是气井、气藏各种生产状况的反映。气井某些生产条件的改变，引起气井某一项或多项生产数据的变化，而某一项生产数据的变化，又往往与多种因素有关。因此利用这些变化，找出引起变化的原因，从而制定出相应的措施。

1. 用油压、套压分析井筒情况

（1）气井生产时，油压和套压的大小与采气方式有关。油管采气时，套压大于油压；套管采气时，油压大于套压；油管、套管合采时，油压约等于套压。

（2）当井内无液柱油管生产时，套压直接反映了井底流压的大小，观察套压的大小，可以分析气井的生产能力和生产压差。

（3）气井关井压力稳定后，油压和套压的关系是：井筒内无液柱，油压等于套压；油管液柱高于环空液柱，油压小于套压；油管液柱低于环空液柱，油压大于套压。

（4）油管在井筒液面以上断裂，关井油压等于套压。开井油管生产，油压、套压差比正常时小，甚至相等。

2. 由生产资料判断气井产水的类别

气井产出水一般有两类。一类是地层水，包括边水、底水等；另一类是非地层水，包括凝析水、泥浆水、残酸水、外来水等。不同类别水的典型特征见表3-2-1。

表3-2-1 不同类别水的典型特征

序号	名称	典型特征
1	地层水	氯离子含量高
2	凝析水	氯离子含量低
3	泥浆水	浑浊、黏稠、氯离子含量不高、固体杂质多

续表

序号	名称	典型特征
4	残酸水	有酸味,矿化度高,pH<7,氯离子含量高
5	外来水	根据水的来源不同,水型不一致
6	地面水	pH≈7,氯离子含量低

地层水氯离子含量高,且含烃类物质,非地层水一般不含有机物质。根据氯离子含量可以区别地层水和凝析水。地层水与外来水(非气层的地层水)还需要结合其他资料分析区别。

3. 根据生产数据资料分析是否是边(底)水侵入

(1) 钻井资料证实气藏存在边水、底水。

(2) 井身结构完好,不可能有外来水窜入。

(3) 气井产水的水性与边水一致。

(4) 采气压差增加,可能引起底水锥进,气井产水量增加。

(5) 历次试井结果对比;指示曲线上,开始上翘的"偏高点"(出水点)的生产压差逐渐减小,证明水锥高度逐渐增高,单位压差下的产水量增大。

4. 根据生产数据资料分析是否有外来水侵入

(1) 经钻探可知气层上面或下面有水层。

(2) 气井固井质量不合格或套管下得浅,裸露层多,以及在采气过程中发生套管破裂,提供了外来水入井通道。

(3) 水性与气藏水性不同。

(4) 井底流压高于水层压力生产时气井不出水,低于水层压力时则出水。

(5) 气水比规律出现异常。

(二)用试井资料分析气井动态

气井在生产过程中要定期进行试井,通过对试井资料进行整理分析,可以了解气井的生产状态。现举例说明根据稳定试井法求得的指示曲线对气井进行分析的方法。

1. 气井生产正常时的指示曲线

高、中、低产的正常气井的指示曲线一般都呈直线,符合二项式渗流规律。直线在纵坐标上的截距为系数 a,$\tan\alpha = b$(图3-2-1),曲线方程为:

$$\frac{p_f^2 - p_{wf}^2}{q_g} = a + b q_g \tag{3-2-9}$$

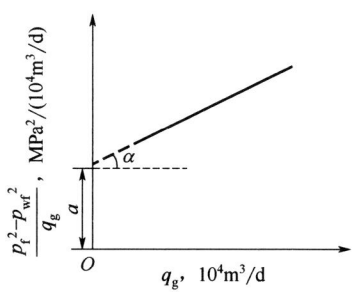

图3-2-1 二项式指示曲线图

2. 大产量测点时的指示曲线

大产量测点时，指示曲线自 b 点以后上翘为弧线（图 3-2-2），反映了边底水的活动。随着 $p_f^2-p_{wf}^2$ 的增大，产量增加的速度减慢，这可能由于边底水的锥进，井底附近气层的渗滤性变坏，在同样的压差下，气井的产量明显下降。适宜的产量应定在 b 点以前的直线部分。

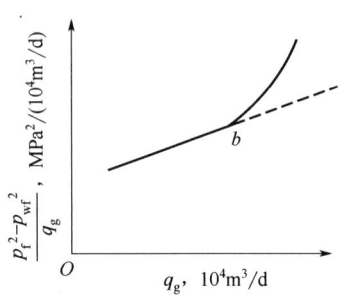

图 3-2-2　大产量测点指示曲线图

3. 小产量测点时的指示曲线

小产量测点时，前段曲线向上弯曲，c 点以后指示曲线为直线（图 3-2-3）。c 点以前 q_g 相同时地层压力与井底压力的平方差 $p_f^2-p_{wf}^2$ 比正常情况大，c 点以后才转为正常的线性关系，它表示在 c 点以前小产量生产时，井底附近渗滤阻力大，渗透性能差，c 点以后渗滤性能变好，这可能是小产量测点时井底有污物堵塞或积液，随着产量的增加井底污物被逐渐带出，c 点以后污物喷净，井底渗滤性能变好，生产稳定正常，曲线为直线。此外，在 c 点以前测算的井底流动压力 p_{wf} 比实际的偏低也会使曲线向上弯曲。

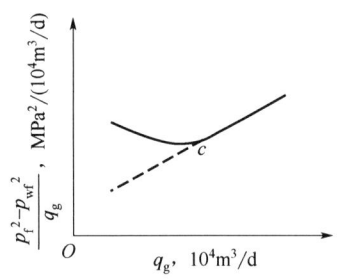

图 3-2-3　小产量测点指示曲线图

4. 向下弯曲的指示曲线

如图 3-2-4 所示，此曲线 d 点以后向下弯曲，显示井底附近渗滤性能变好，或高、低压两气层干扰，在小产量测点时，主要由高压层产气。随井底压力降低，低压层气量增加，使指示曲线向下弯曲。

5. 不规则的指示曲线

如图 3-2-5，采用不稳定试井获得一条很不规则的试井曲线图，与正常的二项式产气方程式很不相符。这是由于测点的压力，产量不稳定所致，除人为的因素外，大多数是渗滤差的小产量气井，这类井用稳定法试井无效。

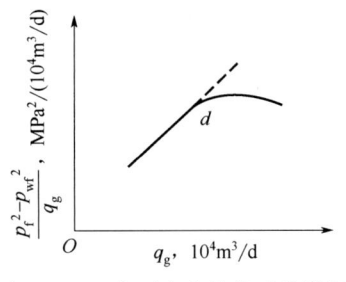
图 3-2-4　向下弯曲的指示曲线图

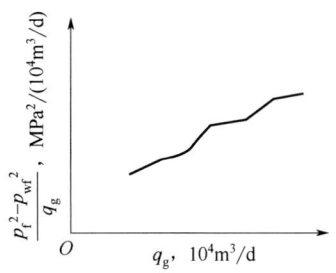
图 3-2-5　不规则的指示曲线图

以上是一些较为典型的试井指示曲线，实际的试井指标曲线形状千差万别。在分析曲线时要把实测曲线图与符合产气二项式方程式的曲线进行对比，分析异同，查找原因。在判断一口生产井存在的问题时，切不可仅凭指示曲线就下结论，还应参考其他资料多方面对比研究。

（三）用采气曲线分析气井动态

采气曲线是生产数据与时间的关系曲线，通过采气曲线可了解气井是否递减、生产是否正常、工作制度是否合理、增产措施是否有效等。采气曲线是气田开发和气井生产管理的主要基础资料之一。

采气曲线一般包括日产气量、水量、油量、油压、套压、出砂等与生产时间的关系曲线。

1. 从采气曲线划分气井类型和特点

通过采气曲线可划分出水气井和纯气井（图3-2-6、图3-2-7）。通过采气曲线可把气井划分成高产气井、中产气井、低产气井（图3-2-8至图3-2-10）。

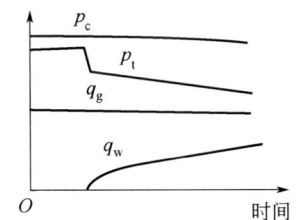
图 3-2-6　出水气井采气曲线图

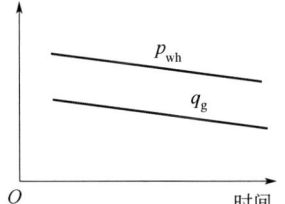
图 3-2-7　纯气井采气曲线图

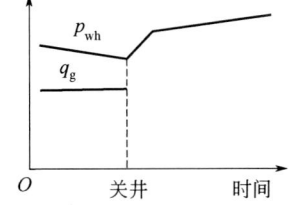
图 3-2-8　高产气井采气曲线图

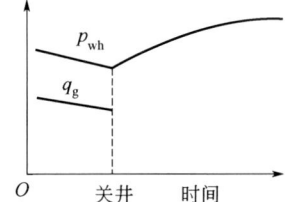
图 3-2-9　中产气井采气曲线图

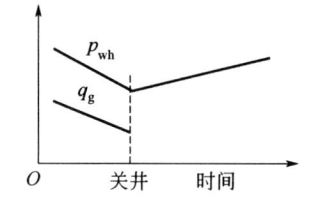

图 3-2-10 低产气井采气曲线图

2. 用采气曲线判断井内情况

（1）油管有水柱影响（图 3-2-11）。当油管内有水柱，将使油压显著下降。产水量增加时油压下降速度相对加快。

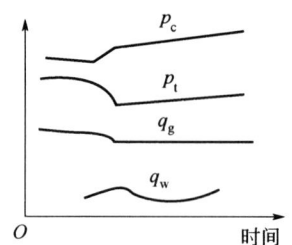

图 3-2-11 受水影响采气曲线图

（2）井口附近油管断裂的采气曲线（图 3-2-12）。曲线特征为产量不变，油压上升，油套压相等。

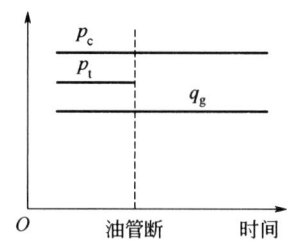

图 3-2-12 井口附近油管断裂的采气曲线图

3. 用采气曲线可分析气井生产规律

利用生产时的采气曲线，可分析以下规律：
(1) 井口压力与产气量关系规律。
(2) 地层压降与采出气量关系规律。
(3) 生产压差与产量规律。
(4) 气水比随压力、气量的变化规律。

气井出现问题是多方面的，同一问题可由不同原因引起，而同一原因，又可引起多个生产数据的变化，如产量的大幅度下降既可能是地面故障，也可能是井下故障，还有可能是地层压力下降和水的影响等原因造成的。因此，在进行原因分析时，应先地面后井筒再气层，逐次分析、排除，如首先分析是否有多井集气干扰和输压变化影响，集气管线、阀门、设备等是否有堵塞，排除后再验证井筒是否积液、井壁是否垮塌或油管有无堵塞等，同时，还应了解邻井生产情况。在地面、井筒、邻井的原因排除后，才能集中全力分析气层。

第四节　气藏分析

气藏开发动态分析是认识和开发气藏的基础工作。分析气藏的动态特征、掌握气藏的动态规律是编制气藏开发（调整）方案的重要依据，只有以气藏动态分析为基础，才能充分挖掘气藏的生产潜力，控制气藏开发的全过程。"气藏开发动态"是指气藏特征参数随开采时间的增加而变化的过程，如气藏压力、产能、产量、流体性质、地下流体分布状况等，都在随时间的变化而变化，这些变化特点及规律的总和就称为气藏开发动态。按照行业标准技术规范要求，气藏开发动态分析应包括以下内容。

一、连通性分析

连通性分析包括构造形态、圈闭类型和断层发育情况，各部位流体性质的异同，气藏各井原始地层压力和折算压力的大小分布、井间干扰分析等。

二、气藏类型判别

气藏类型判别包括计算气藏压力系数，分析气藏驱动类型，确定气藏边界及气水界面、油气界面等。

三、气藏储层渗流特征研究

气藏储层渗流特征研究主要根据储层物性实验分析和气井试井解释对储层储集结构进行分类，确定产层渗流特性参数，如渗透率、有效层厚、表皮污染、储集比、窜流系数、井底裂缝参数等。

四、气藏产能分析

气藏产能分析主要根据试井资料确定气井无阻流量和产气方程，研究气井生产特点、稳产特征和递减规律，分析产能影响因素等。

五、动态储量计算

动态储量计算采用不稳定试井资料计算气井控制储量，利用关井恢复压力资料核实压降储量，并对不同阶段不同方法的储量计算结果进行综合对比评价。

六、水侵动态分析

水侵动态分析包括水体类型（底水或边水）、水体能量大小和封闭性分析、出水气井类型判断及特点研究、气藏水侵方式和水侵机理分析等。

七、气藏采收率分析

气藏采收率分析主要分析气藏生产资料，计算不同阶段气藏采收率的大小，确定气藏废弃条件，分析提高气藏采收率的途径和方法。

八、气藏动态监测分析

主要针对水区观察井和气水界面附近的观察井做测压、取样分析等动态跟踪，分析气藏压力剖面及其变化情况。

由此可知，气藏动态分析的目的在于通过气藏动态资料的分析识别气藏储集类型和驱动类型，研究气藏水动力系统及连通性，分析不同时期气藏储量和产能的大小分布，确定气藏采收率等。

气藏动态分析是一项长期工作，从气藏钻开第一口井开始，直至气藏结束开采，都要不断地收集、整理、分析资料，以便逐渐使认识接近气藏真实情况。在当前条件下，都应建立计算机跟踪分析系统，使分析工作更及时、更全面、更系统，提高管理和开发水平。

第五节 单井系统分析

前面对气井动态的分析有一定的局限性，如用试井资料，只能求短期内相同产气量下井口压力的递减率和相同井口压力下气量的递减率。这种方法未能区别压力降和水对产层渗透性的影响所造成气井产量递减的程度，因而难于对气井进行系统的分析。为此，提出定量分析气井产量下降主要原因的单井系统分析法。图 3-2-13 所示为某气井压力降落示意图。

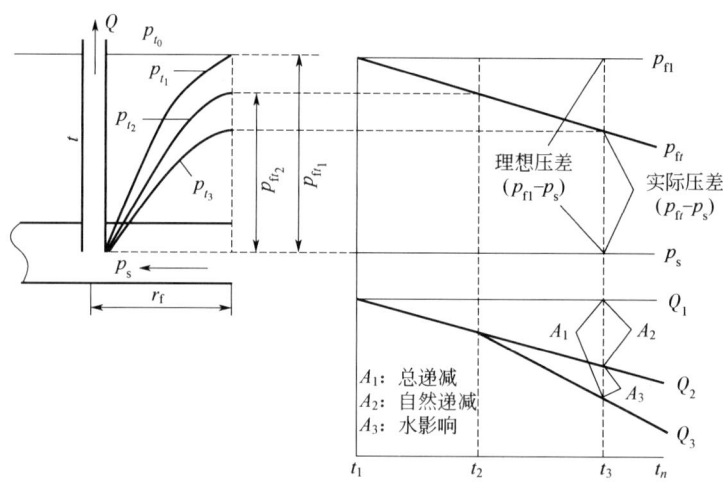

图 3-2-13 气井地层压力降落示意图

气井投产前，即 t_0 时，气层内压力是平衡的。p_0 = 常数，压力曲线是一条水平线。气井生产后，井底压力下降；设保持井底压力稳定（p_s = 常数）时生产，在第一个稳定生产点，地层压力为 p_{t_1}。地层封闭，无外加能量时，如果气井继续生产，地层压力将下降，到 t_2 时刻，压力曲线 p_{t_2} 将低于 p_{t_1}。以此类推。地层压力 p_{ft} 将随 t 增加而下降。如图 3-2-13 中 p_f—t 曲线所示。

设井底压力为 p_{wf}，地层压力为 p_f，地层中情况稳定，A、B 都不变，利用二项式产气方程算出的产量是不变的，是最理想的。一般把这个产量称为理想气量（Q_1），即气井第一个稳定测点的产量。

$$Q_1 = \frac{\sqrt{A^2 + 4B(p_{f1}^2 - p_{wf}^2)} - A}{2B} \tag{3-2-10}$$

式中　p_{f1}——第一个稳定测点的地层压力；

$p_{f1} - p_{wf}$——理想压差（第一个稳定点的地层压力与本点井底压力之差）。

随着气藏的开发，地层压力是不断下降的，如果保持井底压力不变，产气量应当是逐渐下降的，符合二项式产气方程。因此用实际压差（$p_{ft} - p_{wft}$），通过标准二项式产气方程计算的产量（Q_2）称为理论气量，其计算式为

$$Q_2 = \frac{\sqrt{A^2 + 4B(p_{ft}^2 - p_{wft}^2)} - A}{2B} \tag{3-2-11}$$

式中　p_{ft}——t 时刻稳定测点的地层压力；

$p_{ft} - p_{wft}$——t 时刻测点的实际压差。

从流量计上测算到的气井实际气量用 Q_3 表示。

如果选择气井的一些稳定生产点，根据这些点的理想压差及实际压差，可以计算出稳定点的理想气量及理论气量，再加上实际气量，就可得到 3 条产量曲线，如图 3-2-13 所示的 Q_1、Q_2、Q_3 曲线。

如果气层及井下无异常变化，摩阻系数为 A，惯阻系数 B 就应不变化，实际气量 Q_3 就应当等于理论气量 Q_2，如图 3-2-13 中 $t_1 \sim t_2$ 段所示。

如果井下发生了异常变化，边水、底水浸染气层，降低了气体的渗透率，同时水占据了部分渗流通道使气井气体渗流的有效厚度减小，使 A、B 值增加，产量递减，称作水影响（A_3）。或者是井下垮塌、油管堵塞等增加了气流的阻力，使产量变小，称作故障影响。非地层压力下降引起的产能递减均用 A_3 表示。有 A_3 影响后，实际气量 Q_3 就会偏离理论气量 Q_2，如图 3-2-13 中 t_2 以后的阶段。

纯属地层压力下降造成的气井产能下降，称作自然递减（A_2）。理论气量小于理想气量是由于地层压力降低造成实际压差小于理想压差所致，所以

理想气量（Q_1）- 理论气量（Q_2）= 自然递减（A_2）

实际气量小于（或大于）理论气量是由于气层或井下发生了变化，使 A、B 值发生变化造成的。因此有：

理论气量（Q_2）- 实际气量（Q_3）= 水影响（A_2）或故障影响

气井总递减用 A_1 表示，则：$A_1 = A_2 + A_3$。

即

理想气量（Q_1）- 实际气量（Q_3）= 气井总递减（A_1）

气井的实际压产和递减都随时间 t 的变化而变化。图 3-2-13 中标出了 t_3 时刻的压差及各递减间的关系。

根据 Q_1、Q_2、Q_3 可以进一步算出气井不同递减相对值的百分率，称为递减率。气井产能下降原因量的概念。

$$总递减率(A_1') = \frac{理想气量(Q_1) - 实际气量(Q_3)}{理想气量(Q_1)} \times 100\%$$

$$自然递减率(A_2') = \frac{理想气量(Q_1) - 理论气量(Q_2)}{理想气量(Q_1)} \times 100\%$$

水（或故障）影响的递减率 A_3' = 总递减率 A_1' - 自然递减率 A_2'；

如果气井无水影响，则 $A_3 = 0$，$A_1 = A_2$，$Q_3 = Q_2$；

如果有水影响，则 $A_3 \neq 0$，$A_1 > A_2$，$Q_3 < Q_2$。

单井压力、产量、递减随时间变化的曲线称为单井系统分析曲线，它真实地反映出气井生产情况恶化或改善，稳产或递减的变化趋势，从而使人们能够了解气井生产制度是否合理，以便正确地确定合理的生产制度。

第三章 腐蚀与防腐

学习要点

1. 掌握腐蚀机理及分类。
2. 掌握金属防腐的相关基础知识。

第一节 腐蚀机理及分类

金属腐蚀是金属由于外部介质的化学作用或电化学作用而引起的金属破坏过程。金属腐蚀是一个普遍而又严峻的问题，据估计全世界每年开采的金属，有 1/3 是由于腐蚀而消耗掉的。

在油气田的开采中，由于气井产出的天然气通常都含有水分、盐分、酸性液体及气体（如 CO_2，H_2S 等）、细菌及其他物质，而天然气生产过程中所使用的金属管道、阀门及其他设备在上述介质环境中必将发生化学或电化学腐蚀，造成油（套）管腐蚀穿孔断裂、井口装置失灵、输气管线爆裂等，破坏安全、平稳供气，影响用户的生产与生活，不仅给国家造成巨大经济损失，也严重威胁人民的生命安全。

开展防腐工作，可以延长设备管线的使用寿命，节约成本，改善环境，保证安全生产，提高经济效益，同时促进新工艺、新技术的开发应用。

现代腐蚀科学认为"腐蚀"这个术语的含义是"所有物质（包括金属与非金属）由于环境引起的破坏"。

对金属而言可简述为：在周围介质的化学或电化学作用下，并且经常是在物理因素或生物因素的综合作用下，金属由元素状态转为离子状态所引起的破坏，称为金属腐蚀。

自然界中金属通常都是以矿石形态存在，即以化合物的形态存在，金属腐蚀的本质就是金属由元素状态自然回归到化合物状态的过程。

一、腐蚀机理

天然气采输系统中经常遇到的腐蚀介质是硫化氢、二氧化碳、有机硫、盐、气田水、矿物质及氧等，暴露在空气中和埋于地下的金属管道、设施还遭受着大气、土壤的腐蚀。

处于上述复杂腐蚀环境中的金属设施，其腐蚀机理视不同腐蚀介质和环境因素而定，其腐蚀过程和行为有很大差异，各种腐蚀的机理如下：

（一）金属电化学腐蚀

在油气田生产中遇到的腐蚀问题绝大多数都是电化学腐蚀。金属与电解质溶液接触时，由于金属表面的不均匀性，如金属种类、组织、结晶方向、内应力、表面粗糙度、表面处理状况等的差异，或者由于与金属不同部位接触的电解液的种类、浓度、温度、流速等有差别，从而在金属表面出现阳极区和阴极区。阳极区和阴极区通过金属本身互相闭合而形成许多腐蚀微观电池和宏观电池。金属电化学腐蚀反应过程如下：

1. 阳极反应过程

阳极反应过程指金属离子的水化过程。阳极表面的金属正离子，在水分子的极性作用下进入水溶液，并形成水合物，反应如下：

$$M + mH_2O \longrightarrow M^{n+} \cdot mH_2O + ne$$

式中　M——金属；

　　　e——电子；

　　　n——金属化合价；

　　　m——水化物配位数。

2. 电子转移过程

电子从金属的阳极区转移到金属的阴极区，与此同时，电解液中阳离子和阴离子分别向阴极和阳极做相应的转移。

3. 阴极反应过程

从阳极流来的电子在溶液中被能吸收电子的离子或分子所接受，其反应如下：

$$D + ne \longrightarrow D \cdot ne$$

式中　D——能接收电子的物质（离子或分子）或称去极化剂；

　　　n——电子的数目。

在阴极附近能接收电子的物质是很多的，例如在大多数情况下，是溶液中的 H^+ 和 O_2。H^+ 与电子结合生成 H_2，溶液中 O_2 与电子结合生成 OH^-。其反应如下：

$$2H^+ + 2e \longrightarrow H_2 \uparrow$$

$$O_2 + 2H_2O + 4e \longrightarrow 4OH^-$$

氢作为去极化剂的腐蚀过程，称为氢去极化腐蚀；氧作为去极化的腐蚀剂过程，称为氧去极化腐蚀。

上述3个过程是相互联系的，三者缺一不可，如果其中一个过程受到阻滞或停止，则整个腐蚀过程就受到阻滞或停止。这种阳极上释放电子的氧化反应（金属原子被氧化）和阴极接受电子的还原反应（氧化剂被还原）相对独立进行，并且又同时完成的过程，称之为电化学腐蚀过程。

由腐蚀的电化学机理可以看出，金属电化学腐蚀损坏集中在金属局部区域——阳极区，阴极区没有金属的损失，因此，电化学腐蚀实质上是局部腐蚀。

4. 腐蚀电池

常见的金属表面和介质的不均一性使其形成阳极或阴极。阳极和阴极组成了腐蚀电池，根据腐蚀电池电极的大小，并考虑促使形成腐蚀电池的主要影响因素及金属被破坏的表现形式，可以将腐蚀电池分为宏观腐蚀电池和微观腐蚀电池。

1）宏观腐蚀电池

这类腐蚀电池通常指肉眼可见的电极所构成大电池。常见的宏观腐蚀电池如下：

（1）异金属接触电池：当两种不同电极电位的金属或合金相互接触，并处于电解质溶液中时，由于两种金属电位不同，形成电偶腐蚀。因此此类电池也称为电偶腐蚀电池。

通常是惰性金属为阴极，活泼金属为阳极。

（2）浓差电池：浓差电池的形成原因主要是同一金属不同部分接触介质的浓度不同，主要有盐浓差电池和氧浓差电池。通常处于介质浓度较高部分的金属充当阴极，而介质浓度较低部分的金属充当阳极。

（3）温差电池：温差电池主要形成原因是浸入电解液中的金属处于不同温度的情况。一般而言处于高温介质部分的金属为阳极，而低温介质部分的金属则为阴极。

2）微观电池

在金属表面由于存在许多微小的电极而形成的电池称为微电池。微电池是由于金属表面的电化学不均匀性引起的，不均匀的原因很多，主要有：金属化学成分的不均匀性；组织结构的不均匀性；物理状态的不均匀性；金属表面膜的不完整性。

综上所述，腐蚀电池与一般的原电池并无本质区别，但腐蚀电池是一种短路的电池，腐蚀电池仍然产生电流，但这些电流只是以热的形式消失，因此腐蚀电池产生的结果只是加速了金属的腐蚀。

3）极化作用

极化作用是指腐蚀电池的阳极与阴极接通后，由于两极之间有电流流通而造成两极电位差减小的现象，分为阳极极化和阴极极化。

（1）阳极极化：阳极电位升高所致。产生阳极极化作用的主要原因是在腐蚀过程中，阳极表面上形成有保护作用的腐蚀产物膜，它阻止金属溶入溶液，提高阳极的电位。

（2）阴极极化：阴极电位降低所致。产生阴极极化作用的主要原因是消耗电子的阴极反应速度比从阳极流来的电子的速度慢，结果在阴极上造成电子一定限度的堆积，使阴极电位降低。

4）去极化作用

去极化作用同样分为阳极去极化作用和阴极去极化作用。

（1）阳极去极化：消除阳极极化，促进阳极融解过程的作用称为阳极去极化。

（2）阴极去极化：消除阴极极化的过程称为阴极去极化。能起去极化作用的物质称为去极化剂。阴极去极化剂实际就是引起金属腐蚀的氧化剂。最常见的去极化剂是 H^+ 和 O_2，它们引起的阴极去极化过程分别是氢去极化和氧去极化腐蚀。

综上所述，极化作用的结果是使腐蚀电流大大下降，极大地降低了腐蚀的速度；而去极化作用的结果则相反，加快了腐蚀速度。

（二）金属的化学腐蚀

金属的化学腐蚀是金属与周围介质直接发生纯化学反应而引起的损坏，它的特点是腐蚀过程中没有电流在金属内部流动，这类腐蚀主要包括金属在干燥气体中的腐蚀和金属在非电解质溶液中的腐蚀。

在常温或低温下，化学腐蚀速度都很小，在高温下化学腐蚀比较严重。例如：在250℃以下，干燥的二氧化硫、硫化氢、元素硫对钢铁的腐蚀较小；温度超过500℃时，二氧化硫或硫蒸气即开始明显地与金属起作用；温度继续升高，硫化氢才有可能与金属直接化合。因此，二氧化硫、硫蒸气及硫化氢对钢材发生比较严重的高温化学腐蚀，生成的腐蚀产物是各种相对分子质量及各种结构的多硫化铁，如常发生炉管减薄、穿孔等破坏。

(三) 硫化氢腐蚀

气田开发中经常遇到的腐蚀介质是硫化氢、二氧化碳、有机硫、气田水及氧。其中硫化氢对金属腐蚀有较大的影响。

1. 硫化氢的腐蚀机理

硫化氢是弱酸，在水溶液中按下式分步离解：

$$H_2S \longrightarrow H^+ + HS^- \longrightarrow 2H^+ + S^{2-}$$

在 101.325kPa，30℃时，硫化氢在水中的饱和浓度大约是 3000mg/L，溶液的 pH 值大约是 4。硫化氢在溶液中的饱和浓度随温度升高而降低，随压力增加而增加。

在硫化氢溶液中，含有 H^+，HS^-，S^{2-} 和 H_2S 分子，它们对金属的腐蚀是氢去极化过程。

阳极反应：

$$Fe - 2e \longrightarrow Fe^{2+}$$

阴极反应：

$$2H^+ + 2e \longrightarrow 2H \longrightarrow H_2$$

Fe^{2+} 与溶液中 H_2S 反应：

$$xFe^{2+} + yH_2S \longrightarrow Fe_xS_y + 2yH^+$$

Fe_xS_y 为各种结构硫化铁的通式，随着溶液中 H_2S 含量及 pH 值的变化，硫化铁组成及结构均不同，其对腐蚀过程的影响也不同。

2. 硫化氢腐蚀的特点

硫化氢离解产物 HS^-、S^{2-} 对金属腐蚀有加速作用，HS^-、S^{2-} 等离子吸附在金属的表面，形成加速电化学腐蚀的 $Fe(HS)^-$ 吸附复合物离子。吸附的 HS^- 使金属电位移向负值，促使阴极放氢加速。同时，减弱铁原子间键的强度，使铁更容易进入溶液，加速了阳极反应，因此，加快了金属电化学失重腐蚀的速度。

根据电子显微镜研究说明，硫化氢与钢铁能生成致密的硫化铁膜（主要由硫化铁组成），这种膜能阻止铁离子通过，从而降低金属的腐蚀速度，甚至使金属接近钝化状态。

在硫化氢浓度较高的情况下，有时生成的硫化铁膜呈黑色疏松分层状或粉末状，它主要由 Fe_9S_8 组成，Fe_9S_8 膜不能阻止铁离子通过，因而没有保护作用。

同时，经验证明生成这种疏松的硫化铁与钢铁接触，形成宏观电池，此时，硫化铁是阴极，钢铁是阳极，从而加速了钢铁腐蚀。这说明了覆盖着疏松硫化铁膜的气田设备、管线钢材表面呈现很深局部溃疡腐蚀的原因。这时候的腐蚀速度比未覆盖硫化铁膜的钢材表面还可能大若干倍。

硫化氢可引起多种类型的腐蚀，如氢脆（HIC）和硫化物应力开裂（SSC）等。硫化氢腐蚀是氢去极化腐蚀，吸附在金属表面的 HS^- 促使阴极放氢加速，同时 HS^- 及硫化氢又能阻止原子氢结合成分子氢，从而促使氢原子聚集在钢材表面，加速了氢渗入钢材内部的速度。HS^- 可使氢向钢内扩散速度增加 10~20 倍，引起钢材氢鼓泡（HB）、氢脆及硫化物应力腐蚀开裂。

3. 影响硫化氢腐蚀的因素

影响硫化氢腐蚀的因素有硫化氢浓度、pH 值、温度、压力、液体烃类等。同时在硫化氢等腐蚀性介质存在的情况下，烃-水相和气-液相界面对于钢材产生严重的局部腐蚀。

但必须指出，含硫天然气腐蚀性的决定因素是天然气中硫化氢的分压，而不仅是硫化氢的浓度。

含有水和硫化氢的天然气，当气体总压不小于0.448MPa（绝），气体中的硫化氢分压不小于0.000345MPa（绝）时，称为酸性天然气（简称酸气），酸气可引起敏感材料的硫化物应力开裂。

硫化氢分压可按下式计算：

$$p_{H_2S} = p_{总} x_{H_2S} \tag{3-3-1}$$

式中 p_{H_2S}——硫化氢分压，MPa；

$p_{总}$——气体总压，MPa；

x_{H_2S}——硫化氢的体积分数或摩尔分数。

（四）二氧化碳腐蚀

二氧化碳是非含硫气田的主要腐蚀介质，在没有水时，二氧化碳对钢材不发生腐蚀，当游离水出现时，二氧化碳溶于水生成碳酸。

$$CO_2 + H_2O \longrightarrow H_2CO_3$$

碳酸使水的pH值下降，对钢材发生氢去极化腐蚀：

$$Fe + H_2CO_3 \longrightarrow FeCO_3 + H_2 \uparrow$$

除了碳酸引起水溶液pH值下降外。低相对分子质量的有机酸和醋酸也会引起腐蚀，但这些酸很少成为非含硫气田腐蚀的主要原因。

1. 二氧化碳在天然气-凝析液井中引起的腐蚀类型

（1）深坑型腐蚀：酸气溶于凝结在管壁上的水滴形成的腐蚀坑，腐蚀过程形成周边锐利界面清晰的坑。这种坑在比较短的时间内就能完全穿透管壁。

（2）轮廓状腐蚀：发生在距管端较近距离的环状内，呈均匀腐蚀或严重坑蚀。

（3）冲蚀：管子截面变化部位和收缩节流部位的流速增高，则腐蚀加剧；如果气流速度增加3.7倍，则腐蚀速度增加5倍，主要发生在井口设备及油管内。

2. 影响二氧化碳腐蚀的因素

影响二氧化碳腐蚀的因素主要有压力、温度及水的组成。

在一定温度下，随着二氧化碳分压增加，溶液pH值下降；随着温度的升高，二氧化碳溶解度降低，溶液pH值上升。某些溶解物质对水具有缓蚀作用，可阻止pH值降低，这时就可减少二氧化碳腐蚀。对于天然气-凝析液井或冷凝水来说，几乎无溶解物质，且在较高温度下，压力是影响二氧化碳溶解度的决定因素，也是控制腐蚀的因素，随着二氧化碳分压的增加，腐蚀加剧。二氧化碳分压计算公式如下：

$$p_{CO_2} = p_{总} x_{CO_2} \tag{3-3-2}$$

式中 p_{CO_2}——二氧化碳分压，MPa；

$p_{总}$——气体分压，MPa；

x_{CO_2}——二氧化碳的体积分数或摩尔分数。

可以根据二氧化碳的分压值确定是否有腐蚀：

p_{CO_2}<0.021MPa 时，没有腐蚀；

p_{CO_2} 为 0.21MPa~0.021MPa 时，产生腐蚀；

p_{CO_2}>0.21MPa，严重腐蚀。

当温度为107℃时，二氧化碳腐蚀速率最大。

在无硫气井中，所产生的盐水含有溶解矿物质时，则上述关系就不适用，但是二氧化碳含量高时腐蚀概率就大，因此仍可近似地用二氧化碳分压预测无硫油井的腐蚀性。对含硫气井来说，二氧化碳可加速硫化氢对金属的腐蚀。

（五）氧腐蚀

氧腐蚀是最普遍的一种腐蚀。凡有空气、水存在的地方均会发生这类腐蚀。氧腐蚀的电化学过程如下：

阳极反应：

$$Fe-2e \longrightarrow Fe^{2+}$$

阴极反应：

$$O_2+2H_2O+4e \longrightarrow 4OH^-$$

$$2Fe+3/2O_2+H_2O \longrightarrow 2FeO(OH)$$

化学反应：

$$4FeO(OH) \longrightarrow 2Fe_2O_3+2H_2O$$

这是氧去极化腐蚀，腐蚀过程中，铁、氧和水化合形成铁锈。腐蚀速率取决于腐蚀产物的性质，如果是紧密的沉积膜，有保护作用，减缓腐蚀；如果是疏松多孔的垢，就不能阻止腐蚀的进行。

氧腐蚀的速率受水中溶解氧浓度的影响，随着水中溶解氧含量的增加腐蚀也加快。

氧在油气田生产中还常常引起氧浓差电池，氧浓度高的部分是阴极，氧浓度低的部分是阳极。如开口的储水罐，表面的水及槽底的水含氧量不同，而槽底发生腐蚀，空气及水的界面在水线上发生的氧浓差腐蚀等。

（六）土壤腐蚀

随着天然气工业中埋地管线越来越多，管线在土壤中的腐蚀越来越普遍，电化学腐蚀的基本理论对土壤腐蚀是适用的，但土壤的组成和性质是极为复杂的，没有完全相同的土壤，土壤腐蚀相对其他介质的腐蚀也不相同。

1. 土壤腐蚀的特征

1）土壤腐蚀的特点

土壤腐蚀具有多相性；土壤具有毛细管多孔性、不均匀性、相对的固定性。

2）土壤腐蚀的电极过程

阳极过程：钢铁在潮湿土壤中阳极过程与溶液中腐蚀类似，在长期腐蚀过程中，由于不溶性腐蚀产物的屏蔽作用，使阳极极化逐渐增大。

阴极过程：钢铁在土壤腐蚀中阴极过程主要是氧的去极化。在强酸性土壤中，氢去极化过程也能参与进行。

3）土壤中腐蚀电池

土壤腐蚀和其他介质中电化学腐蚀过程一样，都是因为金属和介质的电化学不均一性所形成的腐蚀原电池作用所致,这是土壤腐蚀发生的基本原因。由于土壤介质的不均一性,除了可能生成与金属组织不均一性有关的腐蚀微电池外,土壤介质的宏观不均一性所引起的腐蚀宏电池,在土壤腐蚀中往往起着更大的作用。由于土壤中异种金属的接触、温差、应力及金属表面状态的不同,也能形成腐蚀宏电池,造成局部腐蚀。

2. 影响土壤腐蚀的因素

(1) 土壤的性质:土壤的孔隙度(透气性)、含水量、含盐量等土壤性质对金属的作用很复杂,有可能加速腐蚀,也可能减缓腐蚀。土壤的电阻率越小,土壤的腐蚀性就越强;随着土壤的酸度增高,对其中金属的腐蚀作用就会增强。

(2) 杂散电流和微生物:大多数情况下,杂散电流会加大土壤中金属的腐蚀。在缺氧的条件下,常常发生硫酸盐还原细菌的腐蚀。

二、腐蚀分类

(一) 按金属腐蚀破坏形式分类

1. 全面腐蚀

全面腐蚀指腐蚀分布在整个金属表面上,分为均匀腐蚀和不均匀腐蚀两种情况。

2. 局部腐蚀

局部腐蚀指腐蚀集中在金属表面的一定区域,而其他区域几乎不受腐蚀或轻微腐蚀。这种类型的腐蚀形式较多,如坑点腐蚀、溃疡腐蚀、选择性腐蚀、晶间腐蚀、腐蚀开裂、氢鼓泡(HB)和氢脆(HIC)等。

按照金属腐蚀破坏形式,具体的腐蚀分类情况参见表3-3-1。

表 3-3-1 金属腐蚀的破坏类型

名称		类型
全面腐蚀	均匀腐蚀	腐蚀均匀地发生在金属表面上
	不均匀腐蚀	金属表面上各部分腐蚀程度不一样
局部腐蚀	坑点腐蚀	腐蚀集中在金属的个别点上,腐蚀深度大时,可导致穿孔
	溃疡腐蚀	指在有限面积上集中了比较深和大的损坏部分
	晶间腐蚀	腐蚀沿着晶粒的边界进行,这时,金属外形变化可能不大,而其机械性能却严重降低
	腐蚀开裂	金属腐蚀产生裂纹,裂纹可以沿着晶粒的边界进行,也可穿过晶粒的本体
	氢鼓泡和氢脆	氢鼓泡是金属腐蚀后产生空泡,泡的表面金属发生龟裂,氢脆是金属腐蚀后韧度丧失,进水变脆
	选择性腐蚀	优先腐蚀掉合金的某一组分,使金属表面产生许多孔隙,导致金属的机械性能变差

按照腐蚀破坏形式分类容易直接判断,但不能说明涉及腐蚀过程的机理,因此金属腐蚀还可按照作用机理分类。

(二) 按金属腐蚀破坏作用机理分类

1. 化学腐蚀

金属与周围介质直接发生化学反应而引起的破坏称为化学腐蚀。化学腐蚀主要包括金属在干燥气体中的腐蚀和金属在非电解质溶液中的腐蚀。例如，金属在铸造、轧制、热处理等过程中发生的高温氧化。化学腐蚀的特点是在腐蚀作用进行中没有电流产生。

2. 电化学腐蚀

金属和外部介质发生电化学作用而引起的破坏称为电化学腐蚀，它的特点是腐蚀过程中有电流产生。

3. 电化学与机械作用共同产生的腐蚀

如应力腐蚀破裂、腐蚀疲劳、冲击腐蚀、磨损腐蚀、气穴腐蚀等。

4. 电化学与环境因素共同作用产生的腐蚀

如大气腐蚀、水和蒸气腐蚀、土壤腐蚀、杂散电流腐蚀、细菌腐蚀等。

按腐蚀作用机理分类，一般情况都是以电化学理论为基础，把电化学作用单独引起的腐蚀和电化学作用、机械作用、环境因素共同引起的腐蚀都归并到电化学腐蚀范畴内。因此金属腐蚀实质上分为化学腐蚀与电化学腐蚀两大类。

三、腐蚀程度的表示

(一) 全面腐蚀

对于均匀腐蚀，一般分10级标准和3级标准两种，见表3-3-2和表3-3-3。从中可见，10级标准分得太细，3级标准在一些要求严格的场合又过于粗略，因此对于材料耐蚀性的评定，一定要根据具体情况而定。腐蚀速度不大于0.10mm/a时，一般公认是耐蚀的。

表 3-3-2 均匀腐蚀 10 级标准

耐腐蚀性类型	耐腐蚀性等级	腐蚀速度, mm/a
Ⅰ. 完全耐蚀	1	<0.001
Ⅱ. 很耐蚀	2	0.001~0.005
Ⅱ. 很耐蚀	3	0.005~0.01
Ⅲ. 耐蚀	4	0.01~0.05
Ⅲ. 耐蚀	5	0.05~0.1
Ⅳ	6	0.1~0.5
Ⅳ	7	0.5~1.0
Ⅴ	8	1.0~5.0
Ⅴ	9	5.0~10.0
Ⅵ	10	>10.0

表 3-3-3 均匀腐蚀 3 级标准

耐腐蚀性类别	耐蚀性等级	腐蚀速度, mm/a
耐蚀	1	<0.1
尚耐蚀	2	0.1~1.0
不耐蚀	3	>1.0

腐蚀深度用下式求得：

$$\eta = \frac{K_{\text{质量}}}{d_{\text{金属}}} \times \frac{24 \times 365}{1000} = 8.76 \times \frac{K_{\text{质量}}}{d_{\text{金属}}} \quad (3\text{-}3\text{-}3)$$

式中 η——腐蚀深度，mm/a；

$d_{\text{金属}}$——金属的密度，g/cm³；

$K_{\text{质量}}$——由质量减少求得的腐蚀速度，g/(m²·h)。

腐蚀速度由下式求得：

$$K_{\text{质量}} = \frac{g_0 - g_1}{s_0 t} \quad (3\text{-}3\text{-}4)$$

式中 $K_{\text{质量}}$——由质量减少求得的腐蚀速度，g/(m²·h)；

g_0——样品腐蚀前的质量，g；

g_1——样品腐蚀后的质量，g；

s_0——样品的表面积，m²；

t——腐蚀的时间，h。

（二）局部腐蚀

局部腐蚀的种类很多，此处仅对点蚀类型的腐蚀程度简述如下：

（1）点蚀系数：最深的腐蚀孔的深度和均匀腐蚀深度之比为点蚀系数，点蚀系数越大，表示点蚀程度越严重，全面均匀腐蚀时点蚀系数为1。

（2）平均点蚀深度表示法：取10个最深腐蚀孔深度，取其平均值为这体系的点蚀深度。

（3）综合表示法：最大腐蚀深度（mm）或单位时间内的最大腐蚀深度（mm/a）与单位面积上的点蚀系数合并起来表示。

（4）统计方法：运用统计方法可以对点蚀数据进行评定。极值概率统计已成功地应用于根据小面积试验的最大点蚀深度来估计大面积上的最大点蚀深度。

（5）管道壁或储罐壁腐蚀程度评价：根据SY/T 0087—95《钢质管道及储罐腐蚀评价标准 第2部分：埋地钢质管道内腐蚀直接评价》的规定，管道或储罐壁腐蚀程度评价判定指标见表3-3-4。

表3-3-4 管道壁或储罐壁腐蚀程度评价表

级别	轻	中	重	严重	穿孔
最大腐蚀深度	<1mm	1~2mm	20%~50%壁厚	>50%壁厚	>80%壁厚

第二节 金属防腐

金属的腐蚀程度既受到材料特性的影响，又受到环境介质因素的影响，此外，还受到系统的几何形状、尺寸以及金属与介质的相对运动等因素的影响。这些因素的组合变化，构成了错综复杂的金属腐蚀条件和表现形式。为此金属的防腐应该从其腐蚀的各个方面，如所处介质环境、自身材料等着手，根据腐蚀的具体情况针对性地开展防腐工作，才能有效地防止或减缓金属的腐蚀。对于天然气集输系统应该遵循以下的防腐蚀原则：

（1）管道、设备和其他金属构筑物的防腐蚀过程建设，必须依靠科学技术进步，综合提高天然气集输系统的防腐蚀水平。

（2）因地制宜，立足天然气集输系统和专业发展水平，运用系统过程管理方法，提出技术上可靠、经济上合理的一整套设计方案。

（3）防腐蚀施工方案的选择应考虑其技术可行性、经济合理性及施工简化等方面的因素，针对具体工程的工艺、环境条件和管线、设备的设计寿命，结合各种方案的特点及发展现状，提出可满足管线、设备施工、运行条件的防腐蚀施工对策。

一、选择耐蚀管材和设备

石油天然气工业中，常用金属材料的耐蚀性能见表3-3-5。经过多年的研究和实践，以下管材和设备可以用于含硫气田。

表3-3-5　常用金属材料的耐蚀性能表

材料名称	合金元素	耐蚀性能
铁和钢		在很多介质和室外大气中均被腐蚀；在硝酸盐、氢氧化物、NH_3和H_2S中对应力腐蚀敏感，钢能耐碱、有机酸及强氧化性的电化学腐蚀，不耐无机酸腐蚀；加入Cu、P、Cr、Ni能改善耐蚀性
低合金钢（合金元素5%）		作为高强度材料与普通碳钢耐蚀性能类似，但能改善大气腐蚀性能
不锈钢	含10%～30%Cr，加入Ni(30%)、Cu(2%～3%)、Mo(1%～4%)	能耐氧化介质的高温氧化及介质的硫化物腐蚀，增加其在还原介质（硫化物）中的耐蚀性能，特别是对硫酸、硝酸和有机酸的耐蚀性。Mo能减少氯化物的坑蚀
镍或镍合金	加入Cr、Mo	对侵蚀不锈钢的氯化物和还原介质有很好的耐蚀能力，提高对还原介质的耐腐蚀能力
	加入Cu、Mo	能耐很多氧化还原介质腐蚀及氯化物坑蚀，全部镍合金对晶间腐蚀敏感，不能做焊接件
钛		氧化介质、热硝酸中比不锈钢耐蚀；低温（常温）能谢氧化物缝隙腐蚀和坑蚀，高温时对上述腐蚀敏感；低温能耐稀硫酸、盐酸和湿H_2S、CO_2腐蚀
	加入2%钯	提高对盐酸及其他还原介质的防蚀能力
铜合金	加入Zn(5%～45%)、黄铜	随Zn含量增加耐蚀性减少，发生脱锌和应力腐蚀破裂
	加入1%Sn或0.1%As、Sb、P	避免脱锌和改进耐蚀性
	加入Sn、Al、Si、青铜	增加强度和耐蚀性，Al抗冲蚀及应力腐蚀破裂能力，硅增加强度及高温性能
	加入Ni	最耐腐蚀的铜合金，有较高的屈服强度
铝合金		在pH值4.5～8.5的水溶液中，耐蚀性能好；不耐有机氯化物和无水有机酸及低级醇腐蚀；发生晶间腐蚀；防止铝合金本身与邻近金属发生电偶腐蚀而引起周围高强度钢的氢脆裂

油套管：API 系列的 J-55、C-75、C-90、N-80、L-80、KO 及 ST 和 SM 系列等。

采气井口：采用抗硫采气井口，如 KQ-250、KQ-350、KQ-700、KQ-1000 等。

集输管线：集输管线的材质主要有 Q235、A3R、10 号钢、20 号钢、09 锰钒钢及 ST45、X52 等；井场用的高压采气管线需采用高压锅炉钢，J55 或 D40 钻杆或油管，煨弯后需要进行高温回火处理，使其硬度不大于 22HRC。

站场设备：常用国产的 20 号锅炉钢或相当于 20 号的锅炉钢。设备容器制造时，选用的焊条、焊丝和焊剂应保证其焊后焊缝抗硫化氢应力腐蚀破坏性不低于 20 号锅炉钢，焊肉及热影响区硬度不大于 22HRC。

二、防蚀工艺设计

防蚀工艺设计主要从以下几方面考虑。

（一）腐蚀裕量的选择

对于储罐、容器、管线等金属耗量大，而腐蚀类型近似均匀腐蚀的设备，可以选用较低级的钢材，并估算出材质的腐蚀率，用强度计算的壁厚加上腐蚀裕量作为防止因腐蚀而造成破坏的措施在经济上是更为合理的。但是对于不允许腐蚀的设备等不能完全用腐蚀裕量的方法来防止过早的破坏，必须选用耐蚀材料。

腐蚀裕量用下式估算：

$$S_n = KT \tag{3-3-5}$$

式中　S_n——腐蚀裕量，mm；

　　　K——腐蚀速度，mm/a；

　　　T——设计年限，a。

有局部腐蚀或伴随腐蚀发生材料表面状态变化，从而产生材料强度的降低，在这种条件下的腐蚀裕量不能估算。

总之，目前腐蚀数据不全，现实中又有许多未知因素，因而腐蚀裕量难以得到准确计算，多数还是利用经验判断。推荐的腐蚀裕量见表 3-3-6。

表 3-3-6　容器及管线的腐蚀裕量推荐表

类别	使用材质	工作介质	腐蚀裕量，mm	备注
容器	碳钢	含硫气及中等腐蚀介质	4	含硫气指 H_2S 含量大于 $20mg/m^3$ 的天然气
容器	碳钢	净化气及弱腐蚀介质	4	净化气指 H_2S 含量小于 $20mg/m^3$ 的天然气
管线	碳钢	强腐蚀性的原料气	3	
管线	碳钢	中等腐蚀性的原料气	2	
管线	碳钢	弱腐蚀性的原料气	1	

（二）安全系数

材质的腐蚀与它承受的应力有关，尤其是硫化物应力腐蚀破坏的敏感性更是随着材料承受拉应力的增加而大大增加，因此对不同工作介质的设备和容器的安全系数的要求也有所不同，见表 3-3-7。

表 3-3-7　容器安全系数

材料	工作介质	安全系数 γ_s
碳钢	含硫气	2
碳钢	净化气	1.8

（三）采用防止残留水分腐蚀的结构

通常情况下，气田集输系统在没有水分存在时，实际上腐蚀很轻微，因此，设备的结构应尽量防止残留水的存在。同时应及时采取方法，排除设备、管线中积存的水分。

（四）避免异种金属的接触腐蚀

异种金属互相接触时，由于这些金属的活泼程度不同，即金属在电解溶液中电位不同，形成金属之间的电偶腐蚀，活泼的金属作为阳极被腐蚀破坏，不活泼的金属被保护。因此在天然气集输系统中应遵循以下原则：

（1）结构设计中应尽量避免异种金属组合。

（2）如果必须采用异种金属接触，应该尽可能使用电位系列中电位接近的金属。

（3）异种金属接触时，在中间采用绝缘垫片、绝缘导管或涂层。

（4）采用电位过渡接头等，该接头的金属电位在被连接的两种金属的电位之间，既可减小电偶腐蚀，同时也便于更换。

（5）在没有氧气存在的中性或碱性溶液中，异种金属接触实际上不发生腐蚀。

（五）焊接要求

从防蚀的观点看，对焊接方法、焊条、焊缝形状、焊缝探伤检验及热处理等均有严格的要求，为了防止不锈钢晶间腐蚀，不锈钢严禁用乙炔焊接。

1. 对焊条（焊丝、焊剂）的要求

（1）异种金属焊接应选用不活泼金属作为焊条。

（2）同种金属焊接应选用与被焊接金属同样或尽量类似材料的焊条。

（3）对于 V 系列不锈钢，为了防止焊接时高温造成晶间腐蚀破坏，要求焊缝应含 5%~10%δ 铁素体，同时注意防止 δ 铁素体的选择性腐蚀。

（4）在含硫介质中，为了防止硫化氢应力腐蚀破裂，任何形式焊接的焊缝应符合下列要求：机械强度及焊缝的冷弯性均不应低于母体金属；焊接试板经 600~650℃ 的回火处理后焊缝硬度不大于 20HRC。

2. 对焊接的要求

（1）一般防腐蚀的连接要求尽量使用对焊。

（2）叠焊或搭焊时腐蚀介质一侧的焊缝必须是连续的，不能用点焊或间断焊。

（3）不同厚度的板材焊接后，平面方向应在腐蚀介质内。

（4）焊缝在腐蚀介质中的位置，应是焊缝面积较小的方向朝向腐蚀介质。

（5）焊缝外形应圆滑，没有缝及穴，并应清除铁渣和焊渣。

3. 焊缝探伤检验

容器及现场安装的焊缝，一般根据设计要求部位及长度进行无损探伤。

4. 焊接应力解除

热处理温度均为 600~650℃；含硫化氢介质，容器壁厚不大于 16mm 的设备均应进行整体热处理；处理含硫天然气的设备，其现场组装的环焊缝也应经工频或其他加热方法进行热处理，加热温度为 600~650℃。

（六）脱除腐蚀介质

在天然气开采过程中，有时仅靠采用某种防蚀措施不足以减少腐蚀或使得经济上很不合理时，常常需要对原料天然气进行预处理来达到防蚀的目的，如天然气的脱水、脱硫等。

三、加注缓蚀剂保护

（一）缓蚀剂的作用原理及其简单计算

在腐蚀介质中加入少量某种物质，它能使金属的腐蚀速度大大降低，这种物质称为缓蚀剂或腐蚀抑制剂，加入缓蚀剂保护金属的方法称为缓蚀剂保护。

由于金属在电解质中的腐蚀是电化学的阳极过程和阴极电极过程同时进行的结果，缓蚀剂的作用就是减缓阳极过程或阴极过程。按照缓蚀剂对于电极过程所发生的主要影响，可以把它分为阳极型缓蚀剂、阴极型缓蚀剂和混合型缓蚀剂。

在腐蚀介质中一般加入缓蚀剂的量很少。缓蚀剂的保护效果与腐蚀介质的性质、温度、流动情况及被保护材料的种类和性质等有密切关系。换句话说，缓蚀剂的保护是有严格的选择性的，对一种腐蚀介质或被保护材料能起缓蚀作用，但对另一种介质或另一种金属就不一定有同样的效果，甚至有时还会加速腐蚀。

缓蚀剂的缓蚀效果可用下列公式表示：

$$Z = \frac{K'-K}{K'} \times 100\% \qquad (3-3-6)$$

式中　Z——缓蚀剂的缓蚀效率；

　　　K'——不加缓蚀剂时金属的腐蚀速度，$g/(m^2 \cdot h)$；

　　　K——加了缓蚀剂时金属的腐蚀速度，$g/(m^2 \cdot h)$。

缓蚀效率能达到 90% 以上的缓蚀剂为好的缓蚀剂，如果能达到 100%，则意味着达到完全保护。

有时单用一种缓蚀剂缓蚀效果并不好，采用不同类型的缓蚀剂配合使用，往往可显著提高保护效果，这种现象称为协同效应。相反，如果不同类型缓蚀剂共同使用时反而降低各自的缓蚀效率，则称这种现象为拮抗效应。

测定缓蚀剂效果最简便的方法是挂片试验。在停产或生产过程中，用专门的挂片工具将试片挂入装置内各个不同部位，经过一定时间取出试片称重，计算挂入试片前、后重量的变化。挂片腐蚀率的计算公式可按下式计算：

$$K_w = \frac{W_0 - W}{St} \times 100\% \qquad (3-3-7)$$

式中　K_w——腐蚀率，$g/(m^2 \cdot h)$；

　　　W_0——试前试片质量，g；

　　　W——试后试片质量，g；

S——试片表面积，m^2；

t——挂片时间，h。

为了使挂片腐蚀速度接近实际腐蚀情况，一般挂片时间不应少于 15～30 天。

(二) 缓蚀剂的要求

缓蚀剂一般要求是：

(1) 用量少，保护效率高，不影响产品质量。

(2) 不会造成工艺过程中的起泡、乳化、沉淀、堵塞等副作用。

(3) 使用方便，溶解性和分散性好。

(4) 原料易得，成本低廉，毒害性小，对环境污染少。

当然，根据使用缓蚀剂的具体情况，还有一些具体要求。但是使用缓蚀剂还有一定的局限性，例如有些缓蚀剂不宜用于温度过高的腐蚀环境中，对于不同的腐蚀环境和材质要求使用不同类型的缓蚀剂，因此，在生产实际中要具体情况具体分析。

(三) 缓蚀剂的分类

目前使用的缓蚀剂类型较多，天然气集输系统使用的缓蚀剂按作用机理可分为3种类型：阳极型缓蚀剂、阴极型缓蚀剂及混合型缓蚀剂。按照使用环境可以分为含硫气井用缓蚀剂和输气管线用缓蚀剂。

1. 含硫气井用缓蚀剂

含硫气井用的缓蚀剂品种很多，早期使用的有页氮、粗吡啶和1901等，缓蚀效果稳定在90%以上，但这类缓蚀剂有恶臭，污染环境，对皮肤和鼻黏膜有刺激作用，故已淘汰；20世纪80年代开发出7251水溶性缓蚀剂和川天2-1油溶性缓蚀剂均无恶臭，很多指标和性能接近或超过1901型缓蚀剂；四川天然气研究所在20世纪90年代开发出的川天2-2系列缓蚀剂性能优异，已在气田防蚀中普遍应用。目前在油气田使用最多的是BT、CT、CZ、HT等系列缓蚀剂。

对于含硫气井缓蚀剂注入方法，可根据缓蚀剂特性和井口情况而定。一般有下列方法：

(1) 周期性注入缓蚀剂，主要用于关井和产量小的气井。

(2) 连续注入缓蚀剂，可不断地修补金属表面的缓蚀剂膜，维持其覆盖的特性，适于产量大或产水量多的气井。

2. 输气管线用缓蚀剂

该类缓蚀剂目前使用较多的是川天2-2，其缓蚀率达到90%。

四、覆盖层保护

在金属表面上形成覆盖层是防止金属腐蚀最普遍和最重要的方法。覆盖层的作用在于使金属表面与外界介质隔离开来，以阻碍金属表面微电池起作用。覆盖层分为金属涂层与非金属涂层。对覆盖层的基本要求是：(1) 结构致密，完整无孔，介质不能透过。(2) 与基体金属具有良好的结合力，不易脱落。(3) 耐磨。(4) 均匀分布在整个被保护金属表面。

（一）金属涂层

大多数金属涂层采用电镀或热镀的方法实现，还有的涂层用渗镀、喷镀、化学镀等方法，其他方法还有金属包覆、离子镀、真空蒸发及真空溅射等。

由上述各种方法制成的金属涂层一般都是有孔隙的，孔隙中的原电池作用将在涂层使用过程中起重要作用。因此，从电化学腐蚀的观点出发可将金属涂层分为贵金属（阴极性防护）涂层和贱金属（阳极性防护）涂层两类。

贵金属涂层指涂层金属在腐蚀介质中的电位比底金属的电位更正，因此，涂层金属为阴极，底金属为阳极。在暴露的孔隙中原电池电流将加速金属的腐蚀，使涂层失去保护作用，因此在贵金属涂层的制备过程中，要尽量减少其孔隙度，可将涂层涂厚一些或用有机填料将空隙填满。贵金属涂层有锡涂层、镍涂层、铝涂层和铜涂层等。

贱金属涂层是指涂层金属在腐蚀介质中的电位比底金属的电位更负。因此，涂层金属为阳极，底金属为阴极，这类涂层若存在孔隙也不影响它的防蚀作用，相反，底金属可得到阴极保护。贱金属涂层有锌涂层和铬镀层等。

工业上常用的金属涂层主要有：锌镀层、锡镀层、镍镀层、铬镀层、铝镀层、镉镀层、铅镀层。

（二）非金属涂层

非金属涂层绝大多数是隔离性涂层，它的主要作用是把钢材与腐蚀介质隔开，防止钢材因接触腐蚀介质而遭受腐蚀，因此这类涂层更应该是无孔的、致密的、均匀的，并与钢材基体结合牢固。非金属涂层分为无机涂层和有机涂层。无机涂层包括搪瓷或玻璃涂层、硅酸盐水泥涂层、化学转化涂层；有机涂层包括涂料涂层、管道外壁防腐涂层。

五、电化学保护

用改变金属在介质溶液中的电极电位来达到保护金属免受腐蚀的方法，称为电化学保护法。

电化学保护的实质在于，把要保护的金属结构通以电流使之进行极化，如果在导电的介质中将金属连接到直流电源的负极，通以电流，它就进行阴极极化，这种方法称为阴极保护。另一种方法是把金属连接到直流电源的正极，通以电流，它就进行阳极极化，使金属发生钝化，金属溶解会急剧减少，这种方法称为阳极保护。

阳极保护只对于那些在氧化性介质中可能发生钝化的金属才有良好的效果，因此它的应用受到较大的限制，但是阴极保护就不受到那些限制，所以得到非常广泛的应用。

（一）阴极保护的基本原理

金属在电解质溶液中，由于表面存在电化学不均匀性，会形成无数的腐蚀原电池。为了简化起见，可以把它们看成是一个双电极原电池系统，如图3-3-1所示。

原电池阳极区发生腐蚀，不断输出电子，同时金属离子溶入电解液中，阴极区发生阴极反应，根据电解液或环境条件的不同，自阴极区析出氢气或接受正离子的沉积，但阴极区金属本身不会发生腐蚀。因此，如果给金属通以电流，使金属表面处于阴极状态，就可抑制表面上阳极区金属的电子释放，从根本上防止金属的腐蚀。

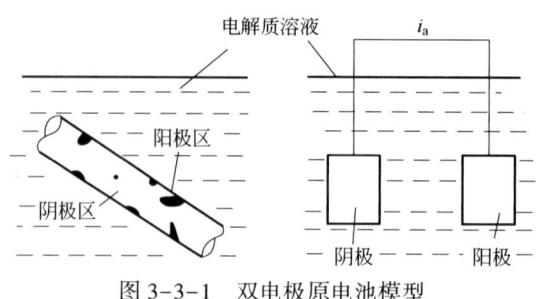

图 3-3-1 双电极原电池模型

用金属导线将管道直接接在直流电流的负极，将辅助阳极接到电源的正极，如图 3-3-2 所示。

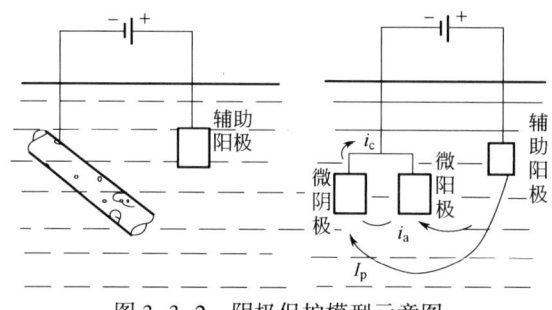

图 3-3-2 阴极保护模型示意图

从图 3-3-2 中可以看出，管道实施阴极保护时，有外加电子流入管道表面，当外加的电子来不及与电解质溶液中的某些物质起作用时，就会在管道金属表面积聚起来，导致管道表面金属电极电位向负方向移动，即产生阴极极化。这时，微阳极区金属释放电子的能力受到阻碍，施加的电流越大，电子积聚就会越多，管道金属表面的电极电位就会越负，微阳极区释放电子的能力越弱。换句话说，就是腐蚀电池二极间的电位差变小，阳极电流越来越小，当金属表面阴极极化达一定值时，阴、阳极达到等电位，腐蚀原电池的作用就被迫停止。此时外加电流等于阴极电流，这就是阴极保护的基本原理。

应用阴极保护极化图解（图 3-3-3）可以进一步解释阴极保护原理：在未通电保护时，金属在电解质溶液中腐蚀电池阳极的平衡电位为 E_a^0，阴极的平衡电位为 E_e^0，两极化曲线相交点对应为自腐蚀电位 $E_{自腐}$ 和自腐蚀电流 $I_{自腐}$。当阴极极化电流达到 I_1 时，腐蚀系统的电位向负移至 E_1，阳极腐蚀电流降低到 $I_{腐}$，即开始阴极保护。当阴极极化电流

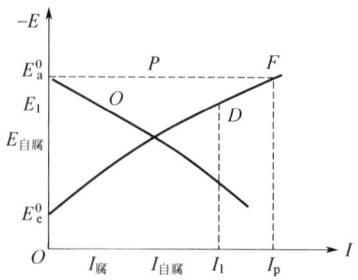

图 3-3-3 阴极保护极化图解

达到 I_P，腐蚀系统的电位继续向负移至 E_a 时，阳极的腐蚀电流变为零。从而使电池的腐蚀电流也为零，即达到完全的保护。

从极化图解还可以看出，当电位降低至 E_1，必需的外加电流为 I_{OD}，而阴极总电流为 I_1，如果要达到完全保护，则外加保护电流为 I_p，即在阴极上加的阴极保护电流要比自腐蚀电流大。

实施阴极保护的方法主要有两种：

（1）利用外加电流，使被保护金属的整个表面变为阴极，以防止金属被腐蚀的阴极保护方法称为外加电流法阴极保护。

（2）在要保护的金属设备上连接一种比其电位更负的金属或合金，以防止金属腐蚀的阴极保护方法称为牺牲阳极法阴极保护。

阴极保护的两种方法的原理都一样，无论是采用外加电流或是牺牲阳极的方法，其目的都是借助于直流电通过被保护的金属进行阴极极化，前者是依靠外加电源的电流来极化，后者是借助于牺牲阳极金属与被保护的金属之间有较大的电位差所产生的电流来达到阴极极化，故统称为阴极保护。

（二）两种阴极保护方法的比较及选择

金属阴极保护两种方法的优缺点如表 3-3-8 所示，在实际工程中应根据工程规模的大小、防腐层质量的优劣、土壤环境情况、电源的利用以及经济性进行综合比较，择优选择。

表 3-3-8 两种阴极保护方法的比较

方　法	特　点	优　点	缺　点
外加电流阴极保护	必须有直流电源和辅助阳极	驱动电压高，能够灵活控制阴极保护电流输出； 在恶劣的腐蚀条件或高电阻率的环境中也适用； 使用不溶性阳极材料可作长期的阴极保护； 单站保护范围大，因此，管道越长相对投资比例越小； 对裸露或绝缘层质量较差的管道也能达到完全的阴极保护	一次投资费用高； 维护技术较牺牲阳极复杂，维护费用也较高； 需要外部电源； 对邻近的地下金属构筑物有干扰
牺牲阳极保护	不需外加直流电源，但阳极材料必须采用电位较负的有色金属	保护电流的利用率高，不会过腐蚀； 适用于无电源区和小规模分散的对象； 对邻近的地下金属设施无干扰影响； 施工技术简单，安装及维修费用小； 接地及保护兼顾	驱动电位低，保护电流调节困难； 使用范围受土壤电阻率的限制； 对大口径裸管或防腐涂层质量不良的管道，由于费用很高，一般不宜使用； 在杂散电流干扰强烈的地区，将丧失保护作用； 阴极保护时间受牺牲阳极寿命的限制

对于天然气管道而言，则要根据被保护管道所处环境和经济指标来确定，两种阴极保护方式的选择可以参见表 3-3-9。

表 3-3-9　天然气管道阴极保护方式选择表

环境及管道条件	建议采用的保护方式
管径较大并有连续防腐涂层的管道	外加电流
当杂散电流产生的管地电位变化超过牺牲阳极的保护能力,而采用外加电流方式就可以消除干扰	外加电流
在管道系统中,大部分管段绝缘防腐状况良好,腐蚀轻微,仅有某些局部管段上腐蚀点多,且分散	牺牲阳极
短而孤立的管段	牺牲阳极
配气系统的单独用户支线	牺牲阳极
当外加电源辅助阳极对邻近金属构筑物产生严重干扰时	牺牲阳极

（三）阴极保护使用条件及标准

（1）由阴极保护原理可知,任何金属结构采用阴极保护防蚀,应具备以下条件：

① 被保护的金属表面周围必须有导电介质存在。

② 为了使电流均匀分布在被保护金属表面上和提高阴极保护效率,要求被保护金属结构必须完全浸没在导电介质中。

③ 被保护金属结构的几何形状不要过于复杂,如果凹凸太多,会产生"屏蔽作用",即被保护结构靠近阳极处吸收了大量的保护电流,而远离阳极处得到的保护电流很少,不能起到阴极保护的作用。

由上述可知,对埋地或浸没于水中的油、气管道特别适合于采用阴极保护。

（2）天然气工程实践证明没有一项阴极评价标准能适用于所有条件,因此常用下列任意一项或几项标准来评定：

① 在通电情况下,测得保护电位为 -0.85V（相对饱和 $Cu/CuSO_4$ 参比电极,下同）或更负。

② 被保护管线与参比电极之间的阴极极化电位不得小于 100mV,此标准可用于极化建立或衰减过程中。

③ 当土壤或水中含有硫酸盐还原菌,且硫酸根含量大于 0.5% 时,通电后保护电位应大于 -0.95V 或更负。

④ 埋设于干燥空气和充气的高电阻率（大于 $500\Omega \cdot m$）土壤中,其极化电位值至少应达到 -0.75V。

（四）影响阴极保护效率的因素

在阴极保护中,判断金属是否达到完全保护,通常采用测定保护电位的方法,而为了达到必需的保护,都是通过改变保护电流密度进行控制的。

1. 保护电位

要使金属达到完全保护,必须对金属加以阴极极化,使它的极化电位达到其腐蚀微电池阳极的平衡电位,这时的电位称为最小保护电位。其标准的定义是：金属达到完全保护所需要的、绝对值最小的负电位值。

正常情况下,未保护的天然气管道管地电位变化为 0.1~0.8V（可用 $Cu/CuSO_4$ 参比电极测量）,因此在阴极保护中,-0.85V（CSE 即 $Cu/CuSO_4$ 参比电极）被公认为是天然气管道阴极保护最小的保护电位指标。

最小保护电位的数值与金属的种类和介质的情况有关（表3-3-10列出了不同结构金属在海水和土壤中进行阴极保护时的数值）。最小保护电位可通过热力学计算加以确认，但在生产实际中，一般是根据经验或通过实验来确定的。

表3-3-10　阴极保护用的电位值　　　　　　　　　　　　　　　单位：V

金属或合金	所处环境	参比电极			
		铜/硫酸铜	银/氯化银/海水	银/氯化银/饱和氯化钾	锌/(洁净)海水
铁与钢	含氧环境	-0.85	-0.80	-0.75	+0.25
	缺氧环境	-0.95	-0.90	-0.85	+0.15
铅		-0.60	-0.55	-0.50	+0.50
铜基合金		-0.50~-0.65	-0.45~-0.60	-0.40~-0.55	+1.60~+0.45

天然气管道的阴极保护中，所允许施加阴极极化绝对值最大的负电位值，称为最大保护电位。当电位比最大保护电位还负时，在阴极可能会析氢而使金属存在氢脆的危险；对于天然气埋地管道，将会严重削弱甚至破坏其防腐层的黏结力。最大保护电位取决于管道金属表面的析氢电位。

2. 保护电流密度

阴极保护时，使金属的腐蚀速度降到最低程度所需的电流密度值，称为最小保护电流密度。最小保护电流密度是阴极保护的重要参数之一，它是与最小保护电位相对应的，即最小保护电位对应的流入金属单位面积的电流。要使金属达到最小保护电位，所需的电流密度不能小于该值，否则，金属得不到完全的保护。如果采用的电流密度远远超过该值，则不仅消耗大量电能，而且保护作用反而有所下降，即发生所谓的"过保护"现象。

在实验室中，通过极化曲线法测定的最小电流密度，往往与实际使用的数值之间有较大的差异。最小保护电流密度与金属的表面状况、介质情况有关。表3-3-11列出了钢铁在不同土壤环境中所需的最小保护电流密度。

表3-3-11　土壤中钢铁所需最小保护电流密度表　　　　　　单位：mA/m^2

一般中性土壤	5~15
通气的中性土壤	15~30
湿润土壤	15~60
酸性土壤	>50
硫酸盐还原细菌繁殖土壤	>50

（五）外加电流阴极保护

1. 阴极保护站位置的选择

外加电流阴极保护方式特别适合于大口径长输天然气管道的外壁防腐，对一条或多条管道的阴极保护站来说，为了达到理想的阴极保护效果，必须遵循以下的原则选择位置：

（1）满足阴极保护电气计算的要求，尽量选在被保护管段的中间，以便充分发挥一座站的功能。

（2）容易获得稳定可靠的交流电源。

（3）能选出符合要求的埋设辅助阳极的区域，以避免对邻近地下金属构筑物产生干扰。

2. 外加电流阴极保护系统的组成

外加电流阴极保护系统主要由电源设备、辅助阳极、阴极保护用导线、通电点装置、检测系统电绝缘装置、均压线参比电极等装置组成。

一座外加电流阴极保护站由电源设备和站外设施两部分组成。电源设备是外加电流阴极保护站的"心脏"，它由提供保护电流的直流电源设备及其附属设施构成；站外设施包括辅助阳极、阴极保护用导线、通电点装置、电绝缘装置、参比电极、检测系统、跨接均压线等其他的设施。站外设施是阴极保护站必不可少的组成部分，缺少其中任何一个部分，都将使阴极保护站停运或管道不能达到完全保护。

1）电源设备

阴极保护站的电源设备有多种的样式，如边远地区使用的太阳能电池、无人管理的密闭循环发电机组（CCVT）、热电发生器、风力发动机等。

由于阴极保护站使用直流电源，对交流电源必须采取整流和滤波，或者使用恒电位仪装置。由于具有对管地电位以及回路电阻波动适应性强的特点，恒电位仪使用比较普遍，常见的恒电位仪有 PS-1、KKG-3 等型号。

2）辅助阳极

辅助阳极也称为阳极地床或阳极接地装置，它是外加电流阴极保护中不可缺少的重要组成部分。辅助阳极的用途是通过它将保护电流送入土壤，再经土壤流进管道，使管道表面进行阴极极化，防止其在土壤中的电化学腐蚀。辅助阳极在保护管道免受土壤腐蚀的过程中，自身会遭受腐蚀破坏，即辅助阳极代替管道承受了腐蚀。

（1）辅助阳极材料的要求是：有良好的导电性，耐蚀性强，消耗率低，适用的工作电流密度范围，有较高的机械强度，容易加工，价格便宜，化学稳定性好，材料来源广。常用的阳极主要有钢铁阳极、石墨阳极、高硅铁阳极、磁性氧化铁阳极、柔性阳极。

（2）辅助阳极根据埋设深度分为浅埋式辅助阳极和深埋式辅助阳极。

浅埋式辅助阳极又分为立式和水平式两种。立式阳极结构由一根或多根垂直埋入土中的阳极构成，阳极间用电缆并联。水平式阳极结构由一根或多根阳极以水平状态埋入一定深度的地层，阳极顶部距地面一般 1m 左右，但不得小于 0.7m 或位于冰冻线以上。

深埋式辅助阳极通常采用石磨阳极或高硅铸铁阳极，一般为 15～300m。深埋阳极的安装方式有两种，一种是将阳极棒捆绑在 DN25mm 的钢管上放入钻好的深孔内，周围填充焦炭颗粒；一种是将阳极棒和焦炭颗粒预置在一个铁皮管内，然后放入钻好的深孔内。

（3）辅助阳极埋设位置的确定。辅助阳极一般设在管线的一侧或两侧。对于长输管道辅助阳极与管道通电点的距离在 300～500m，管道较短或油气管道较密集的地区，采用 50～300m 的距离是适宜的。

（4）阳极数量的确定。在确定阳极数量时，主要考虑如下因素：阳极输出的电流在阳极材料允许的电流密度内，以保证辅助阳极的使用寿命；在经济合理的前提下，阳极接地电阻应尽量最小（增加阳极数量），以降低电能消耗。目前接地电阻一般定为 1Ω 左右。

3）阴极保护用导线

（1）常用电缆：从直流电源到被保护管线，辅助阳极的导线常采用电缆，阴极保护所用电缆的地下接头其绝缘和密封要求较高。

（2）阳极架空导线：阴极保护直流电源正极与辅助阳极之间的导线常采用架空敷设，阳极线杆一般采用水泥电杆。

4）通电点装置

通电点也称为汇流点，主要是通过导线将阴极保护电源设备的"输出阴极（-）"与被保护的管线连接起来的装置，它是向被保护的管线施加阴极极化电流接入点，是外加电流阴极保护必不可少的设施之一。每座阴极保护站至少一个通电点，与保护站相距10m左右。

5）检测系统

检测系统主要指检查头（测试桩）、检查片。

检查头是为了检查测定管道阴极保护参数情况而沿线设置的永久性设施，也称为测试桩。利用它可以测出被保护管道相应各点的管地电位及相应管段流过的平均保护电流。检查头一般设在管道沿线不妨碍交通的常年旱地内或水田的田坎边，露出地面0.5m左右。同时管线的检查头还可以作为管线的里程桩。

检查片用来定量检验阴极保护效果，一般采用与管道相同的钢材制成。检查片埋设前需除锈、称重、编号，每两片一组，每组有一片与被保护管道相连，另一片不通电，作自腐蚀比较片。按2~3km的距离将检查片成对地安装在管道的一侧，经过一定时间后挖出称量并计算其保护效果。

6）电绝缘装置

电绝缘装置的作用是将被保护管道和非保护管道从导电性上分开。当保护电流流入不应受到保护的管道上时，将增大阴极保护站电源功率的输出，缩短有效保护长度或引起干扰腐蚀。在杂散电流干扰严重的管段，电绝缘装置还用来分割干扰区和非干扰区，降低杂散电流影响。

（1）电绝缘装置包括绝缘法兰、整体性的绝缘接头、绝缘活接头、绝缘短管、绝缘管接头等。

（2）电绝缘装置的安装位置：被保护管道与厂、站、库、井及分支管道连接处；大型穿、跨越管段的两端；杂散电流干扰区的两端；不同金属结合部位；有覆盖层的管道与裸露管道的交接部位；管道使用金属套管的部位；管道与支撑的墩台、管柱、管桥、支座等位置。

7）均压线

为避免干扰腐蚀，用电缆将同沟埋设、近距离平行、交叉的管道连接起来，以平衡保护电位，此电缆称为均压线。均压线的安装原则是使两管道间的电位差不超过50mV。

8）参比电极

在外加电流阴极保护站中，参比电极用来测量被保护管道的电位，恒电位仪通过参比电极测得的电位信号来调节其输出电流，使被保护管道的电位处于给定的范围内。

常见的参比电极有：铜饱和硫酸铜电极（$Cu/CuSO_4$）、饱和甘汞电极等。

(六) 牺牲阳极保护

牺牲阳极保护法是最早应用的阴极保护方法,它简单易行,不需电源,不要专人管理,不干扰邻近设备和装置,仅消耗少量有色金属,就可以使金属构筑物得到有效保护。同时牺牲阳极还是抗干扰腐蚀的一种手段,具有泄流、防腐、防雷及防静电接地等多种功能,有外加电流法无法相比的优点。在油气管道阴极保护中,牺牲阳极法与外加电流法具有同等重要的地位。

因为利用阳极材料与被保护金属之间的电位差所产生的电流来达到保护的目的,所以阳极材料必须具备以下要求:

(1) 要有足够负的电位,可供应充分的电子,使被保护金属阴极极化。

(2) 阳极极化率小,活化诱导期短,在长期放电过程中能保持表面的活性,使电位及输出电流稳定。

(3) 单位质量消耗所提供的电量较多,单位面积输出的电流较大,且自腐蚀小,电流效率高。

(4) 阳极溶解均匀,腐蚀产物易落,不黏附阳极表面,不形成高电阻硬壳。

(5) 价格低廉,材料来源充足,制造简单,施工方便。

常用的牺牲阳极材料为镁、锌、铝及其合金。它们在海洋环境中使用各具特色。在土壤环境中,镁合金阳极开路电位高,阳极极化特性好,缺点是自腐蚀大,适合在土壤电阻率高的环境中工作;锌合金阳极自腐蚀小,电流效率高,寿命长,在电阻率低的土壤中有较多优点;铝阳极在土壤环境中性能难以稳定,阳极效率低,因而很少使用。

第四章 天然气矿场集输工艺

学习要点

1. 掌握单井站及单井站工艺。
2. 掌握集气站工艺流程、三甘醇脱水工艺、固体吸附脱水工艺及脱水工艺的选择。

天然气集输是继气田勘探开发之后的一个重要生产过程,包括从井口开始,将天然气通过管网收集起来,经过预处理及其后的气体净化,最后成为合格的商品天然气并外输至用户的整个过程。

天然气矿场集输是指将天然气经节流、降压、分离、计量、集中起来输送到输气干线或天然气净化厂的过程,是天然气集输中的一部分。本章介绍天然气矿场集输中比较常见的新工艺、新技术和设备。

第一节 单井站

一、单井站工艺

单井集气站简称单井站,是将含有液相、固相杂质的天然气进行节流、降压、分离、计量后使其达到管输要求的工艺组合。单井集气站主要包括井口区、水套炉区、分离区、计量区和生产自用气区,某些单井集气站还包括收发球装置区。基本工艺流程如下图 3-4-1 所示。

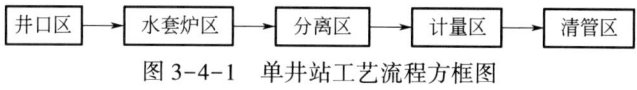

图 3-4-1 单井站工艺流程方框图

二、井口区工艺流程和控制

(一)井口区工艺流程

井口区包括采气树、加药注入装置,图 3-4-2 为井口区工艺流程图。

(二)流程特点

(1) 该单井集气工艺流程与传统单井流程相比,自动化程度高。套压、油压和井口温度分别由压力和温度变送器实时传送 RTU,并进入 SCADA 系统或进入就地显示仪表。

(2) 缓蚀剂注入装置由高位的缓蚀剂注入计量罐和缓蚀剂注入罐组成。它们在同一压力系统内,缓蚀剂在重力作用下由注入器沿套管流入井筒,随着气流经油管返回。在循环过程中吸附在油管、套管壁上形成薄膜,使油管、套管金属表面与硫化氢等腐蚀介质隔离,从而使油管、套管得到保护。

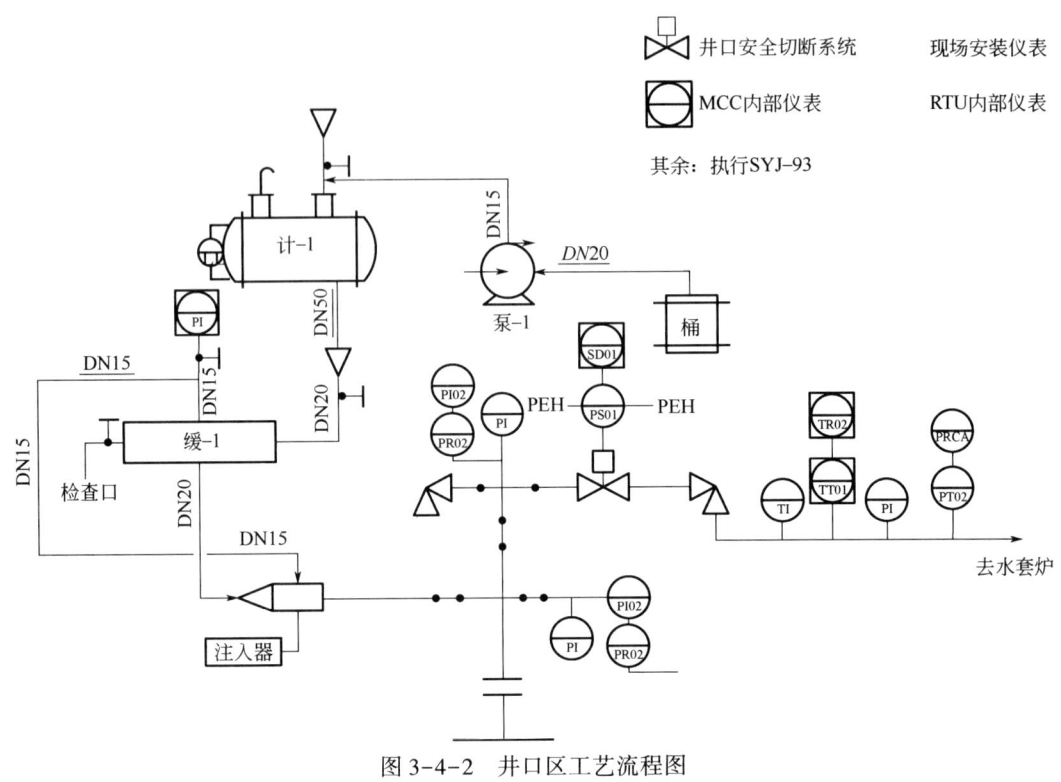

图 3-4-2 井口区工艺流程图

(3) 井口安全切断系统是在生产系统出现异常（如着火、憋压、爆管等）情况时，切断井口气源，确保站场和人员安全的一套系统，该系统称为井口安全切断系统。该系统主要由切断阀、高低压导阀、中继阀、易熔片和执行气源系统组成。

当站场或管线发生爆管时，由低压先导阀检测到生产系统出现的压力超值并执行相应的动作，使井口安全系统的平衡被打破，井口安全系统关闭。高压先导阀在井口一级节流阀后，检测高压区压力。

当井站发生火灾等重大险情时，易熔片在高温下熔化泄压，使井口安全系统平衡被打破，井口安全阀关闭。熔断片分别安装在加热炉和分离器附近。

系统各控制点检测到不合格信号（如超高压、超低压、高温等），或人为给定的动作信号时，系统都将关闭井口安全阀。

(三) 安全系统工作原理

井口安全系统工作原理如图 3-4-3 所示。

控制系统气源可用氮气或直接在集输系统引入净化气。控制系统气源经气源减压阀调压至 200~250psi（1.37~1.71MPa，最好为 225psi，约 1.54MPa），再经过滤器、安全阀（设定值 280psi，即 1.94MPa）后进入控制箱中继阀，中继阀将气源分两路，一路经快速泄放阀后进入切断阀作为执行气，另一路经调压阀（设定值为 30~35psi，即 0.206~0.240MPa）调压后成为控制气，经电磁阀后进入各控制点（高压导阀、低压导阀和易熔塞）。

当执行气进入切断阀气缸时，在其压力作用下，克服弹簧力和管程流体作用力，推动活塞下移，使阀打开，当切断阀气缸内的执行气被泄掉时，活塞在弹簧力和管程流体作用力的作用下，使阀关闭，切断气源。

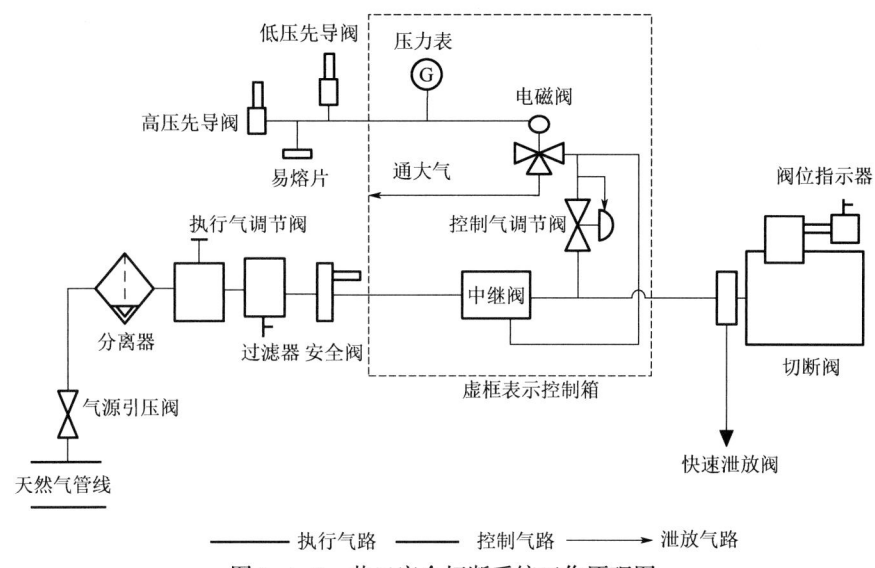

图 3-4-3 井口安全切断系统工作原理图

控制器经过电磁阀给中继阀背压腔充气。中继阀为控制箱的核心元件，它是利用薄膜的变形来进行开关的（也可以通过手柄控制气路动作）。当中继阀背压控制气保持在30psi（0.206MPa）时薄膜达到平衡，手柄处于"上"，中继阀为"开"，气源给执行气路供气，使系统保持平衡。当中继器控制箱的背压腔被切断，没有控制气进入时，膜片带动手柄下移，同时堵住气源，并打开泄压孔，必须由人工手动操作，方可恢复。

三、水套炉区工艺流程和控制

（一）水套炉

水套炉是天然气节流前对天然气提供热能的热力设备，目前常用的压力等级为16MPa和32MPa两种；热负荷有 60×10^4 kW、120×10^4 kW、240×10^4 kW、360×10^4 kW 等规格，分别可满足 $(0\sim5)\times10^4 m^3/d$、$(5\sim10)\times10^4 m^3/d$、$(10\sim20)\times10^4 m^3/d$、$(20\sim30)\times10^4 m^3/d$ 气量生产气井的加热。

水套炉的耗气量为 $14m^3/h/60kW$，其中引导火的耗气量为10%左右。

（二）水套炉区的工艺流程和温度控制

水套炉区的工艺流程和控制如图 3-4-4 所示，水套炉燃烧器由主火嘴和导火嘴组成。

导火嘴为长明火，温度控制由天然气计量温度取样后控制主火嘴实现温度控制。在给定天然气计量温度 t 后，在其控制范围内（如±2℃），当计量温度超过 $(t+2)$ ℃时控制阀关闭，主火嘴点燃，水温升高，计量温度上升，使天然气温度控制在规定范围内。

在炉膛靠近配风箱处，还没有两个红外线探测仪不停地监视燃烧器的火焰，实现远程监视功能，如主火嘴和引火嘴的火焰全部熄灭，自动控制系统将发出报警，并切断燃烧气管路。

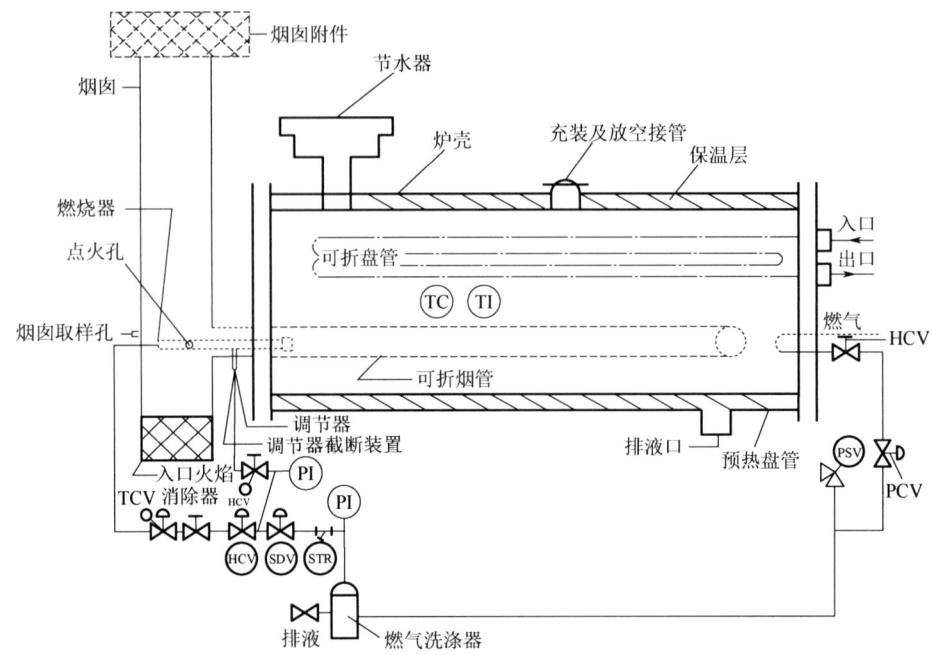

图 3-4-4　水套加热炉区工艺流程和温度控制图

PCV—减压调节器；TCV—控温阀；SDV—截断阀（电磁阀）；
PSV—安全阀；HCV—手控阀；STR—过滤器

四、分离区工艺流程和控制

分离区如图 3-4-5 所示，分离器是将天然气中的液固相从气相中分离出来的设备，分离器中的液位是分离区自动控制的基础。天然气中的液体在分离器中不停地分离出来。

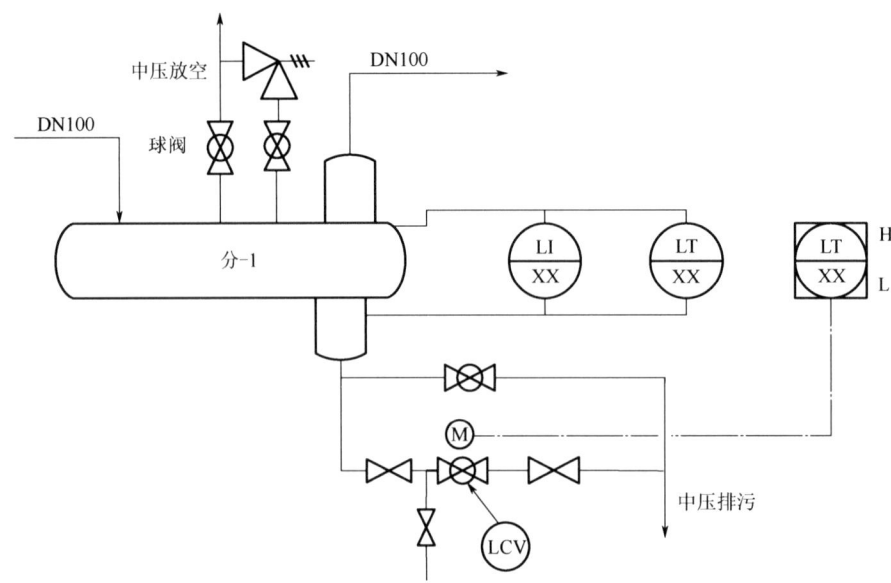

图 3-4-5　气体分离区工艺流程及控制图

形成动液面,在液面达到高限时控制阀打开进行排液,液面排放至低限时。控制阀关闭,停止排液。液位控制在单井站工艺中应选择检测液面精度和控制灵敏度高的液位计和调节阀,如浮筒式液位计和雷达式液位计。浮筒式液位计价格便宜,但稳定性相对较差,准确度较低;雷达式液位计稳定性好,准确度高,但价格高。

五、天然气流量测量

天然气流量计算采用孔板作为节流元件,静压、差压、温度取样由压力变送器、差压变送器、温度器获得并将相应的值实时传入计算机,计算机每秒钟计算一次流量值,并且不停地累加。到次8:00开始另一天的产量计算。月、年气量也不停地累计下去。每秒钟的瞬时量也将在计算机内保存待查。如图 3-4-6 所示。

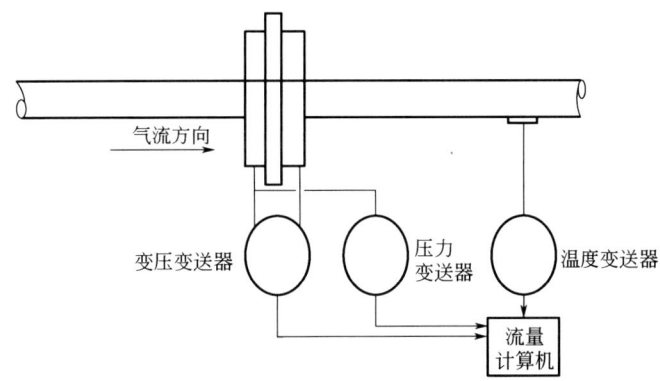

图 3-4-6 天然气流量计算机测量图

第二节 集气站工艺流程及自控系统

集气站是将两口以上的气井的天然气集中在同一站内进行气液分离处理、计量,对处理的天然气进行压力控制,使之满足集气管线输送压力的要求。

一、站内工艺流程

常见的站内工艺有高压集输工艺、中压集输工艺、低压集输工艺、中压+高压集输工艺,如图 3-4-7 至图 3-4-10。这几种工艺的特点见表 3-4-1。延长气田采气二厂延 969 井区采用中压集输工艺流程。

表 3-4-1 常见站内工艺对比表

工艺类型	工艺特点
中压集输	井下节流、单井计量、井口串联、中压集气、常温分离、集中注醇
低压集输	井下节流、单井计量、井口串联、夏季中压、冬季低压、常温分离、无须注醇、冬季增压
高压+中压集输	中压气井井下节流、中压管线串联进站至生产分离器
高压集输	高压集气、站内加热、节流降温、降温分离、轮换计量、集中注醇

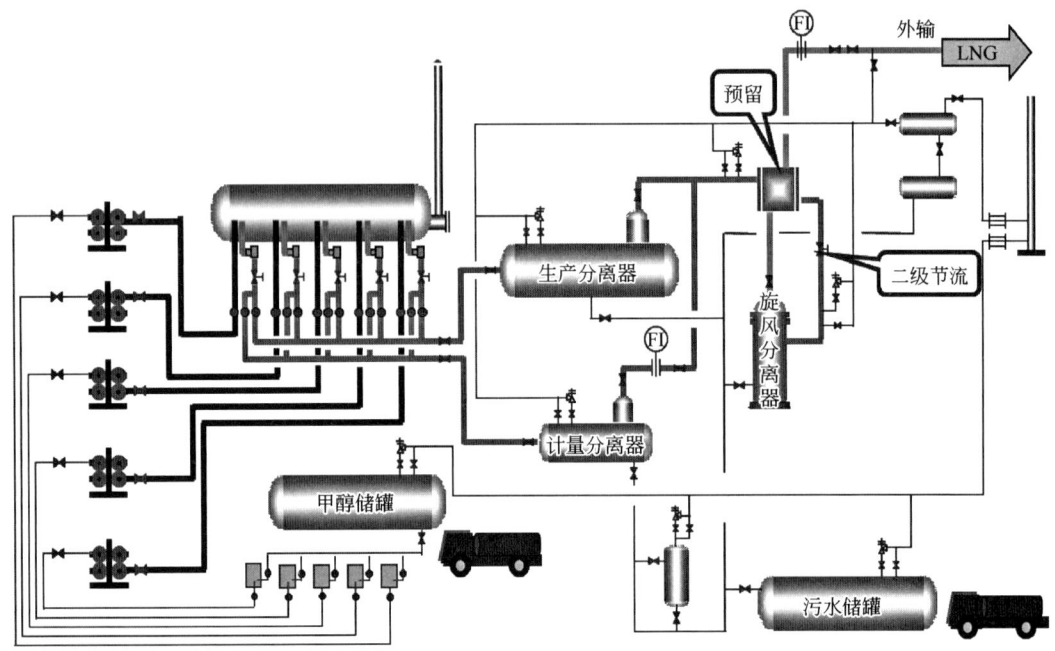

图 3-4-7 高压集输工艺

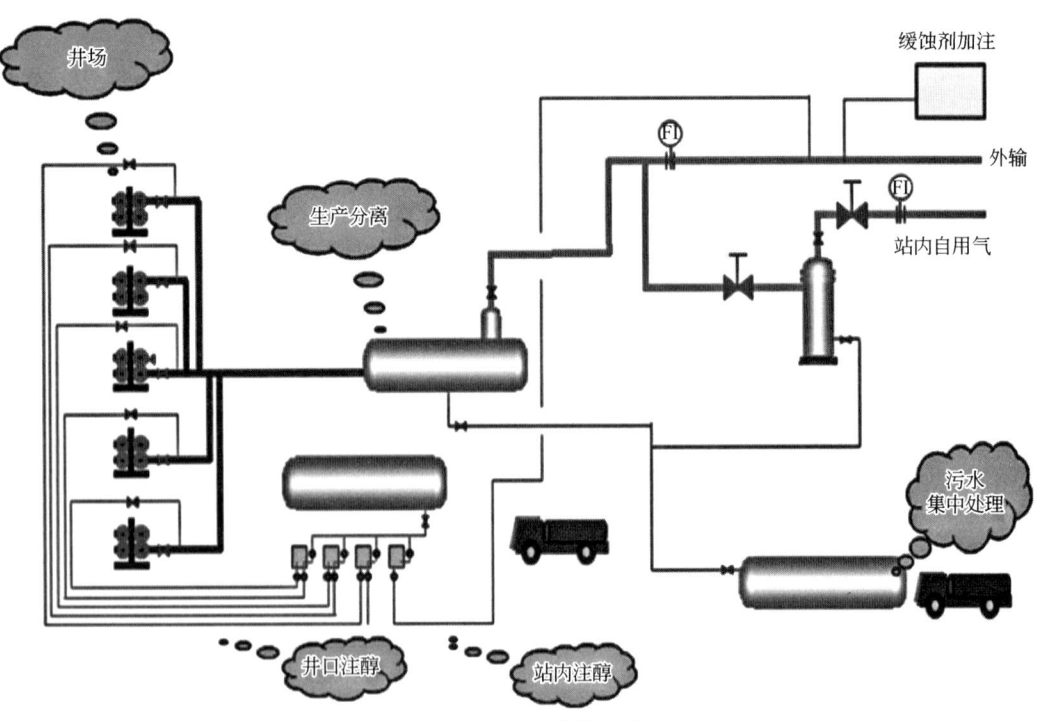

图 3-4-8 中压集输工艺

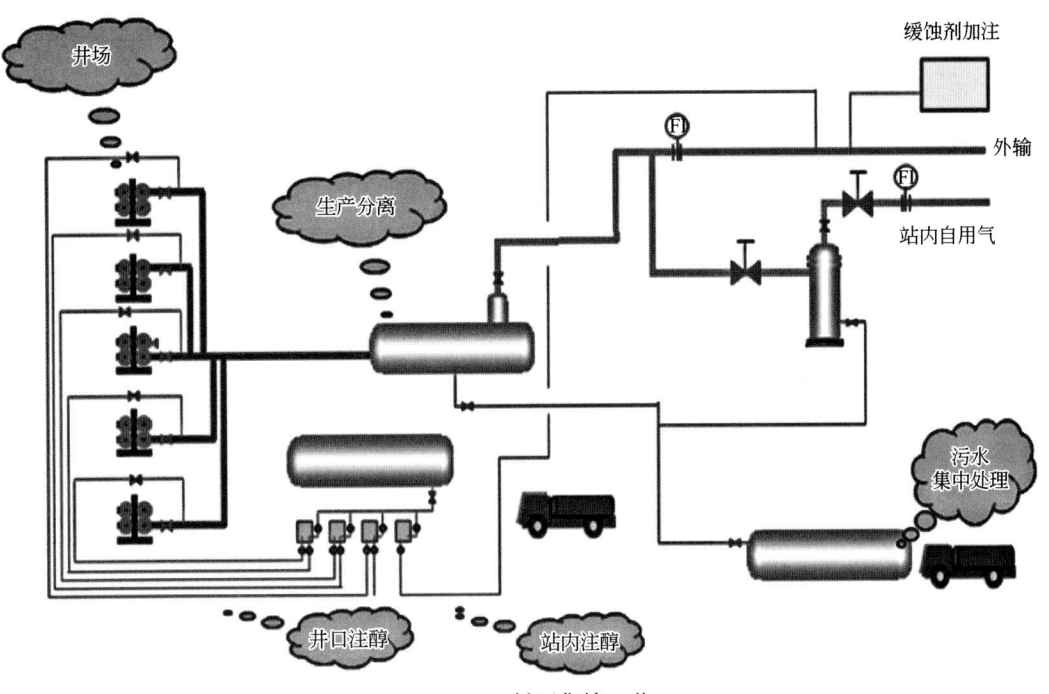

图 3-4-9 低压集输工艺

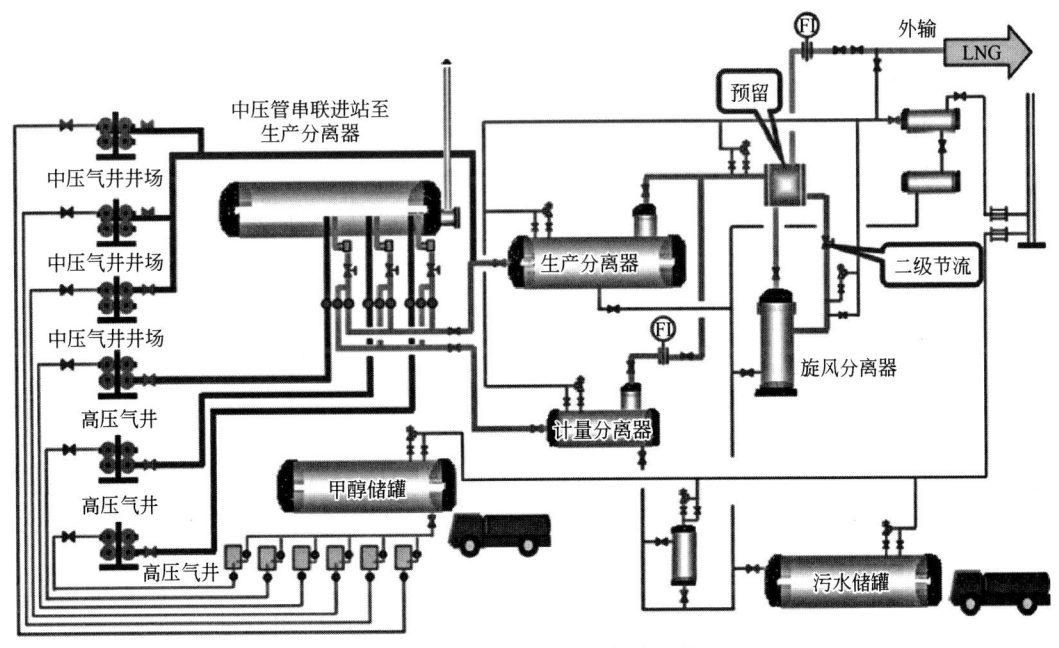

图 3-4-10 高压+中压集输工艺

以中压集输工艺为例，各单井来气经管线输至集气站进站阀组，经计量后进入采气汇管，再经采气汇管进入分离器进行气液分离，分离后的天然气经分离器出口输至脱水站或集气干线。分离器内分离出液体由液位检测系统将检测到的液位信号输至控制阀，按设置液位值衡量，当液位高于设定上限值时，排液阀开启排液，当液位排至设定下限时，排污阀关闭。所有污水进入污水罐储存，当污水罐快满时，站内安排污水拉运车将其拉至污水处理厂处理。

二、站内自控系统

集气站站控系统采用 SCADA 系统，实现站内集气、气液分离、凝液排放、天然气流量计及外输等系统的工艺过程监控，保障工艺系统安全、可靠、平衡的运行，实现工艺系统参数的显示、数据处理、报警和数据归档。

站内工业电视监控系统对井场、集气站的工艺设备区，进出站人员情况，室内重要岗位的生产情况进行监视，以便预防意外闯入和及时发现险情给予报警及火灾确认等。

第三节　三甘醇脱水工艺

从采气井口出来的天然气几乎都为水汽所饱和，含饱和水的天然气进入管线常常造成一系列的问题：在管线中因液态水的沉积而增加天然气输气压降，从而导致管线输气效率严重下降；水分与天然气在一定条件下形成水合物影响平稳供气，严重时甚至阻塞整个管路；天然气中所含的腐蚀性介质如二氧化碳和硫化氢溶于游离水，对管道、阀件形成强烈的腐蚀，极大地降低了管线所承受压力，大大减少了管线的使用寿命，甚至引发爆管等突发事件，造成天然气大量的泄漏并导致安全事故。由于天然气中所含水分存在种种的危害，因此在有条件的情况下，天然气均需脱水后再进行集输。

天然气脱水的方法较多，主要有低温分离法脱水、溶剂吸收法脱水、固体吸附法脱水、化学反应法脱水，比较常用的是溶剂吸收法脱水。

天然气溶剂吸收法脱水常用三甘醇（TEG）、二甘醇（DEG）作为脱水剂。当然还有一甘醇（EG）和四甘醇（TREG）。由于三甘醇作为脱水剂较其他类型的甘醇具有较多的优越性，应用得最为广泛，因此本节主要讲述三甘醇脱水装置的工艺流程及其特点。

一、三甘醇脱水基本原理和三甘醇的性质

三甘醇是直链的二元醇，其通用化学式是 $C_6H_{14}O_4$；三甘醇（TEG）的分子结构如下

$$\begin{array}{l} CH_2-O-CH_2-CH_2-OH \\ | \\ CH_2-O-CH_2-CH_2-OH \end{array}$$

三甘醇可以与水完全互溶。三甘醇的物理性质见表 3-4-2。

表 3-4-2　二甘醇、三甘醇的物理性质

性质	二甘醇(DEG)	三甘醇(TEG)
分子式	$O(CH_2CH_2OH)_2$	$HO(C_2H_4O)_2C_2H_4OH$
相对分子质量	106.1	150.2
冰点,℃	-8.3	-7.2
闪点(开口),℃	143.3	165.6

续表

性质	二甘醇（DEG）	三甘醇（TEG）
沸点（760mm Hg），℃	245.0	287.4
相对密度 d_{20}^{20}	1.184	1.1254
折光指数 n_D^{20}	1.4472	1.4559
与水溶解度（20℃）	完全互溶	完全互溶
绝对黏度（20℃），mPa·s	35.7	47.8
汽化热（760mm Hg），J/g	347.5	416.2
比热容，kJ/(kg·K)	2.3065	2.198
理论热分解温度，℃	164.4	206.7
实际使用再生温度，℃	148.9~162.8	176.7~204.4

在天然气实行脱水的初期，甘醇脱水法主要采用二甘醇（DEG）。20世纪50年代初期，由于三甘醇（TEG）再生贫液浓度可达98%~99%，露点降达到33~47℃，因而在天然气脱水中普遍采用三甘醇。其优点是：

（1）沸点较高（287.4℃，比二甘醇高43℃），可在较高的温度下再生。
（2）蒸气压较低（27℃时，仅为二甘醇的20%），因而损耗小。
（3）热力学性质稳定。理论热分解温度为206.7℃，比二甘醇高40℃。
（4）脱水操作的费用比二甘醇法低。

二、三甘醇吸收脱水的原理流程

三甘醇脱水工艺主要由甘醇吸收和甘醇再生两部分组成。图3-4-11是三甘醇脱水工艺的典型流程。含水天然气（湿气）经原料气分离器除去气体中的游离水和固体杂质，然后进入吸收塔。在吸收塔内原料气自下而上流经各层塔板，与自塔顶向下流动的贫甘醇液逆流接触，天然气中的水被吸收，变成干气从塔顶流出；三甘醇溶液吸收天然气中的水后，变成富液自塔底流出，与再生后的三甘醇贫液在换热器中经换热后，再经闪蒸、过滤后进入再生塔再生。再生后的三甘醇贫液冷却后流入储罐供循环使用。

三、常见三甘醇脱水流程

三甘醇脱水在国内主要的气田如四川、长庆应用都极为广泛，较为常见的有：引进加拿大PROPAK（普帕克）、MALONEY（马隆尼）、美国EXPRO以及国产脱水装置，出率规模从$10×10^4 m^3/d$到$200×10^4 m^3/d$都有。下面以PAOPAK公司脱水装置为例简单介绍脱水装置的工艺流程，气体装置流程基本相同。

整个脱水装置工艺流程可以分为天然气脱水系统、三甘醇循环再生系统、备用电源系统、自动控制系统。

（一）天然气脱水系统流程

天然气脱水装置包括原料气分离器（除去天然气中液、固体杂质）、吸收塔（与贫甘醇逆流接触脱水）、干气—甘醇热交换器以及调压计量等装置。

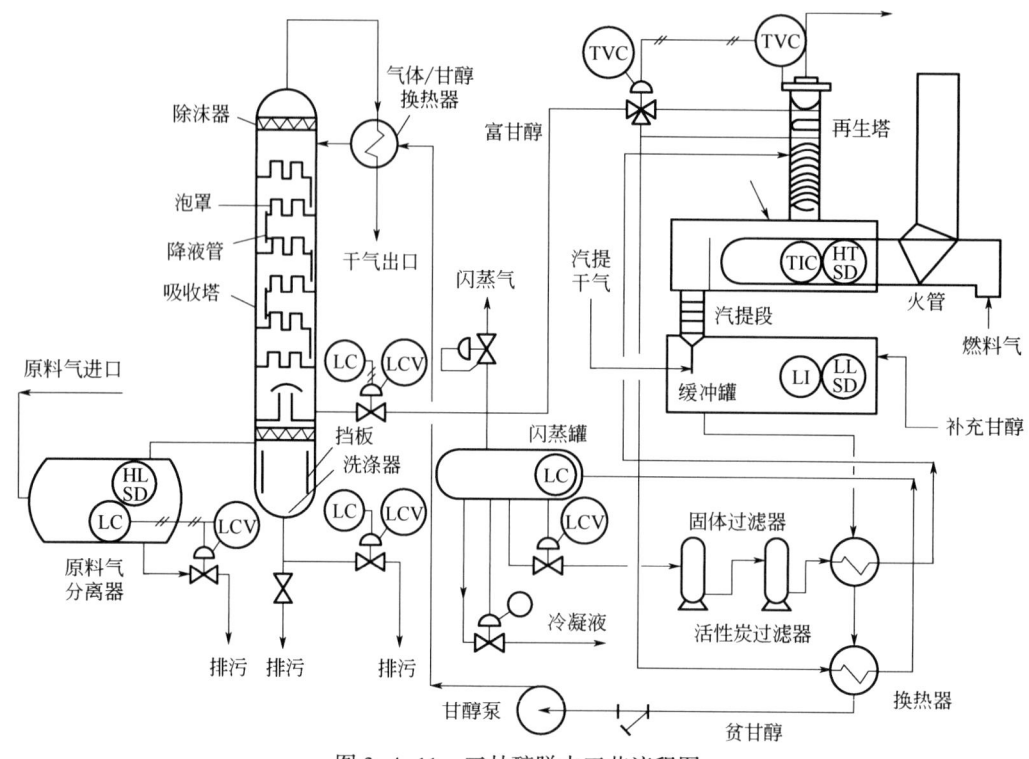

图 3-4-11 三甘醇脱水工艺流程图

湿天然气通过过滤分离器（原料气分离器），除去液态烃和固态的杂质后，进入吸收塔的底部。在吸收塔内自下往上通过充满三甘醇的填料段或一系列的泡罩与三甘醇充分接触，被三甘醇脱除水分后，再经过吸收塔内顶部的捕雾网将夹带的液体留下。脱水后的干气离开吸收塔，经干气—甘醇热交换器后进入集输干线。

（二）三甘醇循环再生系统流程

三甘醇循环再生系统包括吸收塔、三甘醇循环泵、闪蒸罐、过滤器、重沸器、精馏柱、缓冲罐等装置。

贫甘醇不断被循环泵泵入吸收塔顶部，在塔内自上而下依次流过每一个塔盘或填料段，吸收自下而上流动的天然气中的水分后变为富甘醇从吸收塔排出。

对于采用能量泵（如 KIMART 循环泵等）作为三甘醇循环泵的脱水装置，此时的流程为：从吸收塔流出的高压富甘醇经循环泵与低压贫甘醇交换能量后，进入甘醇闪蒸罐闪蒸出甘醇内溶解的液态烃类后，进入三甘醇过滤器。

对于采用电动泵（如 UNION 泵）作为三甘醇循环泵的脱水装置的流程为：三甘醇经过吸收塔液位调节阀，进入闪蒸罐闪蒸出甘醇内溶解的液态烃类后，进入三甘醇过滤器。

三甘醇经过滤器（固体和活性炭过滤器）除去三甘醇中固体和溶解性的杂质后进入缓冲罐内，换热后进入精馏柱中部，流入重沸器内完成再生。

重沸器内产生的蒸气，将通过精馏柱中填料层向下流动的富甘醇中水蒸气带走，上升蒸气夹带的三甘醇的精馏柱顶部回流段冷凝后重新进入重沸器，未被冷凝的蒸气则由精馏柱顶部的管线进入灼烧炉被烧掉，避免污染环境。

再生的三甘醇贫液经过重沸器内的堰板（挡板）进入缓冲罐（器），然后通过甘醇循环泵进入吸收塔，开始新的循环过程。

（三）自动控制系统

自动控制系统用于脱水装置的自动调节与控制，是保证脱水装置安全、高效、平稳运行所必需的，包括仪表风、调节器及相关设备、备用电源等。

脱水装置自动控制系统的仪表风一般有两种形式，采用净化天然气或压缩气作为执行气气源。

采用净化天然气作为执行气气源相对简单，将引出的干气节流降压后，经过分离器过滤、脱硫、干燥后进入仪表风分配罐，再进入各个气动调节阀。

采用压缩空气作为执行气气源时，空气压缩机将空气压缩至 0.4~0.7MPa，经过冷冻式干燥器以及精细过滤器除去水分后进入仪表风分配罐，再进入各个气动调节阀。

（四）备用电源系统

备用电源系统主要用于停电时向脱水装置的机泵、自动控制系统等提供持续合格的电源，保证脱水装置连续运行，一般包括动力机组（柴油机组、天然气机组）、发电机（将动力机组提供的动力转换为电能）、自动转换开关（ATS、在市电与备用电源间自动切换）。

四、三甘醇脱水流程主要的工艺设备

（一）原料气分离器

原料气分离器用于分离原料气中烃类及夹带的固体或液滴，如砂子、管线腐蚀产物、烃类及井下作业用的化学药剂等。常用的有卧式和立式，且大多数情况下安装有过滤器。对于脱水装置而言，出现的问题大多数是由于原料气没有充分过滤、分离所导致的，因此原料气的过滤、分离尤为重要。

影响三甘醇性能常见的 5 种污染物是：

（1）游离水：会增加三甘醇循环量、重沸器的热负荷和燃料费用。

（2）油或烃类：有游离水存在的情况下，溶解的油会导致三甘醇溶液发泡；不溶解的油会在换热器等热交换表面结焦，同时会增加三甘醇的黏度。

（3）带入的盐水：盐溶解于三甘醇中腐蚀管材，特别是不锈钢，容易导致重沸器火管腐蚀穿孔。

（4）添加剂：如缓蚀剂、酸化压裂液等，这些物质容易引起三甘醇发泡、脱水装置腐蚀以及对火管造成热蚀。

（5）固体杂质：如砂、腐蚀产物等，这些固体引起发泡，侵蚀阀门和泵，堵塞塔板和填料。

（二）吸收塔

吸收塔是吸收法脱水装置的核心设备，图 3-4-12 是三甘醇脱水装置的板式吸收塔，一般有 4~12 个塔盘，塔盘间距一般为 610~760mm。吸收塔由底部的涤气段（重力分离段）、中部的传质或干燥段等顶部的甘醇冷却和捕雾器段组成。湿天然气切向进入塔底部的涤气段，由下而上，与自上而下的三甘醇进行逆流接触，最后变为干气经塔顶出塔。塔顶的捕雾器确保天然气尽量少夹带三甘醇。

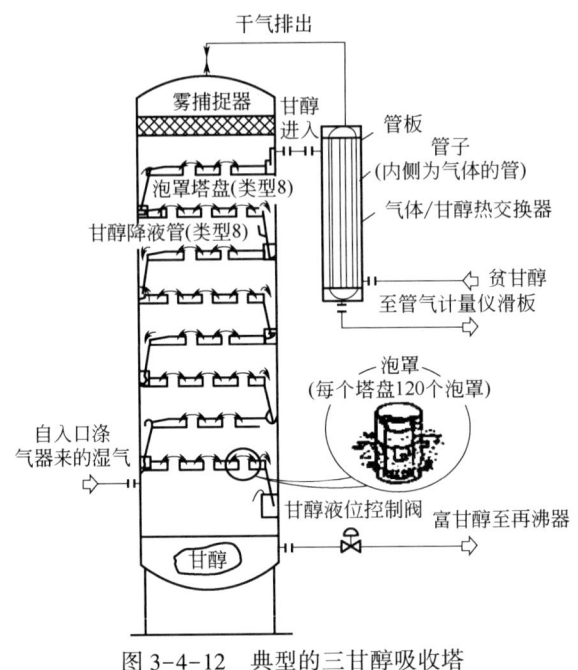

图 3-4-12 典型的三甘醇吸收塔

（三）闪蒸罐

在三甘醇吸收水分过程中，较重的烃类不可避免地部分溶解于三甘醇溶液中，此时可应用两相和三相分离器进行闪蒸分离。闪蒸罐的作用就是闪蒸出溶解在三甘醇溶液中的烃类，防止三甘醇溶液发泡。三甘醇溶液在闪蒸罐中必须有足够的停留时间，以确保溶液中的烃类能尽可能地被闪蒸掉。同时闪蒸罐的压力一定要保证三甘醇能流过下游的设备（如换热器和过滤器等）。

（四）过滤器

过滤器的作用是除去三甘醇溶液中固体颗粒和溶解性的杂质。溶液中的固体含量应低于 0.01%（质量分数），以防止磨损泵、堵塞换热设备、污染塔盘或填料、导致溶液发泡。

常用过滤器有固体过滤器（机械过滤器）和活性炭过滤器。前者内装有纤维制品等制成的滤芯，工艺流程中安装在闪蒸罐之后。后者内装有活性炭颗粒充填的滤芯，用于除去溶液中的溶解性杂质，安装在固体过滤器之后。溶液在活性炭过滤器中应保证 15~20min 的停留时间，以确保处理效果。

（五）甘醇泵

甘醇循环泵是脱水装置唯一的转动部件，它将贫三甘醇溶液从低压升为高压并进入吸收塔。常用甘醇循环泵有 3 种驱动方式：高压气体驱动、高压液体驱动、电动。没有三甘醇循环，脱水装置就无法进行天然气脱水，为此应安装两台三甘醇循环泵，互为备份，以确保脱水装置的顺利运行。

（六）换热器

三甘醇脱水装置，其换热器一般包括气体-贫液换热器和贫-富液换热器。

气体-贫液换热器用于出塔干气与入塔三甘醇贫液加热，目的是降低贫液的入塔温度，因为较高的贫液入塔温度会导致较多的三甘醇被天然气夹带而损失，必须保证贫液入塔温度略高于吸收塔的温度（近似等于天然气的入塔温度），否则过低的贫液入塔温度会造成烃类在吸收塔内冷凝而引起三甘醇发泡。

三甘醇贫-富液换热器一般安装在再生塔（精馏柱）底部和缓冲罐内部，目的是控制闪蒸罐和过滤器的三甘醇富液温度，并回收三甘醇贫液的热量，使富液升温至148℃左右，以减轻重沸器的热负荷。

（七）再生釜

三甘醇再生釜主要由再生塔、重沸器、缓冲罐组成。一般将上述3种设备组合在一起。再生釜的作用是加热富三甘醇溶液，使其中所含的水分被蒸发掉，从而提浓富三甘醇溶液，使之成为贫三甘醇溶液，完成三甘醇的再生。

五、三甘醇再生工艺流程

三甘醇脱水工艺中，其吸收部分大致相同。不同的是三甘醇的再生部分，一直以来三甘醇脱水工艺的改进均以提高三甘醇贫液浓度、增大露点降为目的。提高三甘醇的贫液浓度的办法主要有以下3种。

（一）减压再生

减压再生是降低再生塔的操作压力，以提高三甘醇溶液的浓度。此法可将三甘醇提浓至98.5%（质量分数）以上。但减压系统比较复杂，限制了该法的应用。

（二）气体汽提

气体汽提是将三甘醇溶液同热的汽提气接触，以降低溶液表面的水蒸气分压，使三甘醇浓度提浓到98.5%（质量分数）以上。此法是目前三甘醇脱水工艺中应用较多的再生方法，其流程如图3-4-13所示。为防止汽提气产生污染，含有汽提气的再生气被引入一小型灼热炉灼热后排空。

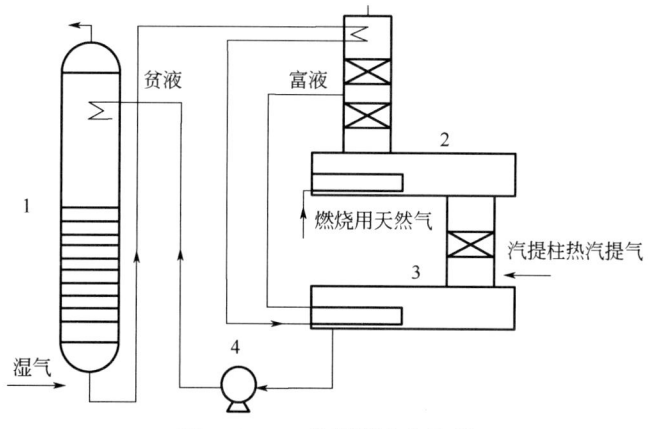

图3-4-13　汽提再生产流程

1—脱水吸收塔；2—再生釜；3—换热器；4—三甘醇循环泵

(三) 共沸再生

该法采用共沸剂与三甘醇溶液中残留水形成低沸点共沸物汽化，从再生塔塔顶流出，经冷凝冷却后，进入共沸物分离器分离，除去水后共沸剂再生泵打回重沸器。共沸剂应具有不溶于水和三甘醇，与水能形成低沸点共沸物，无毒，蒸发损失小等性质，最常用的异辛烷。共沸再生流程如图 3-4-14 所示。

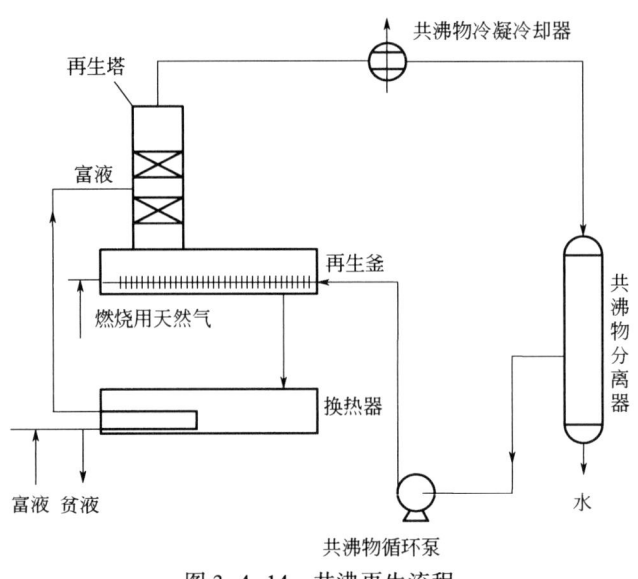

图 3-4-14 共沸再生流程

该法可将三甘醇溶液提浓至 99.99%（质量分数），干气露点可低达-73℃。共沸剂在闭路中循环，损失小，无大气污染，和汽提再生比较，节省了有用的汽提气。

六、工艺操作条件

影响三甘醇脱水装置操作的主要因素是吸收塔的操作条件、三甘醇贫液浓度和三甘醇循环量。其中三甘醇贫液浓度是最关键的因素。

(一) 吸收塔的操作条件

吸收塔的操作条件主要是指吸收塔的操作压力和温度，以及塔内气液的接触方式。

时间表明，吸收塔的操作压力小于 17MPa 时，塔顶流出干气的露点温度基础上和吸收塔操作压力无关。

吸收塔的操作温度对出塔干气露点有影响，由于三甘醇脱水吸收塔内液相负荷小，液体进塔后经 1~2 块塔板，气液温度即相近，可以认为吸收塔的有效吸收温度等于进料天然气温度。

与入三甘醇贫液相平衡的天然气中的平衡水含量是出塔气体所能达到的理论最低水含量。在操作中，因为各种原因，出塔干气的实际露点降比平衡状态下的露点高 8~11℃，增加甘醇吸收塔的塔板数，可以使得塔顶流出干气的露点更接近于平衡水露点。但塔板数增加，会增加设备投资。使用圆形泡罩塔盘时，塔板数大多数取 6~10 块。

（二）三甘醇贫液浓度

进入吸收塔塔顶的三甘醇贫液浓度和温度是影响脱水效率的关键因素。为了达到较大的露点降，要求有较高的三甘醇贫液浓度和适宜的温度。图 3-4-15 是吸收塔塔顶流出的干气平衡水露点温度同进湿气温度及进吸收塔的贫三甘醇溶液浓度的关系图。已知进塔湿气温度和欲达到的干气露点温度，即可确定必需的贫三甘醇溶液浓度。

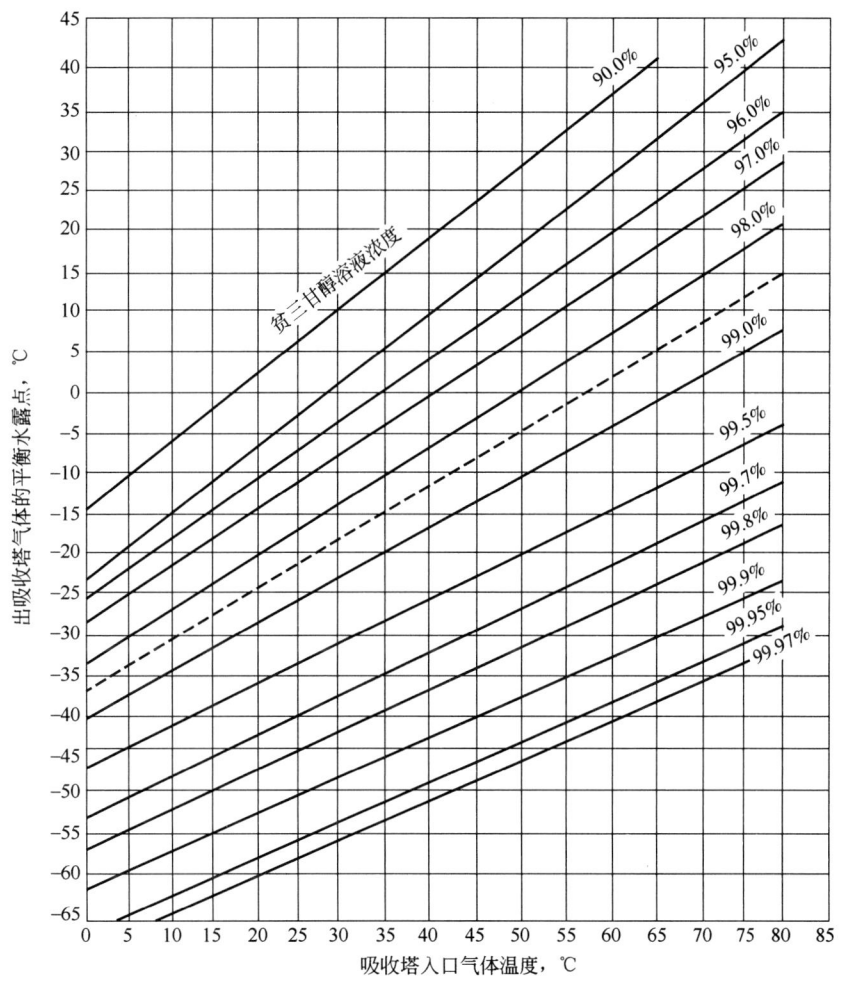

图 3-4-15　吸收塔操作温度、进塔贫三甘醇浓度和流出的干天然气的平衡水露点关系

虚线表示 204℃，101.325kPa 下再生塔中产生的贫三甘醇溶液的浓度

（三）三甘醇溶液循环量

图 3-4-16 是吸收塔为 1 个理论板（实际每块塔板效率为 25%，约等于 4 块实际板数）时，实验测得的贫三甘醇溶液浓度、溶液循环量和露点的关系。由图 3-4-16 可见，当循环量超过一定值时，曲线趋于平缓，即增加溶液循环量，露点降变化不大。在管输天然气含水量要求的范围内（至少低于最低环境温度 5℃），循环量一般为每脱出 1kg 天然气所含水分，需要三甘醇贫液 25~60L。这是比较经济的循环量范围。

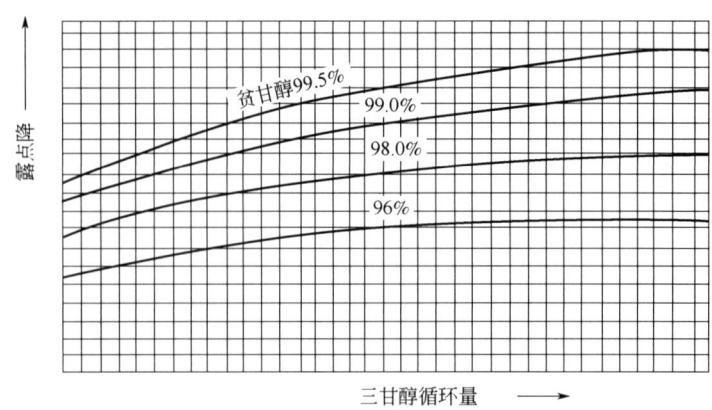

图 3-4-16　三甘醇溶液循环量、贫甘醇溶液浓度和露点降的关系（基于一个平衡塔板）

第四节　固体吸附脱水工艺

一、吸附脱水原理

吸附是指用多孔性的固体吸附剂处理气体混合物，使其中所含的一种或数种组分吸附于固体表面，从而达到分离的目的。吸附作用分两种情况：一种是物理吸附，是固体和气体的相互作用力不强，类似凝缩，引起这种吸附所涉及的力同引起凝缩作用的范德华分子凝聚力相同，称为物理吸附；另一种是化学吸附，被吸附的气体需要在很高的温度下才能逐出，且释放出的气体已发生化学变化。物理吸附是一可逆过程，而化学吸附是不可逆的。

目前用于天然气脱水的多为固定床物理吸附。含水蒸气的天然气通过吸附剂床层时，水蒸气按不同比例被吸附，当含水天然气由上而下流动时，水蒸气被吸附段前边的吸附剂所吸附。随着吸附过程的进行，吸附段沿床层向下移动，直到吸附浓度达到床层出口时，吸附层不再吸附水蒸气，气体中的水蒸气含量进口浓度和出口浓度相等。

用吸附法除去气体中的水蒸气，当吸附剂的吸附达到饱和时。一般要将吸附剂再生后继续使用。升温脱吸是工艺上常用的再生方法．这是基于所有干燥剂的湿容量都随温度升高而降低这一特点实现的。通常采用一种经过预热的解吸气体来加热床层，使被吸附物质的分子脱吸，然后再用载体气将它们带出吸附器，这样就可使吸附剂再生。吸附剂再生所需的热量由载体气带入吸附床，一般吸附剂的再生温度为 175~260℃。

二、吸附剂

天然气脱水使用的吸附剂主要有活性氧化铝、硅胶、分子筛等。

（一）活性氧化铝

活性氧化铝的主要组分是部分水化的、多孔和无定型的氧化铝，并含有其他金属化合物。

（二）硅胶

工业上使用的硅胶多为颗粒状，分子式为 $SiO_2 \cdot nH_2O$，它具有较大的孔隙率。硅胶吸附水蒸气的性能好，具有较高的化学稳定性和热稳定性。但硅胶与液态水接触时易炸裂。

（三）分子筛

分子筛是一种能人工合成的无机吸附剂，是具有骨架结构的碱金属或碱土金属的硅铝酸盐晶体，其分子式如下：

$$M_{2/n}O \cdot Al_2O_3 \cdot xSiO_2 \cdot yH_2O$$

其中，M 表示某些碱金属或碱土金属离子，如 Li、Na、Mg、Ca 等；n 表示 M 的化合价数；x 表示 SiO_2 的分子数；y 表示水的分子数。

分子筛表面具有较强的局部电荷，因而对极性分子和不饱和分子有很强的亲和力。水是强极性分子，分子直径为 0.27~0.31nm，比通常使用的分子筛孔径小，所以分子筛是干燥气体的优良吸附剂。在天然气脱水过程中，分子筛作为吸附剂的优点是：

（1）具有很好的选择吸附性。分子筛能按照物质的分子大小进行选择吸附。一定型号的分子筛其孔径大小一样，只有比分子筛孔径小的分子才能被分子筛吸附，大于分子筛孔径的分子就被"筛去"。经分子筛干燥后的气体，含水量可达 0.1~10mg/L，可以将天然气干燥后的露点降到很低。

（2）具有高效吸附性能。分子筛在低水汽压、高温、高气体线流速等条件下，仍然保持较高的湿容量，因而分子筛适用于天然气的深度脱水。

三、吸附法脱水工艺流程

天然气吸附法脱水装置多为固定床吸附塔。为保持脱水操作的连续性，在工艺上至少需要两个吸附塔。工业生产中常常采用双塔或三塔流程，两塔流程中，一塔进行脱水运行，另一塔进行吸附剂的再生和冷却。在三塔流程中，一般是一塔脱水，一塔再生，另一塔冷却。

图 3-4-17 为吸附法脱水的典型流程。原料气自上而下流过吸附塔，一定时间后，进行吸附剂再生。再生气可以用干气或原料气，再生气在气体加热炉内用蒸汽或燃料气直接加热到一定温度后进入吸附塔进行再生。当床层出口气体温度升至预含水天然气设定温度时，再生完毕。当床层温度冷却到要求温度时，又可开始下一循环的吸附。

四、吸附法脱水操作

（一）吸附操作

（1）操作温度。为使吸附剂能保持高湿容量，除分子筛外，气田吸附剂温度不宜超过 38℃，最高不超过 50℃，否则应使用分子筛作吸附剂。

（2）操作压力。压力对吸附剂影响甚微，因此，吸附操作压力可由系统压力确定。吸附剂使用寿命取决于原料气的性质和操作情况，一般为 1~3 年。

（二）再生操作周期

在装置处理量、进口气湿量和干气露点确定后，再生产周期主要取决于吸附剂的填装量和湿容量。同时，应考虑吸附塔要有足够的再生和冷却时间。

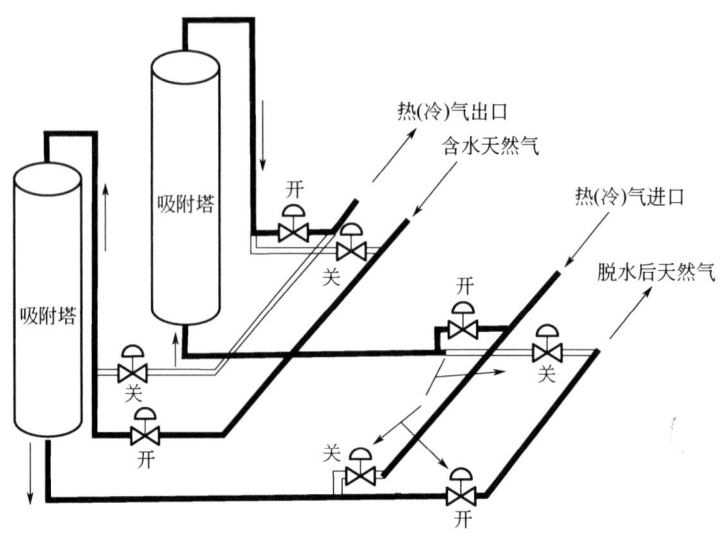

图 3-4-17　吸附法脱水的典型流程

(三) 吸附剂水容量 (动态吸附容量)

常用吸附剂水容量（动态吸附容量）如表 3-4-3 所示。

表 3-4-3　常用吸附剂水容量（动态吸附容量）

活性氧化铝	4~7kg H_2O/100kg 吸附剂
硅胶	7~9kg H_2O/100kg 吸附剂
分子筛	9~12kg H_2O/100kg 吸附剂

第五节　脱水工艺的选择

天然气脱水常用的方法有溶剂吸收法和固体吸附法两种。现场使用较多的是三甘醇吸收脱水和分子筛吸附脱水（图 3-4-18）。三甘醇法用于一般要求的场合，分子筛则用于深度脱水的场合。

一、吸附法脱水

(一) 吸附法脱水的优点
(1) 水后气体中水含量可低于 1mg/L，露点降可达 -70℃ 以下。
(2) 对进料气的温度、压力、流量变化不敏感，操作弹性大。
(3) 操作简单，占地面积小。

(二) 吸附法脱水的缺点
(1) 对于处理量大的大型装置，设备投资大，操作费用高。
(2) 气体压降大于溶剂吸收法脱水。
(3) 吸附剂使用寿命短，一般使用 1~3 年就需要更换。
(4) 能耗高，处理量小时更为明显。

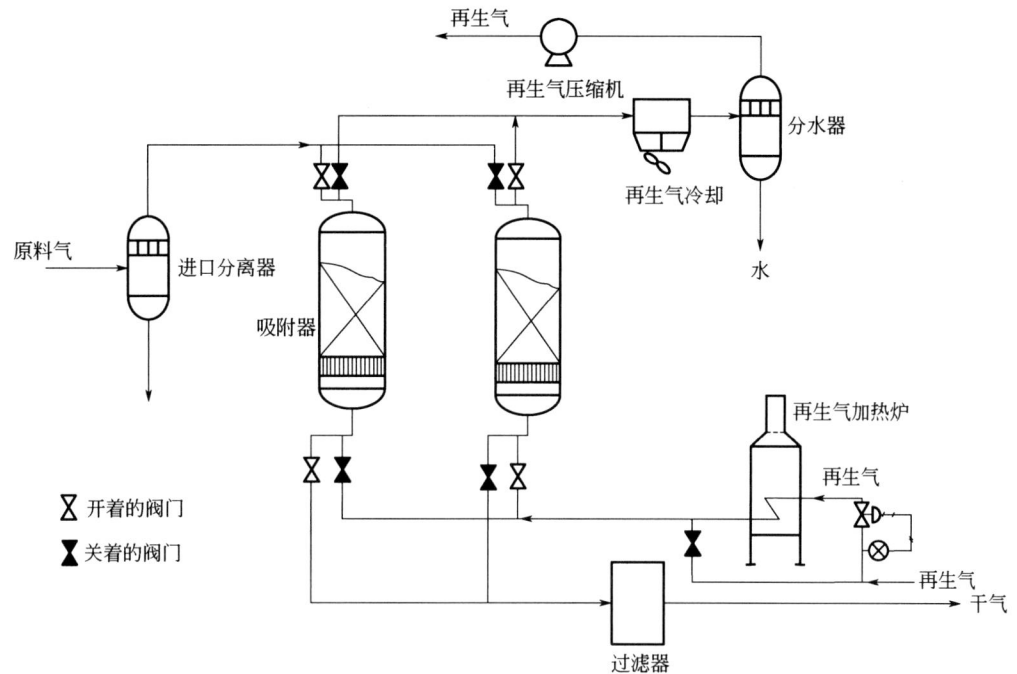

图 3-4-18　分子筛吸附脱水流程图

二、三甘醇吸收法脱水

(一) 三甘醇吸收法脱水的优点

(1) 能耗小，操作费用低。

(2) 处理量小，可做成橇装式，结构紧凑占地面积小，搬迁和移动方便，预制化程度高，制造价低。

(3) 三甘醇使用寿命长，损失量小，成本低。

(4) 脱水后干气露点可达-30℃左右，能满足天然气输送要求。

(二) 三甘醇吸收法脱水的缺点

(1) 干气露点不能满足深冷回收轻烃凝液的要求。

(2) 原料气中含有轻质油时，甘醇溶液易起泡，破坏吸收。

第五章 采（集）气基层管理

学习要点

1. 掌握现值法基本概念及计算公式。
2. 掌握班组经济核算及班组经济活动的相关知识。
3. 掌握井、站管理的基本内容。

第一节 天然气生产管理

天然气生产中经济技术指标关系到企业的效益。为了获得好的经济效益必须对气田开发方案和在天然气生产中进行经济技术指标的综合分析和评价，以利于选择最佳生产方案和获得最大的效益。否则容易因盲目投资造成决策失误、管理不善，甚至导致企业亏损。

一、现值法用于气田开发中经济技术分析的优点

现值法的实质是将一个企业基本建设阶段的一切支出及投产后逐年所获得的利润，均折算成现金值来衡算该企业经济效益的大小。用动态观念来计算经济效益，充分考虑了时间因素及利率的作用、建设时期的长短、先后投资的大小、逐年的盈利与亏损、总投资和总利润净度值等，通过计算机处理，便可求得经济技术指标。进行综合评价后，就可迅速有效地选出最佳方案。

在天然气生产中，总投资额、稳产年限、稳产期末采出程度、稳产期末净现值、开发方案实施方结束时总采出程度、累计净现值为对比优先的核心指标。

二、现值法计算经济技术指标的公式及各参数的意义

经济技术指标计算式为：

$$B = \sum_{p=1}^{N} \frac{I_p}{(1+i)^p} + \sum_{p}^{N} \frac{R_p - D_p}{(1+i)^p} \tag{3-5-1}$$

式中 B——p 年后的纯利润折现值（净现值），等于公式右边前项投资折现值和后项利率折现值的代数和；

I_p——p 年内固定投资支出，主要由钻井投资、气田地面建设投资、基层单位装备费及地面设施投产试运费组成，其中钻井投资最大；

R_p——p 年内的采气收入（气、油、硫黄等的产量乘单价）；

D_p——p 年内采气成本、增压成本、气井酸化压裂成本及税金等构成；

N——开发年限（产能建设阶段起到正式方案实施结束止）；

i——资金利率（按国家规定的企业资金利率决定）。

三、天然气生产中常用经济技术指标的计算方法

（一）配产偏差率

为准备检查、衡量气藏开采的合理性、均衡性，气藏在试采期间其偏差率应小于1%。正式开采期间，对开发规模在日产气 $100×10^4 m^3$ 以下气藏，配产偏差率小于2%；开发规模在日产气 $100×10^4 m^3$ 以上的气藏，其配产偏差率不大于1.5%。凡遇有上级部门同意增加（减少）气量，包括因增大（减少）日产气量和增加（减少）开井时间造成的产量增加（减少）部分都应在季度配产气量中加上（减去）后再参加计算。

$$气藏配产气量 = 日配产气量 × 考核期配产天数 \quad (3-5-2)$$

$$配产偏差率 = \frac{气藏采气量 - 气藏配产气量}{气藏配产气量} × 100\% \quad (3-5-3)$$

（二）气井利用率

气井利用率就是在报告期内生产井与计划开井数流比，计算公式为：

$$气井利用率 = \frac{实际开井数}{已投产井数 - 计划关井数} × 100\% \quad (3-5-4)$$

（三）采气时率

采气时率是将报告期内气井的实际生产时间与可能利用的时间对比，以反映气井按规定应生产的时间实际被利用的程度，计算公式为：

$$采气时率 = \frac{采气井实际生产小时之和}{投产气井数 × 日历时间(h) - 计划关井时间(h)} × 100\% \quad (3-5-5)$$

当月生产在24h以上的井称为开井生产井，计划关井指气藏因关井复压和指令性关井。

气井利用率要求在90%以上，采气时率要求在95%以上。

（四）天然气商品率

天然气商品率是在报告期内销售的天然气量与井口天然气生产气量之比，计算公式为：

$$天然气商品率 = \frac{累计输用户气量(10^4 m^3)}{累计井口生产气量(10^4 m^3)} × 100\% \quad (3-5-6)$$

（五）天然气生产自耗率

天然气生产自耗率是在报告期内生产天然气所消耗的天然气量与同期生产的天然气量之比，计算公式为：

$$天然气生产自耗率 = \frac{生产自耗气量(10^4 m^3)}{累计井口生产气量(10^4 m^3)} × 100\% \quad (3-5-7)$$

（六）天然气损耗率

天然气损耗率是在报告期内生产过程中的放空气量和在输送中的损耗（即输差）与累计井口生产气量之比，计算公式为：

$$天然气损耗率 = \frac{放空气量(10^4 m^3) + 输差气量(10^4 m^3)}{累计井口生产气量(10^4 m^3)} × 100\% \quad (3-5-8)$$

(七) 天然气生产用电单耗

天然气生产用电单耗是在报告期内生产天然气所消耗的电量与生产的天然气量之比，计算公式为：

$$天然气生产用电单耗 = \frac{生产气耗电量}{天然气生产量} \qquad (3-5-9)$$

(八) 天然气综合用电单耗

天然气综合用电单耗是在报告期内单位总耗电量与报告期内单位所生产天然气量之比，计算公式为：

$$天然气综合用电单耗 = \frac{总耗电量}{天然气生产量} \qquad (3-5-10)$$

(九) 采气工人实物工人劳动生产率

用工业产品实物量计算劳动生产率，一般称为实物劳动生产率。

采气工人实物工人劳动生产率是指直接参加采气生产的第一线采气工在单位时间内生产的天然气量与参加生产的工人的平均人数之比，计算公式为：

$$采气工人实物工人劳动生产率 = \frac{天然气生产数量(km^3)}{生产工人(包括学徒工)平均人数(人)} \qquad (3-5-11)$$

(十) 全员劳动生产率

全员劳动生产率就是不变价的工业总产值与全部职工平均人数之比。它有利于促进企业在提高工人劳动效率的同时，改进工作方法。计算公式为：

$$全员劳动生产率(元/人) = \frac{不变价格工业总产值(元)}{全部职工平均人数(人)} \qquad (3-5-12)$$

四、班组经济核算

班组经济核算是企业内部经济核算的基础，是企业依靠广大员工，人人当家理财，对企业全面管理的有效办法。它的特点是由班组工人直接从事核算工作，了解企业经济效益的变化酒、对国家的贡献、自身的利益等，有利于激发和调动员工生产的积极性。

(一) 产量完成指标

$$产量计划完成率 = \frac{实际完成产量数}{计划产量数} \times 100\% \qquad (3-5-13)$$

$$超产(欠产)数 = 实际完成数 - 计划完成数 \qquad (3-5-14)$$

(二) 质量指标

$$资料全准率 = \frac{合格数据总量}{赢取数据总量} \times 100\% \qquad (3-5-15)$$

$$全准率升(降)数 = 实际合格率 - 计划合格率 \qquad (3-5-16)$$

(三) 劳动指标

$$劳动出勤率 = \frac{实际出勤工日(工时)数}{制度工作日(工时)} \times 100\% \qquad (3-5-17)$$

$$定额工时完成率=\frac{实际完成定额工时率}{计划完成定额工时数}\times100\% \quad (3-5-18)$$

$$出勤工时利用率=\frac{制度内实际生产工时(工日)数}{出勤工时(工日)数}\times100\% \quad (3-5-19)$$

（四）材料、能源消耗指标

（1）工具、材料实际消耗量（折合元）。

$$工具、材料消耗升(降)量=实际消耗量-计划消耗量 \quad (3-5-20)$$

（2）水、电、气实际消耗量（折合元）。

$$水、电、气消耗升(降)量=实际消耗量-计划消耗量 \quad (3-5-21)$$

（3）办公、维修费用实际消耗量（元）。

$$办公、维修费升(降)量=实际消耗量-计划消耗量 \quad (3-5-22)$$

（4）修旧利废节约量（折合元）。

（五）设备管理指标

$$设备完好率=\frac{设备完好量}{设备总量}\times100\% \quad (3-5-23)$$

（六）安全环保指标

安全环保指标包括安全无事故生产天数、环境保护概况等。

五、班组经济活动分析

指标计算、图表制作完成以后，就应进行对比分析以利于查明问题，找出差距，查明原因，制定措施、挖掘潜力，改进工作。通过分析，全面地评价班组的经济效果，充分调动班组成员的经济管理积极性。

（一）分析的形式

1. 日常分析

日常分析指班组对各项经济技术指标的完成情况经常分析研究，及时发现和解决存在的问题和薄弱环节，具有经常、及时、收效快的特点。

2. 定期分析

定期分析通常是全面综合分析。班组根据规定的日期（周末、旬末、月末、季末、年终等），对班组本期的生产、技术、消耗各项核算资料以及调查研究得来的资料进行汇总、比较分析和全面系统的综合评价。

3. 专题分析

专题分析指班组对经济活动中发生的某些重大问题或某个关键问题，专门进行深入细致的分析研究。它的特点是重点突出、课题集中、深入浅出、不受时间限制，比较机动灵活，可以广泛利用各种资料。专题分析是班组及时发现和解决生产、技术、管理工作中的关键问题和薄弱环节的一个重要手段。

（二）分析的内容

分析的内容应包括生产、消耗、节约、超支等几个方面。

1. 生产分析

首先要对产量、质量等主要指标完成情况进行分析，其次要对劳动力、设备、材料等进行分析。分析影响产量、质量的主要因素、影响程度和产生影响的原因，并提出今后的工作计划、技术、组织措施。

2. 劳动分析

主要分析劳动的组织、劳动力的配备及使用情况，如出勤、缺勤、劳动生产率升降等情况。

3. 原材料、燃料、动力分析

主要分析消耗定额的执行情况和消耗量的变动情况，找出造成节、超的原因和改进措施。

4. 安全生产分析

以"安全第一，预防为主，综合治理"为方针，主要分析安全生产中存在的问题，找出克服不安全因素的措施，做到安全生产无事故，确保经济技术指标的完成。

（三）分析的基本步骤

（1）制订计划，拟定提纲。

（2）按照分析计划和提纲，收集资料，掌握情况。

（3）提出问题，找出差距。

（4）写出报告，制定措施。

班组经济分析的最终目的，就是要通过周密的分析之后，将分析资料整理成文字、图表，对班组的经济活动做出实事求是、恰如其分的评价，并提出针对性的改进意见、努力方向，以指导今后的工作。

（四）分析的具体方法

1. 比较分析法

比较分析法又称比较法和对比法，它是利用指标数据进行分析，以便找出差距、发现问题的常用方法。这种方法一般是把本期的实际完成数据与计划数据、前期数据、同行业先进班组数据进行对比，以便找出差距，发现问题，吸取经验教训，充分发掘内部潜力，赶超先进。

2. 因素分析法

因素分析法又称联锁取代法，就是对各项指标的因果关系进行分析。影响计划完成情况的因素是多种多样、错综复杂并且互相联系、相互制约的。在运用因素分析法时，要在假定其他因素不变，只是其中某个因素变动的情况下逐一进行分析和取代，最后才能分别确定各个因素对计划完成结果的影响程度。

3. 百分率分析法

百分率分析法是将各项经济指标的实际数与计划数进行对比求出完成百分率，借以观察其计划完成情况，进而发现和挖掘增产节约潜力的一种常用分析方法。

4. 实地调查分析法

实地调查分析法是在数字分析的基础上，对客观经济现象发生和完成的实际地点以及有关的人和事，进行生动具体的观察了解，进行思维、判断、推理，并得出结论，找出问题，提出有效改进措施的一种分析方法。这种分析方法，可以对数字分析的结果加以验证、补充和修正，使结论更为准确和符合实际。

5. 动态分析法

动态分析法也称指数分析法，它是基于对事物总是在不断发展变化的这一认识，为了及时掌握班组经济活动的发展变化趋势，来研究观察产量、成本、盈亏等的动态趋势分析的结果。可列表计算百分数，并画成"柱状图""曲线图"等形式，予以直观表示。

第二节　井、站管理

一、气井的交接

完钻测试证明有工业价值的气井，由钻井（或试油）单位完井后交采气单位接收，气井交接时，切忌糊涂交接，要做到资料、设备、井下情况清楚，必须达到如下要求。

（1）固井质量合格。

（2）井内质量合格（无落物、无堵塞、油管下至规定位置）。

（3）井口装置齐全清洁，材质、试泵合格（含硫气井应符合抗硫要求）。

（4）井场清洁整齐。

（5）工程、地质资料齐全准确。必须移交以下资料：固井资料，井身结构图，井口装置图，地质分层，钻井（试油、气）中事故处理及井身质量，油、气、水显示及漏失情况资料，下井油套管的规格、长度、材质、试压记录，测试结果和目前井下情况，并填写交接书。

（6）交接辅助设备、生活设施和其他有关问题时，经双方研究协商，由主管部门同意后执行。

（7）由交接双方和主管部门有关人员到现场验收交接，经双方同意后在交接书上签字。

（8）凡有下列情形之一者，生产单位有理由不接井：

① 采气树阀门或各部位连接处有漏气，特别是属无控制的部位。

② 套管试泵不合格，圆井内有漏气现象。

③ 油管断落、堵塞，套管破裂，井下窜气和不能进行正常采气者。

④ 含硫较高的气井，而所使用的油管套管和井口装置不符合抗硫要求者。

以上情况应进行处理，待处理合格后，方可进行交接。

（9）生产单位接井后应建立井史。

（10）当气井需进行修井等措施时，由生产单位交修井（或钻井）单位，办理简单的交接手续。修井结束，由修井单位交生产单位，也办理同样的手续。

二、采（集）气设备的管理

（1）使用前的管理工作。安装后的井站设备使用前必须经过强度试压和严密性试压，同时调校安全阀、校验仪表，由生产单位、设计和安装单位三方共同检查合格后方可交付使用。

压力容器（包括分离器、计量设备、锅炉汇管、缓冲剂罐、化排罐等）在交付使用前必须对每台容器进行编号、登记。建立受压容器技术档案。档案中应包括合格证、质量证明书、登记卡片、修理和按期检验、测厚记录等。

受压容器使用前，要根据生产工艺要求和容器的技术性能制定安全操作规程，并严格执行。

（2）生产单位由主管领导、技术人员、班组长组成设备管理小组，负责本单位采气设备、输气管线、机泵、电器等设备的管理。

（3）坚持每年对采输、机泵、电器等设备进行安全质量大检查，进行受压容器内外部检验测厚，并做好记录。根据检查情况，提出能否使用的结论或注意事项。对硫化氢腐蚀严重的气井，必须按规定定时、定量加入缓蚀剂。

长期不动的阀门（包括井口阀门），每半年必须检查、开关活动一次；用于调节的节流阀必须有开度盘。

所有地面场站设备均应防腐。

井站要书写一些醒目的标语，如"安全生产""气井重地、严禁烟火""严格执行操作规程"等。要配备一定数量的消防设施，包括灭火器、消防砂、铲、桶等。

（4）对设备的使用规定是使用机电设备实行"四定"：定人、定机、定岗、定保养制度，做到台台设备有人管。

严格执行操作规程，安装要做到平、正、稳、直、劳、全、保质保量，经试运转不漏、不渗、不跳、不摆，禁止超温、超压、超速、超负荷运行。

对设备的使用者，要求做到"三懂四会"。"三懂"是：懂设备原理、懂设备结构、懂设备性能。"四会"是：会操作、会检查、会维护保养、会排除故障。

非岗位人员严禁操作。岗位人员严格执行操作规程。

（5）采输设备要经常维护保养，按照"十字"作业内容，做到"一准、二灵、五不漏"。

① "十字"作业内容。

清洁：设备所用的油、水及设备内部要清洁；各种储油罐、油箱、油的进出口要加滤网过滤；各种设备的油道、油箱、油池内无油垢、油泥等；加油容器（油盆、油桶、油壶、油枪）要有专人管理。

润滑：实行定人（落实到岗位）、定质（什么设备加什么油）、定时（按规定时间加油）、定量（即每次加多少油）、定点（即加油部位）的"五定"润滑制度。

调整：对连接件进行相应的调整。

扭紧（紧固）：对设备不应松动的部位，要经常检查、固牢。

防腐：橡胶配件严禁汽油漫泡，要求所有设备内外防腐良好，无腐蚀和防腐层脱落现象。

② "一准、二灵、五不漏"的内容。

一准：计量准确，型号合理，调校正确，误差小。

二灵：各类阀门、调校及安全装置灵活可靠，开关中无卡、堵、跳动等不良现象，通信设备畅通。

五不漏：不漏油、不漏电、不漏气、不漏脂、不漏水。

三、集输管线的管理

(1) 管线交付。集输管线在设计时应做到技术上先进，经济上合理，施工和生产管理方便。一般应设置清管装置，线路分水器和线路阀室等，以利于维修管线和排除管内积水。有条件的地方也可设置阴极保护站。

管线在交付使用时，施工单位提供如下资料：管道敷设竣工图，线路构筑物竣工图，钢材焊接机械性能报告单，管线施工技术资料汇总表，原材料检查、试压记录，管线试压记录，隐藏工程验收记录，阀门检查试压记录，防腐、绝缘沥青化验记录，河流、铁路、公路穿越和管道线路安装详图，土地征用详图和污染赔偿情况表。

竣工资料经有关单位签字后存档。

(2) 生产单位、站应配备专职或兼职人员按期进行"三线"（气管线、水管线、通信线）巡逻，确保输气管线不积水，输电安全，电话畅通。巡逻人员应具体做到"五清""七无"，并做好巡逻记录。

五清：管线走向清，管线埋深清，管线规格清，管线腐蚀情况清，管线周围地形、地物、地貌清。

七无：明管跨越无锈蚀，检查头、里程桩无缺损，管线内无积水，管线阴极保护无空白，管线绝缘无损坏，管线两侧 5m 内无深根植物，堡坎护坡无垮塌。

(3) 根据管线运行情况，每年或每半年对管线进行清管作业，排除管内污物和积水。

管线巡逻人员应严格执行岗位责任制，定期检查沿线构筑物（阀室、分水器、收发球装置等）运行的可靠程度，维护好线路安全。同时宣传安全知识，搞好群众关系，防止坏人破坏。

(4) 各生产单位、井站，根据需要应配备一定数量的管线维修力量（包括人员和机具设备）。在管线出现故障时，立即进行检修。

理论知识模拟试题及答案

模拟试题一

一、单项选择题（每题有4个选项，只有1个是正确的，请将正确选项填入括号内，每题1分，共25分）

1. 背斜由（　　）组成。
   A. 核部、翼部较老岩层
   B. 核部、翼部较新岩层
   C. 由核部较老、翼部较新的岩层
   D. 由核部较新、翼部较老的岩层
2. 总断距在断面倾斜方向上的投影是（　　）。
   A. 走向断距　　B. 倾向断距　　C. 水平断距　　D. 垂直断距
3. 下列试井方法中属于产能试井的是（　　）。
   A. 干扰试井　　B. 等时试井　　C. 压力恢复试井　　D. 脉冲试井
4. 下列气藏类型中按地质构造特征和压力系统分类的是（　　）。
   A. 多裂缝系统气藏　　　　　　B. 水驱气藏
   C. 气驱气藏　　　　　　　　　D. 弹性水驱气藏
5. 对于气层岩石不紧密、易坍塌的气井，工作制度应采取（　　）。
   A. 定井底渗滤速度制度　　　　B. 定井壁压力梯度制度
   C. 定井口（井底）压力制度　　D. 定井底压差制度
6. 井底有明显的裂缝显示，水显示阶段短（两年以下）；出水时，水量突然增加很多，一般每日几十立方米以上；出水时井底压力较高；关井后，水退回地层。具有以上特征属于（　　）。
   A. 水锥型出水　　　　　　　　B. 横向水窜型出水
   C. 阵发型出水　　　　　　　　D. 断裂型出水
7. 哈里伯顿井口安全系统的气路包括（　　）三部分。
   A. 执行气路、控制气路、泄放气路　　B. 执行气路、切断气路、控制气路
   C. 执行气路、切断气路、泄放气路　　D. 控制气路、调压气路、泄放气路
8. 在轻烃吸附分离法中，用来吸附可吸附组分的固体物质称为（　　）。
   A. 脱附　　B. 吸附　　C. 吸附质　　D. 吸附剂
9. 按照工艺过程要求对需要控制的参数值是否变化和如何变化，自动调节可分为（　　）三类。

A. 定值调节、程序调节、随动调节　　B. 定值调节、随动调节、跟踪调节
C. 程序调节、随动调节、跟踪调节　　D. 定值调节、程序调节、函数调节

10. 按腐蚀作用机理，金属腐蚀实质上可分为（　　）。
A. 化学腐蚀和电化学腐蚀　　B. 化学腐蚀和细菌腐蚀
C. 蒸汽腐蚀和细菌腐蚀　　　D. 大气腐蚀和土壤腐蚀

11. 三甘醇吸收脱水工艺主要由（　　）两部分组成。
A. 甘醇吸收塔和甘醇再生　　B. 分离部分和脱水部分
C. 脱水部分和闪蒸部分　　　D. 甘醇吸收塔和闪蒸罐

12. 电动差压变送器中电磁反馈机构的作用是（　　）。
A. 将变送器输出的电压转换成为相应的负反馈力矩，并作用于副杠杆上，与测量部分的输入力矩相平衡
B. 将变送器输出的电流转换成为相应的负反馈力矩，并作用于副杠杆上，与测量部分的输入力矩相平衡
C. 将变送器输出的电流作用于副杠杆上，与测量部分的输入电流相平衡
D. 将变送器输出的电量作用于副杠杆上，与测量部分的输入电量相平衡

13. 强度试压介质用水时，水不应有腐蚀性，不应含有机或无机脏物，pH值应为（　　）。
A. 5.0~8.0　　B. 6.0~8.0　　C. 6.0~7.5　　D. 5.5~7.5

14. 场站使用的安全阀按其工作原理可分为（　　）四种。
A. 爆破式、杠杆式、弹簧式、导阀式　　B. 开放式、杠杆式、弹簧式、导阀式
C. 爆破式、开放式、弹簧式、导阀式　　D. 爆破式、杠杆式、弹簧式、开放式

15. 某气井稳定试井求得产气方程 $A=0.00209$，$B=0.0014$，地层压力为26.738MPa（在求产气方程式时，压力单位为MPa，产量单位为 $10^4 m^3/d$），该井无阻流量为（　　）。
A. $713.9×10^4 m^3/d$　　B. $713.9×10^3 m^3/d$
C. $695.4×10^4 m^3/d$　　D. $659.7×10^3 m^3/d$

16. 在一定管理条件下，一定期限内管道系统不发生故障的可能性称为（　　）。
A. 输气管道的故障频率　　B. 输气管道无故障运转率
C. 输气管道的利用率　　　D. 输气管道的输送率

17. 在气井生产过程中，未动操作，油压突然下降，套压下降不明显，其原因可能是（　　）。
A. 井壁垮塌形成堵塞　　B. 边（底）水窜入油管内
C. 油管断裂　　　　　　D. 环空堵塞

18. 利用压降储量图进行动态预测，可求得（　　）。
A. 生产 t（d）时的累计产量　　B. 到 t（d）时的井底压力和套压
C. 气藏可采储量　　　　　　　D. 产量递减率

19. 脱水的目的是将湿天然气中的饱和水脱除，以获得在管输压力下（　　）露点的干天然气。
A. 0℃　　B. -2℃　　C. -5℃　　D. -10℃

20. 普通螺纹牙型代号为（　　）。
    A. M B. G C. ZG D. T
21. 机械制图中，（　　）用虚线表示。
    A. 齿轮的齿根线　　　　　　B. 不可见轮廓线
    C. 假想投影轮廓线　　　　　D. 不可见过渡线
22. 图例⊖表示（　　）。
    A. 压力表 B. 工业水银温度计 C. 双金属温度计 D. 液位计
23. 金属导体电阻的大小与（　　）无关。
    A. 导体长度 B. 导体截面积 C. 外界电压 D. 材料性质
24. 压力越高，则物质的自燃点（　　）。
    A. 越高 B. 不变 C. 越低 D. 不确定
25. 当空气中甲烷含量增加到（　　）时，会使人感到氧气不足，因缺氧窒息而失去知觉，直到死亡。
    A. 10% B. 8% C. 6% D. 4%

二、判断题（对的画"√"，错的画"×"，每题1分，共25分）

（　）1. 翼角指褶曲两翼的交角。
（　）2. 岩层变形时曲率越大的地方，张应力越集中。
（　）3. 孔隙性是指岩石具有孔隙、孔洞、裂缝等空间的一种特性。孔隙度是评价储层好坏的主要标志。
（　）4. 在渗流体系中，每一空间点的运动参数都不随时间而改变，这样的流动称为不稳定渗流。
（　）5. 单井压降储量法适用于所有气藏。
（　）6. 气层中流体所承受的压力称为原始地层压力。
（　）7. 油吸收法就是用不同相对分子质量的吸收油作为吸收剂将天然气中欲回收组分形成溶液，然后再解析出来。
（　）8. 膨胀机的制冷量就是它对外做功所消耗的天然气的能量。
（　）9. 在一定的压力与温度下，一定量的吸附剂所吸附的吸附质的量是一定的，称为吸附量。
（　）10. 天然气的脱水也是输气管线的防腐措施之一。
（　）11. 在含硫气田上，所用的法兰必须用20号钢采用模锻加工而制成。
（　）12. 球阀壳体强度试验，必须在半开状下进行。
（　）13. 天然气多级压缩机只有1级气缸的变化才对排气量有直接影响，而在中间级或末级改变气缸直径将引起压比的重新分配，对排气量虽有影响，但影响不大。
（　）14. 气井生产制度不合理，也是造成气井（藏）产量递减的因素之一。
（　）15. 气藏评价的任务是探明气田，搞清气田地下的基本情况。

( ) 16. 酸化、压裂都是通过提高地层的渗透率达到增产目的的。
( ) 17. 在机械制图中，不论图形使用多大的比例，填写的尺寸数字应该是实际零件的尺寸，尺寸单位一律为毫米。
( ) 18. 机械制图中，可见过渡线用细实线表示。
( ) 19. 机械制图中，齿轮的齿根线用虚线表示。
( ) 20. 同一装配图中的同一零件的剖面线应方向相间、间隔相等。
( ) 21. 机件的图形按正投影法绘制，并采用第一角投影法。
( ) 22. 尺寸线终端采用箭头形式，适用于各种类型的图样。
( ) 23. 熔断器对略大于负载额定电流的过载保护是十分可靠的。
( ) 24. 各种金属、碳、石墨的溶液都是导体。
( ) 25. 测电路电压时，电压表在电路中要串联。

三、简答题（每题4分，共36分）

1. 现代试井技术包括哪三方面内容？
2. 有边水、底水的气藏气井，出水早、迟主要受哪些因素影响？
3. 什么是自动化仪表的变送器，采气工艺中主要的变送器有哪些种类？
4. 影响金属硫化氢腐蚀的因素是什么？
5. 请比较说出乙二醇和二甘醇两种脱水剂的优点。
6. 1151系列压力变送器的工作原理是什么？
7. 编制井站及输气管项目建议书主要包括哪些内容？
8. 适宜进行酸化压裂的井（层）应具备哪些条件？
9. 什么是集成电路？

四、计算题（每题7分，共14分）

1. 某气井井深 $L=2750m$，油管采气。套管压力 $p_c=19.500MPa$（绝），天然气的相对密度为0.57。求近似井底压力（$e^{0.194}=1.2141$，$e^{0.195}=1.2153$，$e^{0.196}=1.2165$，$e^{0.197}=1.2177$）。

2. 甲站至乙站一条 $\phi 630mm \times 7mm$、长70km 的输气管线，甲站压力为2MPa（绝），乙站压力为1MPa（绝），准备在压力下降至1.5MPa（绝）处设置1个监测点，求监测点到甲、乙两站的距离。

模拟试题一答案

一、单项选择题

1. C   2. B   3. B   4. A   5. B   6. D   7. A   8. D   9. A   10. A
11. A 12. B 13. C 14. A 15. B 16. B 17. B 18. C 19. C 20. A
21. B 22. A 23. C 24. C 25. A

二、判断题

1. ×　正确答案：翼角是指褶曲两翼岩层与水平面的夹角。　2. √　3. √　4. ×　正确答案：在渗流体系中，每一空间点的运动参数都不随时间而改变，这样的流动称为稳定渗流。　5. ×　正确答案：单井压降储量法适用于采出程度大于10%的封闭气藏。　6. ×　正确答案：气层中流体所承受的压力称为地层压力。　7. √　8. √　9. √　10. √　11. √　12. √　13. √　14. √　15. √　16. √　17. √　18. ×　正确答案：机械制图中，可见过渡线用粗实线表示。　19. ×　正确答案：机械制图中，齿轮的齿根线用细实线表示。　20. √　21. √　22. √　23. ×　正确答案：熔断器对负载额定电流应是最大额定电流的120%。　24. √　25. ×　正确答案：测电路电压时，电压表在电路中要并联。

三、简答题

1. （1）用高精度测试仪表测取准确的试井资料。（2）用现代试井解释方法解释试井资料，得到更可靠的解释结果。（3）测试过程控制、资料解释和试井报告编制的计算机化。

2. （1）井底距原始气水界面的高度。在相同条件下，井底距气水界面越近，气层水到井底的时间越短。（2）气井生产压差越大，气层水到达井底的时间越短。（3）气层渗透性及气层孔缝结构。如气层纵向大裂缝越发育，底水达到井底的时间越短。（4）边底水水体的能量与活跃程度。

3. 变送器就是能将被测的某物理量按照一定的规律转换成另一种已知并能被检测的标准化物理量的转换装置。采气工艺中主要有压力变送器、温度变送器、液位变送器等类型。

4. 影响硫化氢腐蚀的因素有硫化氢浓度、pH值、温度、压力、液体烃类等。同时在硫化氢等腐蚀性介质存在的情况下，烃—水相和气—液相界面对钢材产生严重的局部腐蚀。但必须指出，含硫天然气腐蚀性的决定因素是天然气中硫化氢的分压，而不仅是硫化氢的浓度。

5. 乙二醇的优点：（1）在水合物冰点降相同的条件下，乙二醇注入量比二甘醇少。（2）乙二醇比二甘醇对烃类的溶解度小且受芳香烃的影响小。（3）乙二醇比二甘醇容易分离。

二甘醇的优点：（1）二甘醇比乙二醇的蒸气压低，再生时蒸发汽化损失小。（2）在同样浓度（70%~90%）范围内，相同的再生温度下，再生的二甘醇比乙二醇更纯。

6. 操作期间，隔离膜片探测和传送过程压力到填充油，然后该液体传送过程压力至 δ 室的中心传感膜上。压力的不同使传感器膜片产生偏移。其最大偏移量为0.1mm，并正比于过程压力。传感膜片两侧的电容极板检测膜片的位置，通过变送器的电子部分将传感膜片与电容极板之间不同的电容值转换为一个二进制4~20mA直流信号和一个HART数值信号。

7. （1）现有设备，集输管线的概况。（2）项目提出的背景和依据。（3）技改后的工艺技术，主要设备及建设规模。（4）技改地点，线路走向，布置方案。（5）项目构成，设计方案，配套工程。(6)环境保护、防震等要求。(7)实施计划和进度要求。(8)投资估算。(9)投资效果和社会效益。(10)结论。用各项数据论述大修技术改造项目在技术、经济方面的可行性，以及存在问题和建议。

8. 钻进过程中有井溢、井喷；测井资料解释是气层；储层是区域性的产层；邻井是气井，但测试时气产量低。有一定产量，但压力分析资料说明井底有堵塞现象。完井测试产量远远低于钻井中途测试时的产量。气层套管固井质量好，内径规则，能下入封隔器等井下工具。具备以上情况的井，应先考虑进行酸化解堵，再根据解堵后的测试资料确定下一步措施。

9. 将晶体管、电阻器、电容器及其连接导线等整个线路集中制作在一块小的半导体基片上，这种电路所有元件成为不可分割的整体，并能完成特定功能的电子电路，称为集成电路。

四、计算题

1. 解：近似井底压力计算公式：

$$p_{wf} = p_{wh} e^{1.251 \times 10^{-4} GL}$$

油管采气视套管压力为井口压力，即 $p_{wh} = 19.500$（MPa）。
代 $G = 0.57$，$L = 2750$m 入公式得：

$$p_{wf} = 19.5 e^{1.251 \times 10^{-4} \times 0.57 \times 2750} = 23.722(\text{MPa})$$

答：该井近似井底压力为 23.722MPa。

2. 解：设压力降为 1.5MPa 的位置距离甲站为 $x$km。根据管线沿途压降公式有：

$$p_x = \sqrt{p_1^2 - \frac{(p_1^2 - p_2^2)x}{L}}$$

$$x = \frac{p_1^2 - p_x^2}{p_1^2 - p_2^2} L = \frac{2^2 - 1.5^2}{2^2 - 1^2} \times 70 = 40.8(\text{km})$$

监测点离乙站的距离 = 70 - 40.8 = 29.2（km）
答：监测点距甲站的距离为 40.8km，距乙站距离为 29.2km。

模拟试题二

一、单项选择题（每题有 4 个选项，只有 1 个是正确的，请将正确选项填入括号内，每题 1 分，共 25 分）

1. 褶曲在平面上的分类有（   ）。
   A. 穹隆，鼻状构造，短轴褶曲，长轴褶曲
   B. 直立褶曲，倒转褶曲，翻转褶曲，平卧褶曲
   C. 扇形褶曲，斜歪褶曲，倒转褶曲，鼻状构造
   D. 穹隆，平卧褶曲，短轴褶曲，长轴褶曲

2. 渗透率的单位是（　　）。
   A. μm^2　　　　B. cp　　　　　　C. m　　　　　　D. m/s

3. 下列气井特点不适合稳定试井的是（　　）。
   A. 渗透性好　　　　　　　　B. 已安装输气管线
   C. 产量不能在短时间内达到稳定　　D. 压力能在短时间内达到稳定

4. 下列气藏类型中按气水分布不同划分的是（　　）。
   A. 气驱气藏　　　　　　　　B. 边水和底水气藏
   C. 水驱气藏　　　　　　　　D. 均质气藏

5. 对处于稳产期、产层岩石胶结紧密的无水气井应采用的工作制度是（　　）。
   A. 定井底渗滤速度制度　　　B. 定井壁压力梯度制度
   C. 定井口（井底）压力制度　　D. 定产量制度

6. 夹在同一气层层系中的薄而分布面积不大的水称为（　　）。
   A. 层间水　　　B. 底水　　　　C. 边水　　　　D. 下层水

7. 有一定自喷能力的小产水量气井，最大排水量为 $100m^3/d$，最大井深为 2500m 左右，这种气井采用（　　）工艺为佳。
   A. 优选管柱排水采气　　　　B. 泡沫排水采气
   C. 气举排水采气　　　　　　D. 游梁抽油机排水采气

8. 根据天然气中各组分在吸收油中溶解度不同，而使不同烃类得以分离的方法称为（　　）。
   A. 吸附法　　　B. 吸附分离法　　C. 油吸法　　　D. 油吸收法

9. 自动调节仪表按调节规律不同可分为（　　）。
   A. 比例调节器、比例积分调节器、比例微分调节器和比例积分微分调节器
   B. 正作用调节器、比例积分调节器、比例微分调节器和比例积分微分调节器
   C. 负作用调节器、比例积分调节器、比例微分调节器
   D. 比例调节器、积分调节器、微分调节器

10. 在金属有限面积上集中了比较深和大的损坏部分，这种金属腐蚀破坏类型属于（　　）。
    A. 坑点腐蚀　　B. 选择性腐蚀　　C. 溃疡腐蚀　　D. 不均匀腐蚀

11. 下列哪种三甘醇溶液提浓方法能使三甘醇溶液提浓最高（　　）。
    A. 减压再生　　B. 气体气提　　C. 共沸再生　　D. 以上三种都一样

12. 电动温度变送器是由（　　）两大部分构成。
    A. 测量桥路和毫安转换器　　B. 测量桥路和热电偶
    C. 测量桥路和热电阻　　　　D. 热电偶和毫安转换器

13. 管线最大强度试压压力，一级地区内的管线不应小于最大工作压力的（　　）倍。
    A. 1.1　　　　B. 1.25　　　　C. 1.4　　　　D. 1.5

14. 站场设备中 TZY-4K 是（　　）。
    A. 楔式单闸板阀　　　　　　B. 弹簧式安全阀
    C. 自力式调压阀（气开式）　　D. 自力式调压阀（气闭式）

15. 采气速度是指（　　）。
　　A. 采气量与生产时间之比　　　　B. 累计采气量与地质储量之比
　　C. 年采气量与地质储量之比　　　D. 累计采气量与生产时间之比
16. 气井测压率是指（　　）。
　　A. 实际测压井数与计划测压井数之比　B. 实际测压井次与计划测压井数之比
　　C. 实际测压井次与计划测压井次之比　D. 实际测压井数与计划测压井次之比
17. 在气井生产过程中，氯离子含量上升，气井产量下降，其原因是（　　）。
　　A. 凝析水在井筒形成积液
　　B. 压力和水量变化不大，可能是出边水、底水的预兆
　　C. 井壁垮塌
　　D. 油管堵塞
18. 造成气井（藏）产量递减的主要地质因素是（　　）。
　　A. 地层压力下降　　B. 边水进入　　C. 地层水活动　　D. 双重介质的差异性
19. 在采输气工程中，常用（　　）表示饱和含水量。
　　A. 露点　　　　B. 冰点　　　　C. 湿度　　　　D. 溶解度
20. 公称直径½in右旋圆锥管螺纹，用螺纹代号（　　）表示。
　　A. M20×1.5　　B. G½in　　C. ZG½in　　D. T20×1.5
21. 机械制图中，（　　）用波浪线表示。
　　A. 范围线　　B. 断裂处的边界线　　C. 视图的分界线　　D. 节圆及节线
22. 下列物质（　　）是绝缘体。
　　A. 金属　　　B. 橡皮　　　C. 石墨溶液　　　D. 碳溶液
23. 两根平行载流导体，在通过的电流方向相同时，两导体将呈现出（　　）。
　　A. 吸引
　　B. 排斥
　　C. 既不吸引又不排斥
　　D. 先吸引后排斥
24. 易燃易爆的场所应选择（　　）灯具作为露天照明使用。
　　A. 开启型　　B. 密闭型　　C. 防水型　　D. 防爆型
25. 如需进入容器检修，应先进行介质置换或吹扫，当容器内氧气含量大于18%，H_2S含量小于（　　）时，才允许作业，并佩戴空气呼吸器。
　　A. $5mg/m^3$　　B. $10mg/m^3$　　C. $15mg/m^3$　　D. $20mg/m^3$

二、判断题（对的画"√"，错的画"×"，每题1分，共25分）

（　）1. 顶是背斜在剖面上最高的隆起部分。
（　）2. 偏斜角是断层分类的补充标志。
（　）3. 一般地说，绝对孔隙度小于有效孔隙度。
（　）4. 符合达西定律的渗流又称为非线性渗流。
（　）5. 压降法计算储量是利用物质平衡原理。
（　）6. 由于地球内热力场的作用，不同地区的地层，相同的深度，其地层温度可能不同。

(　　) 7. 根据天然气中各组分在吸收油中溶解度不同，而使不同烃类得以分离的方法称为吸附分离法。

(　　) 8. 膨胀机法的效率高、经济效益好，但过程复杂。

(　　) 9. 当吸附速度与脱附速度相等时，便达到了吸附平衡。

(　　) 10. 使用高级孔板阀的优点是可不用系统旁通，从而消除了因旁通内漏而影响计量准确度的现象。

(　　) 11. 制定集输流程的技术依据主要来自气田开发方案、近期收集的有代表性的气井动态资料两方面的资料数据。

(　　) 12. 对输气量较大、压力变化不大的输气干线采取增压措施时，宜选用离心式压缩机。

(　　) 13. 安全阀的开启压力应调为工作压力的 1.15~1.2 倍。

(　　) 14. 根据递减指数 n 值的变化，$n<0$，属一次型递减类型。

(　　) 15. 井网布置和气井的接替对于稳产和递减有重要的影响。

(　　) 16. 压裂酸化主要用在低渗透率的碳酸盐岩气层。

(　　) 17. 在机械制图中，轮廓线、轴线、中心线、尺寸界线不可作为尺寸线使用。

(　　) 18. 机械制图中，螺纹的牙底线用虚线表示。

(　　) 19. 机械制图中，假想投影轮廓线用细点画线表示。

(　　) 20. 由不同材料嵌入或粘贴在一起的成品，用其中主要材料的剖面符号表示。

(　　) 21. 视图一般只画机件的可见部分，必要时才画出其不可见部分。

(　　) 22. 图例——▮——表示绝缘法兰。

(　　) 23. 电动机等机电设备机组关闭 30min 内允许重新启动机组。

(　　) 24. 绝缘体在一定条件下也可能转化为导体。

(　　) 25. 云母、陶瓷、石蜡等都是绝缘体。

三、简答题（每题 4 分，共 36 分）

1. 何谓气井稳定试井？
2. 气井出水，多数气井都存在哪三个明显阶段？其特征是什么？
3. SCADA 主要由哪些部分组成？
4. 金属土壤腐蚀的特点是什么？
5. 为什么长距离输送天然气之前，必须脱除天然气中的水汽？
6. 气液分离宜采用重力分离器，选择立式重力分离器和卧式重力分离器的原则是什么？
7. 简述往复式压缩机的工作原理。
8. 气举阀排水采气的基本原理是什么？连续气举装置主要有哪三种？
9. 什么是基尔霍夫第二定律？

四、计算题（每题 7 分，共 14 分）

1. 某气井井深 $L=2000\text{m}$，油管采气。套管压力 $p_c=18\text{MPa}$（绝），地热增温率 $M=$

41.5m/℃，天然气井口温度 $t_0 = 15℃$，井筒天然气平均压缩因子 $Z = 0.8113$，天然气相对密度为 0.57，求 2000m 处的压力。

2. 试分析如果保持输气管线长度 L，起点压力 p_1，终点压力 p_2，天然气温度 T，相对密度 Δ 不变，而改变管径 D，对管线输气量 Q 的影响。

模拟试题二答案

一、单项选择题

1. A　2. A　3. C　4. B　5. D　6. A　7. A　8. D　9. A　10. C
11. C　12. A　13. A　14. C　15. C　16. C　17. B　18. A　19. A　20. C
21. C　22. B　23. A　24. D　25. B

二、判断题

1. √　2. √　3. ×　正确答案：一般地说，绝对孔隙度大于有效孔隙度。　4. ×　正确答案：符合达西定律的渗流又称为线性渗流。　5. √　6. √　7. ×　正确答案：根据天然气中各组分在吸收油中溶解度不同，而使不同烃类得以分离的方法称为油吸收法。　8. ×　正确答案：膨胀机法的效率高、经济效益好、过程简单。　9. √　10. √　11. √　12. √　13. ×　正确答案：安全阀的开启压力应调为工作压力的 1.05~1.1 倍。　14. √　15. √　16. √　17. √　18. ×　正确答案：机械制图中，螺纹的牙底线用细实线表示。　19. ×　正确答案：机械制图中，假想投影轮廓线用双点画线表示。　20. √　21. √　22. √　23. ×　正确答案：电动机等机电设备机组关闭 30min 内不允许重新启动机组。　24. √　25. √

三、简答题

1. 气井的稳定试井，就是通过改变气井的工作制度，即改变井底回压，待生产中流动达到稳定时，测取稳定的井口压力、气量、水量，然后求出产气方程式和气井的无阻流量，从而了解气井产能大小的方法。该方法又称系统试井或常规回压法试井。该方法适用于中高产、渗透性好，且安装了输气管线的气井。

2.（1）预兆阶段：其特征为气井水中氯离子含量上升，压力、气产量、水产量无明显变化。（2）显示阶段：水量开始上升，井口压力、气产量波动。（3）出水阶段：气井出水增多，井口压力、产量大幅下降。

3. SCADA 系统主要由站控系统、调度控制中心主计算机系统和传输通信系统三大部分组成。

4. 土壤腐蚀的特点：土壤腐蚀具有多相性；土壤具有毛细管多孔性；土壤具有不均匀性；土壤具有相对的固定性。

5.（1）防止液态水生成固体水化物而堵塞管线。（2）避免液态水和杂质在管道中局部积聚而降低输气量。（3）避免天然气中的硫化氢和二氧化碳等酸性气体溶于水后，腐蚀管线内壁。(4) 脱降水汽尽可能减少输气能量的损失。

6. (1) 液量较少，要求液体在分离器内的停留时间较短，宜采用立式重力分离器。(2) 液量较多，要求液体在分离器内的停留时间较长，宜采用卧式重力分离器。(3) 气、油、水同时存在，并需进行分离时，应采用三相卧式分离器。

7. 往复式压缩机由曲柄连杆机构将驱动机的回转运动变为活塞的往复运动。汽缸和活塞共同组成实现气体压缩的工作腔，活塞在气缸内做往复运动，使气体在气缸内完成进气、压缩、排气等过程。由进气阀、排气阀控制气体进入与排出汽缸，气体在被压缩过程中压力升高，因而实现对气体增压的目的。

8. 气举阀排水采气的原理是利用从套管注入的高压气，来逐级启动安装在油管柱上的若干个气举阀，逐段降低油管柱的液面，从而使水淹气井恢复生产。连续气举装置主要有：(1) 开式气举装置，适用于无封隔器完井。(2) 半闭式气举装置，适用于单封隔器完井。(3) 闭式气举装置，适用于单封隔器及固定球阀完井。

9. 对电路中任一闭合回路，按一定的方向绕行一周，其回路中各段电压的代数和等于零。

四、计算题

1. 解：井底压力计算公式：

$$p_{wf} = p_{wh} e^s$$

$$s = \frac{0.03415GL}{ZT}$$

根据 $\bar{T} = t_0 + \frac{L}{2M} + 273$ 得：

$$\bar{T} = 15 + \frac{2000}{2 \times 41.5} + 273 = 312(K)$$

将井筒平均温度 312（K）、井筒天然气平均压缩因子 $Z = 0.8113$，天然气相对密度 $G = 0.57$，代入公式 $s = \frac{0.03415GL}{ZT}$ 得：

$$s = \frac{0.03415 \times 0.57 \times 2000}{312 \times 0.8113} = 0.1538$$

$$e^s = e^{0.1538} = 1.1662$$

因油管采气，所以 $p_{wh} = p_c = 18.0$（MPa）

$$p_{wf} = p_{wh} e^s = 18.0 \times 1.1662 = 20.99(MPa)(绝)$$

答：该井 2000m 处的压力为 20.99MPa。

2. 解：假设管径变化前为 D_1，变化后为 D_2，根据公式：

$$Q = 5033.11 D^{\frac{8}{3}} \sqrt{\frac{p_1^2 - p_2^2}{\Delta ZTL}}$$

得管径变化前后的输气量 Q_1，Q_2：

$$Q_1 = 5033.11 D_1^{\frac{8}{3}} \sqrt{\frac{p_1^2 - p_2^2}{\Delta ZTL}}$$

$$Q_2 = 5033.11 D_2^{\frac{8}{3}} \sqrt{\frac{p_1^2 - p_2^2}{\Delta Z T L}}$$

将两式相除得到：$\dfrac{Q_2}{Q_1} = \dfrac{D_2}{D_1} = \dfrac{D_2^{\frac{8}{3}}}{D_1^{\frac{8}{3}}}$

由此看出，输气量与管径的 $\dfrac{8}{3}$ 次方成正比，当管径增加一倍，即 $D_2 = 2D_1$，则输气量 $\dfrac{Q_2}{Q_1} = 2^{\frac{8}{3}} \approx 6.3$。

模拟试题三

一、单项选择题（每题有4个选项，只有1个是正确的，请将正确选项填入括号内，每题1分，共25分）

1. 褶曲在横剖面上的分类有（　　）。
   A. 扇形褶曲，翻转褶曲，倒转褶曲，长轴褶曲
   B. 扇形褶曲，平卧褶曲，直立褶曲，斜歪褶曲
   C. 穹隆，扇形褶曲，翻转褶曲，倒转褶曲
   D. 鼻状构造，平卧褶曲，直立褶曲，斜歪褶曲

2. 岩石渗透性是指（　　）。
   A. 岩石储集流体能力　　　　　B. 岩石通过流体能力
   C. 岩石中孔洞大小　　　　　　D. 岩石含气体积与有效孔隙容积之比

3. 以下说法错误的是（　　）。
   A. 气藏常见的驱动类型有气驱、弹性水驱、刚性水驱
   B. 气驱气藏的单位压降采气量是常数
   C. 弹性水驱作用的强弱与采气速度无关
   D. 刚性水驱气藏必须有地面供水露头且水源充足

4. 压降法计算气田储量的公式是（　　）。
   A. $G_{Ci} = G f_g$
   B. $G = 0.01 A_g h_g \phi_e (1 - S_{wi}) \dfrac{T_{sc} p_i}{T p_{sc} Z_i}$
   C. $G = A_t F_{ag} H_{fg} S_{gf}$
   D. $G = \dfrac{G_p}{\dfrac{p_{f1}}{Z_1} - \dfrac{p_{f2}}{Z_2}} \dfrac{p_i}{Z_i}$

5. 深度每增加100m，地层温度升高的数量称为（　　）。
   A. 地温级率　　　　　　　　　B. 平均温度
   C. 地温梯度　　　　　　　　　D. 地热增温率

6. 井底流压取决于（　　）。
   A. 地层压力和渗流阻力　　　　　　B. 井口流动压力
   C. 原始地层压力　　　　　　　　　D. 关井最高井口压力
7. 弱喷及间喷产水井的排水，最大排水量为 120m³/d，最大井深为 3500m 左右，这种气井采用（　　）工艺为最佳。
   A. 优选管柱排水采气　　　　　　　B. 泡沫排水采气
   C. 气举排水采气　　　　　　　　　D. 活塞气举排水采气
8. 在计算机控制系统中，生产对象的各项参数，由传感变送器检测出并经多路开关、（　　）送入计算机。
   A. 数模转换　　B. 模数转换　　C. 控制器　　D. 执行器
9. 被调参数增加时，输出信号也增加的调节器是（　　）。
   A. 正作用调节器　　　　　　　　　B. 负作用调节器
   C. 反作用调节器　　　　　　　　　D. 比例调节器
10. 因其再生贫液浓度可达 98%~99%，露点降达到 33~47℃，在天然气脱水中被普遍采用的脱水剂是（　　）。
    A. 一甘醇　　B. 二甘醇　　C. 三甘醇　　D. 四甘醇
11. 天然气流量计算公式：$q_{vn}=A_{vn}CEd^2\varepsilon F_Z F_T F_G\sqrt{p_1\Delta p}$ 中，F_T 表示（　　）。
    A. 超压缩因子　　B. 流束膨胀系数　　C. 流动温度系数　　D. 相对密度系数
12. 气容在气动仪表中起的作用是（　　）。
    A. 缓冲和防止振荡　　　　　　　　B. 降压和限流
    C. 缓冲和降压　　　　　　　　　　D. 防止振荡和限流
13. 用于输送有应力腐蚀介质的碳素钢、合金钢管道的弯管，弯曲半径应大于（　　）倍公称直径，冷弯弯曲后应进行应力消除。
    A. 1.5　　B. 3　　C. 4　　D. 5
14. 分离器的作用是除掉天然气中的（　　）。
    A. 硫化氢　　B. 凝析油　　C. 水　　D. 液体和固体颗粒
15. 天然气采收率是指（　　）。
    A. 可采储量与生产时间之比　　　　B. 天然气采出量与原始地质储量之比
    C. 最终累计采气量与可采储量之比　D. 最终累计采气量与生产时间之比
16. 气井利用率=（　　）。
    A. $\dfrac{\text{实际开井数}}{\text{已投产井数}-\text{计划关井数}}\times 100\%$
    B. $\dfrac{\text{实际开井数}}{\text{已投产井数}}\times 100\%$
    C. $\dfrac{\text{实际开井数}}{\text{生产气井井数}}\times 100\%$
    D. $\dfrac{\text{已投产井数}}{\text{实际开井数}}\times 100\%$

17. 某气井生产一段时间后，发现油压等于套压，造成异常现象的原因是（   ）。
A. 井下油管在离井口不远的地方断落   B. 井底附近渗透性变好
C. 井筒的积液已排出   D. 环空堵塞

18. 根据递减指数 n 值的变化，$n=0$ 的递减类型属于（   ）。
A. 一次型   B. 指数型   C. 调和型   D. 视稳定型

19 对碳酸盐岩进行酸化增产措施常用的酸液是（   ）。
A. 盐酸   B. 土酸   C. 氢氟酸   D. 自生氢氟酸

20. 螺纹代号 ZG3/4in 表示（   ）。
A. 公称直径 3/4in，左旋圆柱管螺纹   B. 公称直径 3/4in，右旋圆柱管螺纹
C. 公称直径 3/4in，左旋圆锥管螺纹   D. 公称直径 3/4in，右旋圆锥管螺纹

21. 机械制图中，（   ）用粗实线表示。
A. 可见轮廓线   B. 辅助线   C. 可见过渡线   D. 分界线

22. 下列物质（   ）是导体。
A. 胶木   B. 玻璃   C. 盐溶液   D. 石蜡

23. 回路电压规定，回路中各段电压的代数和等于（   ）。
A. 各段电压相加   B. 零   C. 各段电压   D. 各段电压相减

24. 一般情况下，当压力增加时，可燃性气体混合物的爆炸极限的范围（   ）。
A. 不变   B. 扩大   C. 缩小   D. 不确定

25. 在现场抢救天然气中毒者先采取的急救措施是（   ）。
A. 在现场立即做人工呼吸
B. 立即求救于医院
C. 将中毒者立即脱离现场，并采取相应的抢救措施
D. 给中毒者打强心针

二、判断题（对的画"√"，错的画"×"，每题1分，共25分）

(   ) 1. 枢纽反映褶曲的延伸方向及褶曲的规模。
(   ) 2. 逆断层在钻井剖面中有地层缺失的现象。
(   ) 3. 气层的含气饱和性能用含气饱和度表示。
(   ) 4. 气井的稳定试井，目的是了解气井的生产能力和生产特性。
(   ) 5. 控制储量是编制气田开发方案、投资决策分析的依据。
(   ) 6. 地层温度每增加1℃时增加的深度称为地温梯度。
(   ) 7. 油吸收法系统复杂，运转费用高，能耗大，效益低，适用于无自然压能可以利用的场合。
(   ) 8. 管线阴极保护系统中，被保护管道的起端和终端须安装电绝缘装置。
(   ) 9. 脱除天然气中的水汽，既可提高输气管线的输气量，又可防止管内壁的腐蚀。
(   ) 10. 经清管试压后的管段，其相互连接的死口焊缝应经100%射线探伤并符合设计要求。
(   ) 11. 制定集输流程应遵循的技术准则：国家各种技术政策和安全法规；各种技术

标准和产品标准，各种规程、规范和规定；环保、卫生规范和规定。

（　　）12. 天然气压缩机增压，当吸气压力不变时，排气压力提高则功率增大。对于多级压缩机，则主要使末级及末级的前一级的功率增大，其他级的功率几乎不变。

（　　）13. 当油管内堵塞不严重时，可以通过对堵塞物进行酸蚀解堵。

（　　）14. 在弹性水驱气藏中，若采气速度大，气藏压力降低速度快，水体释放弹性能的速度跟不上气藏压力的降低速度，则弹性水驱作用就弱。

（　　）15. 根据每个工作制度开始时的地层压力，可以预测不同时期的地层压力。

（　　）16. 盐酸处理主要用于泥质含量高的砂岩气层。

（　　）17. 在设计机器或部件时，要先画出零件图，而后再根据符合机器或部件要求的零件图画出装配图。

（　　）18. 机械制图中，尺寸线及尺寸界线用细实线表示。

（　　）19. 相邻辅助零件一般不画剖面符号。

（　　）20. 用剖切平面完全地剖开机件所得的剖视图称为全剖视图。

（　　）21. 圆的直径的尺寸线的终端应画成箭头。

（　　）22. 图例——⌀——表示网状过滤器。

（　　）23. 倒闸操作的原则是：停电时先停电源闸，后停负荷侧，先拉闸刀，后拉开关；送电时则相反。

（　　）24. 云母、陶瓷、石蜡等都是绝缘体。

（　　）25. 绝缘体在一定条件下也可能转化为导体。

三、简答题（每题 4 分，共 36 分）

1. 气藏试采方案的主要内容是什么？
2. 何谓柱塞排水采气，其应用条件是什么？
3. SCADA 系统的区域调度中心的功能有哪些？
4. 什么是金属防腐缓蚀剂，主要包括哪些种类？
5. 吸附法脱水的优点及其缺点是什么？
6. 在气田的单井或多井集气站中，为什么很少或根本不用旋风式分离器？
7. 手动平板阀的操作注意事项有哪些？
8. 何谓气井的生产分析？
9. 什么是楞次定律？

四、计算题（每题 7 分，共 14 分）

1. 某井气层中部井深 $L=2528m$，天然气的相对密度为 0.573，井口常年平均温度 $T_0=18℃$，地热增温率 $M=41.5m/℃$，井筒天然气平均压缩因子 $Z=0.86$，原始地层压力 $p_0=26.988MPa$（绝），生产 1 年后，关井稳定的井口压力为 $p=20.54MPa$。该井年累计采气 $14381.5×10^4 m^3$，该气藏的地质储量为 $226×10^8 m^3$。求该气藏生产 1 年后的地层压力、该井区的单位压降采气量（单位压降取 1MPa）、当年的采气速度及采出程度。

2. 一条采气管线尺寸为 φ529mm×7mm，长 15km，已知管内天然气压力为 0.5MPa（绝），温度为 25℃，天然气压缩系数为 1，试计算管内天然气量。

模拟试题三答案

一、单项选择题

1. B   2. B   3. C   4. D   5. C   6. A   7. B   8. B   9. A   10. C
11. C 12. A 13. D 14. D 15. B 16. A 17. A 18. B 19. A 20. D
21. A 22. C 23. B 24. B 25. C

二、判断题

1. × 正确答案：轴线反映褶曲的延伸方向及褶曲的规模。 2. × 正确答案：逆断层在钻井剖面中有地层重复现象。 3. √ 4. √ 5. × 正确答案：探明储量是编制气田开发方案、投资决策分析的依据。 6. × 正确答案：地层温度每增加1℃时增加的深度称为地温级率（地热增温率）。 7. √ 8. √ 9. √ 10. √ 11. √ 12. √ 13. √ 14. √ 15. √ 16. × 正确答案：盐酸处理主要用于碳酸盐岩地层和胶结物以碳酸盐为主的砂岩地层。 17. × 正确答案：在设计机器或部件时，要先画出装配图，而后再根据装配图画出符合机器或部件要求的零件图。 18. √ 19. √ 20. √ 21. √ 22. √ 23. × 正确答案：倒闸操作的原则是：停电时先停负荷侧，后停电源闸，先拉开关，后拉闸刀；送电时则相反。 24. √ 25. √

三、简答题

1. 勘探简况；气藏地质特征；试采任务及试采区、试采井的选择；地质、动态资料的录取要求；试井计划；试采所需的采气工艺和净化、集输工程建设的要求等；凝析油回收方案和地层水的处理；气田的供水、供电、通信等设施的建设方案。

2. 柱塞气举排水采气是在油管内放入一个带阀的金属长柱塞，作为气液之间的机械面（起封隔作用，以防止气体上窜和液体下落），由地层和套管积蓄的天然气推动柱塞从井底上行，把柱塞之上的水排到地面。

应用条件是：（1）气井有足够的气量来举升柱塞排水。经验数据是举升 $1m^3$ 水到 2100m 高，需要有 $60m^3/min$ 的流量。（2）气井产气量在 $1.5×10^3/d$，可用高压高产排水装置；如压力低于 1.77MPa，宜用低压排水装置。（3）油管内径应一致，并用标准通径规通过。

3. SCADA 系统的区域调度中心的功能有：

（1）接受总调度中心的调度指令，查询要求，并返回执行情况和查询结果。（2）向总调度中心传送实时数据和历史数据。（3）采集实时数据，建立本区域中心的历史和实时数据库。（4）向被控站场发送遥调、遥控指令。（5）管网系统动态模拟显示，站场流程显示，趋势图显示。（6）报警及事件显示、打印、处理。（7）生产、销售及营运统计报表处理等。

4. 在腐蚀介质中加入少量某种物质，它能使金属的腐蚀速度大大降低，这种物质称为缓蚀剂或腐蚀抑制剂。主要包括阳极型缓蚀剂、阴极型缓蚀剂和混合型缓蚀剂三种类型。

5. 吸附法脱水的优点：脱水后气体中水含量可低于1mg/L，露点降可达-70℃以下；对进料气的温度、压力、流量变化不敏感，操作弹性大；操作简单，占地面积小。

吸附法脱水的缺点：对于处理量大的大型装置，设备投资大，操作费用高；气体压降大于溶剂吸收法脱水；吸附剂使用寿命短，一般使用三年就需要更换；能耗高，处理量小时更为明显。

6. 由于旋风式分离器对气流速度要求在特定范围内才能保证较高的分离效率，而气井的产气量和产液量均属多变，很难长期保持在分离器的最佳进口速度，因此很难实现高效分离。

7. （1）开关阀门，应按手轮上箭头指示的方向进行操作。（2）在排放阀体内的污水（物）时，应缓慢扭动螺塞，注意操作者不要正对螺塞，避免螺塞冲出伤人。（3）如果密封出现漏气，应全开闸阀，用油杯加注7901或7903密封脂，同时活动手轮。如果不能消除漏气，则应检修或更换新阀。（4）阀杆密封漏气，需要检查或更换填料时，必须把阀门关死（阀杆上升到最高位置），才能缓慢拆去阀盖上的检查螺钉进行检查和更换填料。（5）取阀板时，应旋转手轮缓慢提出阀板，不能损伤阀板和密封面以及阀杆，阀板应采用专门夹具夹住，以免擦伤阀板密封面。（6）各零部件先用无铅汽油浸泡，清洗干净后，再用酒精清洗阀板、阀座上的密封脂孔。

8. 气井生产分析是气井生产管理的重要手段，它是利用气井的静、动态资料，结合气井的生产史及目前生产状况，用数理统计法、图解法、对比法、物质平衡法和渗流力学等方法，分析气井的各项生产参数（地层压力、井底流动压力、油压、套压、输压、流量计静压、差压、气油比、水气比、日产气量、日产油量、日产水量及气井出砂量等）及其之间的变化原因，从而制定相应的措施，以便充分利用地层的能量，使气井保持稳产高产，提高气藏的采收率。

9. 闭合电路内的感应电流具有确定的方向，它所产生的磁通量总是阻碍原来磁能量的变化。

四、计算题

1. 解：$\bar{T} = T_0 + \dfrac{L}{2M} + 273 = 18 + \dfrac{2528}{2 \times 41.5} + 273 = 321.5(\text{K})$

生产1年后的地层压力：

$$p_f = pe^s$$

$$s = 0.03415 \dfrac{\Delta L}{ZT} = \dfrac{0.03415 \times 0.573 \times 2528}{0.86 \times 321.5} = 0.1789$$

$$p_f = 20.54 e^{0.1789} = 20.54 \times 1.196 = 24.566(\text{MPa})(\text{绝})$$

气藏的单位压降采气量：

$$\dfrac{\sum Q}{\Delta p} = \dfrac{\sum Q}{p_0 - p_f} = \dfrac{14381.5 \times 10^4}{26.988 - 24.566} = 5937.9 \times 10^4 (\text{m}^3/\text{MPa})$$

$$采气速度 = \frac{年采气总量}{地质储量} = \frac{14381.5}{22.6 \times 10000} = 6.4\%$$

$$采出程度 = \frac{累计采气总量}{地质储量} = \frac{14381.5}{22.6 \times 10000} = 6.4\%$$

答：该气藏生产1年后的地层压力为24.566MPa（绝），该井区的单位压降采气量为$5937.9 \times 10^4 \mathrm{m}^3/\mathrm{MPa}$，当年的采气速度为6.4%，采出程度为6.4%。

2. 解：已知：$L = 15\mathrm{km} = 15000\mathrm{m}$，$D = 529 - 14 = 515\mathrm{mm} = 0.515\mathrm{m}$，$p_绝 = 0.5\mathrm{MPa}$，$T = 273.15 + 15 = 298.15\mathrm{K}$，$Z = 1$。

（1）计算管子容积：$V_1 = \frac{\pi D^2 L}{4} = \frac{3.14 \times 0.515^2 \times 15000}{4} \approx 3123$（$\mathrm{m}^3$）

（2）计算标准状态 $p = 0.10133\mathrm{MPa}$，$t = 20℃$下的天然气体积，根据气态方程：

$$\frac{pV}{T} = \frac{p_1 V_1}{T_1 Z}, V = \frac{p_1 V_1 T}{p T_1 Z}$$

则：$$V = \frac{0.5 \times 3123 \times 293.15}{0.10133 \times 298.15 \times 1} \approx 15152(\mathrm{m}^3)$$

答：管内有天然气$15152\mathrm{m}^3$。

模拟试题四

一、单项选择题（每题有4个选项，只有1个是正确的，请将正确选项填入括号内，每题1分，共25分）

1. 褶曲的基本类型可分为（　　）两种，它们互相依存，共存于一个统一体中。
   A. 扇形褶曲、背斜褶曲　　　　　B. 倒转褶曲、向斜褶曲
   C. 倒转褶曲、翻转褶曲　　　　　D. 向斜褶曲、背斜褶曲

2. 岩石渗透性是指（　　）。
   A. 岩石储集流体能力　　　　　　B. 岩石通过流体能力
   C. 岩石中孔洞大小　　　　　　　D. 岩石含气体积与有效孔隙容积之比

3. 下列气井特点不适合稳定试井的是（　　）。
   A. 渗透性好　　　　　　　　　　B. 已安装输气管线
   C. 产量不能在短时间内达到稳定　D. 压力能在短时间内达到稳定

4. 下列气藏类型中按储层岩性划分的是（　　）。
   A. 构造气藏　　　　　　　　　　B. 砂岩气藏
   C. 边水气藏　　　　　　　　　　D. 均质气藏

5. 疏松的砂岩地层，为防止流速大于某值时，砂子从地层中产出，气井工作制度应采用（　　）。
   A. 定井底渗滤速度制度　　　　　B. 定井壁压力梯度制度
   C. 定井口（井底）压力制度　　　D. 定井底压差制度

6. 井底流压取决于（　　）。
   A. 地层压力和渗流阻力
   B. 井口流动压力
   C. 原始地层压力
   D. 关井最高井口压力

7. 有一定自喷能力的小产水量气井，最大排水量为 100m³/d，最大井深为 2500m 左右，这种气井采用（　　）工艺为佳。
   A. 优选管柱排水采气
   B. 泡沫排水采气
   C. 气举排水采气
   D. 游梁抽油机排水采气

8. 在轻烃吸附分离法中，被吸附的组分称为（　　）。
   A. 脱附
   B. 吸附
   C. 吸附质
   D. 吸附剂

9. 自动调节装置包括（　　）。
   A. 测量元件、调节器、执行器和调节对象
   B. 测量元件、变送器、执行器和调节对象
   C. 变送器、调节器、执行器和调节对象
   D. 测量元件、变送器、调节器和执行器

10. 因其再生贫液浓度可达 98%~99%，露点降达到 33~47℃，在天然气脱水中被普遍采用的脱水剂是（　　）。
    A. 一甘醇
    B. 二甘醇
    C. 三甘醇
    D. 四甘醇

11. 下列哪种三甘醇溶液提浓方法能使三甘醇溶液提浓度最高（　　）。
    A. 减压再生
    B. 气体气提
    C. 共沸再生
    D. 以上三种都一样

12. 差压变送器的结构包括四部分，正确的是（　　）。
    A. 测量部分、传输部分、位移检测部分、电磁反馈机构
    B. 测量部分、机械力转换部分、电子放大器、电磁反馈机构
    C. 测量部分、传输部分、位移检测器和电子放大器、电磁反馈机构
    D. 测量部分、机械力转换部分、位移检测器和电子放大器、电磁反馈机构

13. 管线吹扫时，先用天然气置换管内空气，当置换管道末端放空管口气体含氧量不大于（　　）时，即可认为置换合格。
    A. 1%
    B. 2%
    C. 3%
    D. 5%

14. 分离器的作用是除掉天然气中的（　　）。
    A. 硫化氢
    B. 凝析油
    C. 水
    D. 液体和固体颗粒

15. 采气速度是指（　　）。
    A. 采气量与生产时间之比
    B. 累计采气量与地质储量之比
    C. 年采气量与地质储量之比
    D. 累计采气量与生产时间之比

16. 在一定的操作条件下，管道的实际输送量与计算通过能力比值的百分数称为（　　）。
    A. 输气管道的利用率
    B. 输气管道的输送效率
    C. 输气管道无故障运转率
    D. 输气管道的输送率

17. 在温度较低时甘醇会变得很稠，脱水效率会降低且极易发泡，因此甘醇脱水的最低操作温度为（　　）。
    A. 5℃
    B. 15℃
    C. 10℃
    D. 18℃

18. 根据递减指数 n 值的变化，$n=0$ 的递减类型属于（   ）。
   A. 一次型　　　　B. 指数型　　　　C. 调和型　　　　D. 视稳定型
19. 在采输气工程中，常用（   ）表示饱和含水量。
   A. 露点　　　　　B. 冰点　　　　　C. 湿度　　　　　D. 溶解度
20. 产量曲线对比图中的阴影部分表示（   ）。
   A. 酸化压裂前的产量　　　　　　　B. 酸化压裂中的产量
   C. 酸化压裂后的产量　　　　　　　D. 酸化压裂的增产量
21. 机械制图中，（   ）用细点画线表示。
   A. 可见轮廓线　　B. 对称中心线　　C. 中断线　　　　D. 节圆及节线
22. 下列物质（   ）是导体。
   A. 胶木　　　　　B. 玻璃　　　　　C. 盐溶液　　　　D. 石蜡
23. 平行的两根载流导体，在通过的电流方向相同时，两导体将呈现出（   ）。
   A. 吸引　　　　　　　　　　　　　B. 排斥
   C. 既不吸引又不排斥　　　　　　　D. 先吸引后排斥
24. 硫化铁在（   ）下会发生自燃。
   A. 高温　　　　　　　　　　　　　B. 常温
   C. 有液体存在的情况　　　　　　　D. 任何情况
25. 当空气中硫化氢的浓度达到（   ）时，会引起剧烈中毒，表现为抽筋、失去知觉、呼吸器官麻痹而中毒死亡。
   A. $1.02g/m^3$　　B. $0.7g/m^3$　　C. $0.12g/m^3$　　D. $0.02g/m^3$

二、判断题（对的画"√"，错的画"×"，每题1分，共25分）

（　　）1. 顶角是指褶曲两翼岩层与水平面的夹角。
（　　）2. 逆断层在钻井剖面中有地层缺失的现象。
（　　）3. 一般地说，绝对孔隙度小于有效孔隙度。
（　　）4. 达西定律表示单相均质流体在多孔介质中的渗流速度与压力梯度成反比，与流体的黏度成正比。
（　　）5. 在凝析气藏相图中，液态开始转变为气态，出现第一个气泡的曲线称为泡点线。
（　　）6. 地层温度每增加1℃时增加的深度称为地温梯度。
（　　）7. 根据天然气中各组分在吸收油中溶解度不同，而使不同烃类得以分离的方法称为吸附分离法。
（　　）8. 阶式制冷就是用两种或多种冷冻剂串联操作，以一种冷冻剂产生的冷效应去冷凝另一沸点较低的冷冻剂。
（　　）9. 产生应力腐蚀破裂的条件之一是金属本身对应力腐蚀的敏感性。
（　　）10. 经清管试压后的管段，其相互连接的死口焊缝应经100%射线探伤并符合设计要求。
（　　）11. 制定集输流程的技术依据主要来自气田开发方案、近期收集的有代表性的气井动态资料两方面。

（   ）12. 阀门安装前应逐个进行强度试验和严密性试验。
（   ）13. 天然气压缩机的转速提高，其气阀使用寿命明显地缩短，其可靠性和运转率降低。
（   ）14. 在弹性水驱气藏中，若采气速度大，气藏压力降低速度快，水体释放弹性能的速度跟不上气藏压力的降低速度，则弹性水驱作用就弱。
（   ）15. 井网布置和气井的接替对于稳产和递减有重要的影响。
（   ）16. 对于中后期的气井，因井底压力和产气量均较低，排水能力差，则应更换较大管径油管，以达到减少阻力损失、提高气流带水能力、排除井底积液的目的，使气井正常生产，延长气井的自喷采气期。
（   ）17. 三视图的投影规律一般可以简单地说成：长对正、高平齐、宽相等。
（   ）18. 机械制图中，尺寸线及尺寸界线用细实线表示。
（   ）19. 机械制图中，假想投影轮廓线用细点画线表示。
（   ）20. 在装配图中，相互邻接的金属零件的剖面线，其倾斜方向应相同。
（   ）21. 基本投影面规定为正六面体的6个面。
（   ）22. 图例 ─⊘─ 表示网状过滤器。
（   ）23. 电动机等机电设备机组关闭30min内允许重新启动机组。
（   ）24. 测电路电压时，电压表在电路中要串联。
（   ）25. 各种金属、碳、石墨的溶液都是导体。

三、简答题（每题4分，共36分）

1. 影响渗透性的因素有哪些？
2. 何谓柱塞排水采气，其应用条件是什么？
3. SCADA 主要由哪些部分组成？
4. 金属电化学腐蚀的特点是什么？
5. 甘醇脱水的原理是什么？
6. 在气田的单井或多井集气站中，为什么很少或根本不用旋风式分离器？
7. 简述往复式压缩机的工作原理。
8. 电潜泵排水采气工艺原理是什么？
9. 简述气藏采气速度与采收率之间重要的规律。

四、计算题（每题7分，共14分）

1. 某井气层中部井深 $L=2528\text{m}$，天然气的相对密度为0.573，井口常年平均温度 $T_0=18℃$，地热增温率 $M=41.5\text{m}/℃$，井筒天然气平均压缩因子 $Z=0.86$，原始地层压力 $p_0=26.988\text{MPa}$（绝），生产1年后，关井稳定的井口压力为 $p=20.54\text{MPa}$。该井年累计采气 $14381.5\times10^4\text{m}^3$，该气藏的地质储量为 $22.6\times10^8\text{m}^3$。求该气藏生产1年后的地层压力、该井区的单位压降采气量（单位压降取1MPa）、当年的采气速度及采出程度。

2. 某输气管线尺寸为 $\phi325\text{mm}\times10\text{mm}$，长 45km；在正常输气生产过程中，起点压力

为 4.0MPa（表），终点压力为 3.5MPa（表），求管道平均压力。

模拟试题四答案

一、单项选择题

1. D 2. B 3. C 4. B 5. A 6. A 7. A 8. C 9. D 10. C
11. C 12. D 13. A 14. D 15. C 16. B 17. C 18. B 19. A 20. D
21. A 22. C 23. A 24. B 25. B

二、判断题

1. × 正确答案：顶角是指褶曲两翼岩层的夹角。 2. × 正确答案：逆断层在钻井剖面中有地层重复现象。 3. × 正确答案：一般地说，绝对孔隙度大于有效孔隙度。 4. × 正确答案：达西定律表示单相均质流体在多孔介质中的渗流速度与压力梯度成正比，与流体的黏度成反比。 5. √ 6. × 正确答案：地层温度每增加 1℃ 时增加的深度称为地温级率（地热增温率）。 7. × 正确答案：根据天然气中各组分在吸收油中溶解度不同，而使不同烃类得以分离的方法称为油吸收法。 8. √ 9. √ 10. √ 11. √ 12. √ 13. √ 14. √ 15. √ 16. × 正确答案：对于中后期的气井，因井底压力和产气量均较低，排水能力差，则应更换较小管径油管，提高气流带水能力，排除井底积液，使气井正常生产，延长气井的自喷采气期。 17. √ 18. √ 19. × 正确答案：机械制图中，假想投影轮廓线用双点画线表示。 20. × 正确答案：在装配图中，相互邻接的金属零件的剖面线，其倾斜方向应相反。 21. √ 22. √ 23. × 正确答案：电动机等机电设备机组关闭 30min 内不允许重新启动机组。 24. × 正确答案：测电路电压时，电压表在电路中要并联。 25. √

三、简答题

1. 组成岩石的颗粒大小、圆度、分选和排列情况；孔隙截面积的大小、形状、相互的连通性；岩石的成分（矿物和胶结物）及裂缝的发育情况等。

2. 柱塞气举排水是在油管内放入一个带阀的金属长柱塞，作为气液之间的机械面（起封隔作用，以防止气体上窜和液体下落），由地层和套管积蓄的天然气推动柱塞从井底上行，把柱塞之上的水排到地面。

应用条件：（1）气井有足够的气量来举升柱塞排水。经验数据是举升 $1m^3$ 水到 2100m 高，需要有 $60m^3/min$ 的流量。（2）气井产气量在 $1.5×10^3m^3/d$，可用高压高产排水装置；如压力低于 1.77MPa，宜用低压排水装置。（3）油管内径应一致，并用标准通径规通过。

3. SCADA 系统主要由站控系统、调度控制中心主计算机系统和传输通信系统三大部分组成。

4. 金属的化学腐蚀是金属与周围介质直接发生纯化学反应而引起的损坏，它的特点是腐蚀过程中没有电流在金属内部流动，这类腐蚀主要包括金属在干燥气体中的腐蚀和金属在非电解质溶液中的腐蚀。

5. 甘醇是一种亲水性很好的液体，能与水完全互溶。当含水天然气与浓甘醇（称贫液）充分接触时，气中水与甘醇互溶成甘醇—水溶液，含水天然气被净化脱水后进入输气管线，甘醇水溶液（称富液）进行加工再生。因为甘醇的沸点比水高，因此加热温度应高于水的沸点低于甘醇的沸点，水被变为蒸汽排出，甘醇被再生提浓后重复使用。

6. 由于旋风式分离器对气流速度要求在特定范围内才能保证较高的分离效率，而气井的产气量和产液量均属多变，很难长期保持在分离器的最佳进口速度，因此很难实现高效分离。

7. 往复式压缩机由曲柄连杆机构将驱动机的回转运动变为活塞的往复运动。气缸和活塞共同组成实现气体压缩的工作腔，活塞在气缸内做往复运动，使气体在气缸内完成进气、压缩、排气等过程。由进气阀、排气阀控制气体进入与排出气缸，气体在被压缩过程中压力升高，因而实现对气体增压的目的。

8. 电潜泵排水采气工艺是采用随油管一起下入井底的多级离心泵装置，将水淹气井中的积液从油管中迅速排出，降低对井底的回压，形成一定的"复产压差"，使水淹气井重新复产的一种机械排水采气生产工艺。

9. (1) 不同类型的气藏，在长期稳定开采情况下，始终存在着符合实际条件的最佳采气速度，可保证获得最高的采收率。(2) 采气速度过高，引起高渗透层横向水侵。开采后期，采气速度过低，不利于释放水封气，均会降低采收率。(3) 地层的均质程度和气藏平均渗透率越高，采气速度可调节的范围越宽，采气速度对采收率影响不大。反之，采气速度对采收率的影响就大。

四、计算题

1. 解：$\bar{T} = t_0 + \dfrac{L}{2M} + 273 = 18 + \dfrac{2528}{2 \times 41.5} + 273 = 321.5(K)$

生产1年后的地层压力：

$$p_f = p e^s$$

$$s = 0.03415 \dfrac{\Delta L}{Z\bar{T}} = \dfrac{0.03415 \times 0.573 \times 2528}{0.86 \times 321.5} = 0.1789$$

$$p_f = 20.54 e^{0.1789} = 20.54 \times 1.196 = 24.566(MPa)(绝)$$

气藏的单位压降采气量：

$$\dfrac{\sum Q}{\Delta p} = \dfrac{\sum Q}{p_0 - p_f} = \dfrac{14381.5 \times 10^4}{26.988 - 24.566} = 5937.9 \times 10^4 (m^3/MPa)$$

$$采气速度 = \dfrac{年采气总量}{地质储量} = \dfrac{14381.5}{22.6 \times 10000} = 6.4\%$$

$$采出程度 = \dfrac{累计采气总量}{地质储量} = \dfrac{14381.5}{22.6 \times 10000} = 6.4\%$$

答：该气藏生产1年后的地层压力为24.566MPa（绝），该井区的单位压降采气量为$5937.9 \times 10^4 m^3/MPa$，当年的采气速度为6.4%，采出程度为6.4%。

2. 解：

已知：$p_1 = 4.0+0.1 = 4.1(MPa)$（绝）；$p_2 = 3.5+0.1 = 3.6(MPa)$（绝）。

由 $p_c = \dfrac{2}{3} \times \left(p_1 + \dfrac{p_2^2}{p_1+p_2} \right)$ 得：

$$p_c = \dfrac{2}{3} \times \left(4.1 + \dfrac{3.6^2}{4.1+3.6} \right) = 3.86(MPa)（绝）$$

答：管道平均压力为3.86MPa（绝）。

模拟试题五

一、单项选择题（每题有4个选项，只有1个是正确的，请将正确选项填入括号内，每题1分，共25分）

1. 褶曲在横剖面上的分类有（　　）。
A. 扇形褶曲，翻转褶曲，倒转褶曲，长轴褶曲
B. 扇形褶曲，平卧褶曲，直立褶曲，斜歪褶曲
C. 穹隆，扇形褶曲，翻转褶曲，倒转褶曲
D. 鼻状构造，平卧褶曲，直立褶曲，斜歪褶曲

2. 总断距在断面倾斜方向上的投影是（　　）。
A. 走向断距　　B. 倾向断距　　C. 水平断距　　D. 垂直断距

3. 下列试井方法中属于产能试井的是（　　）。
A. 干扰试井　　B. 等时试井　　C. 压力恢复试井　　D. 脉冲试井

4. 下列气藏类型中按气水分布不同划分的是（　　）。
A. 气驱气藏　　　　　　　　B. 边水和底水气藏
C. 水驱气藏　　　　　　　　D. 均质气藏

5. 深度每增加100m，地层温度升高的数量称为（　　）。
A. 地温级率　　B. 平均温度　　C. 地温梯度　　D. 地热增温率

6. 井底有明显的裂缝显示，水显示阶段短（两年以下）；出水时，水量突然增加很多，一般每日几十立方米以上；出水时井底压力较高；关井后，水退回地层。具有以上特征的属于（　　）。
A. 水锥型出水　　　　　　　B. 横向水窜型出水
C. 阵发型出水　　　　　　　D. 断裂型出水

7. 哈里伯顿井口安全系统的气路包括（　　）三部分。
A. 执行气路、控制气路、泄放气路　　B. 执行气路、切断气路、控制气路
C. 执行气路、切断气路、泄放气路　　D. 控制气路、调压气路、泄放气路

8. 根据天然气中各组分在吸收油中溶解度不同，而使不同烃类得以分离的方法称为（　　）。
A. 吸附法　　B. 吸附分离法　　C. 油吸法　　D. 油吸收法

9. 被调参数增加时，输出信号也增加的调节器是（　　）。
   A. 正作用调节器　B. 负作用调节器　　C. 反作用调节器　　D. 比例调节器

10. 按腐蚀作用机理，金属腐蚀实质上可分为（　　）。
    A. 化学腐蚀和电化学腐蚀　　　　B. 化学腐蚀和细菌腐蚀
    C. 蒸汽腐蚀和细菌腐蚀　　　　　D. 大气腐蚀和土壤腐蚀

11. 三甘醇吸收脱水工艺主要由（　　）两部分组成。
    A. 甘醇吸收塔和甘醇再生　　　　B. 分离部分和脱水部分
    C. 脱水部分和闪蒸部分　　　　　D. 甘醇吸收塔和闪蒸罐

12. 电动温度变送器由（　　）两大部分构成。
    A. 测量桥路和毫安转换器　　　　B. 测量桥路和热电偶
    C. 测量桥路和热电阻　　　　　　D. 热电偶和毫安转换器

13. 用于输送有应力腐蚀介质的碳素钢、合金钢管道的弯管，弯曲半径应大于（　　）倍公称直径，冷弯弯曲后应进行应力消除。
    A. 1.5　　　　　　B. 3　　　　　　C. 4　　　　　　D. 5

14. 场站使用的安全阀按其工作原理可分为（　　）四种。
    A. 爆破式、杠杆式、弹簧式、导阀式　B. 开放式、杠杆式、弹簧式、导阀式
    C. 爆破式、开放式、弹簧式、导阀式　D. 爆破式、杠杆式、弹簧式、开放式

15. 某气井稳定试井求得产气方程 $A=0.00209$，$B=0.0014$，地层压力为 26.738MPa（在求产气方程式时，压力单位为 MPa，产量单位为 $10^4 m^3/d$），该井无阻流量为（　　）。
    A. $713.9×10^4 m^3/d$　　　　　B. $713.9×10^3 m^3/d$
    C. $695.4×10^4 m^3/d$　　　　　D. $659.7×10^3 m^3/d$

16. 气井测压率是指（　　）。
    A. 实际测压井数与计划测压井数之比　B. 实际测压井次与计划测压井数之比
    C. 实际测压井次与计划测压井次之比　D. 实际测压井数与计划测压井次之比

17. 某气井生产一段时间后，发现油压等于套压，造成异常现象的原因是（　　）。
    A. 井下油管在离井口不远的地方断落　B. 井底附近渗透性变好
    C. 井筒的积液已排出　　　　　　　　D. 环空堵塞

18. 利用压降储量图进行动态预测，可求得（　　）。
    A. 生产 $t(d)$ 时的累计产量　　　B. 到 $t(d)$ 时的井底压力和套压
    C. 气藏可采储量　　　　　　　　D. 产量递减率

19. 脱水的目的是将湿天然气中的饱和水脱除，以获得在管输压力下（　　）露点的干天然气。
    A. 0℃　　　　　B. -2℃　　　　　C. -5℃　　　　　D. -10℃

20. 公称直径½in 右旋圆锥管螺纹，用螺纹代号（　　）表示。
    A. M20×1.5　　B. G½in　　　　C. ZG½in　　　　D. T20×1.5

21. 机械制图中，（　　）用粗实线表示。
    A. 可见轮廓线　B. 辅助线　　　C. 可见过渡线　　　D. 分界线

22. 图例 ⊖ 表示（　　）。
A. 压力表　　　B. 工业水银温度计　　C. 双金属温度计　　D. 液位计

23. 金属导体电阻的大小与（　　）无关。
A. 导体长度　　B. 导体截面积　　　C. 外界电压　　　　D. 材料性质

24. 易燃易爆的场所应选择（　　）灯具作为露天照明灯具。
A. 开启型　　　B. 密闭型　　　　　C. 防水型　　　　　D. 防爆型

25. 当空气中甲烷含量增加到（　　）时，会使人感到氧气不足，因缺氧窒息而失去知觉，直到死亡。
A. 10%　　　　B. 8%　　　　　　　C. 6%　　　　　　　D. 4%

二、判断题（对的画"√"，错的画"×"，每题1分，共25分）

（　　）1. 枢纽反映褶曲的延伸方向及褶曲的规模。
（　　）2. 岩层变形时曲率越大的地方，张应力越集中。
（　　）3. 孔隙性是指岩石具有孔隙、孔洞、裂缝等空间的一种特性。孔隙度是评价储层好坏的主要标志。
（　　）4. 符合达西定律的渗流又称为非线性渗流。
（　　）5. 控制储量是编制气田开发方案、投资决策分析的依据。
（　　）6. 气层中流体所承受的压力称为原始地层压力。
（　　）7. 油吸收法就是用不同相对分子质量的吸收油作为吸收剂将天然气中欲回收组分形成溶液，然后再解析出来。
（　　）8. 膨胀机法的效率高、经济效益好，但过程复杂。
（　　）9. 脱除天然气中的水汽，既可提高输气管线的输气量，又可防止管内壁的腐蚀。
（　　）10. 天然气的脱水也是输气管线的防腐措施之一。
（　　）11. 在含硫气田上，所用的法兰必须用20号钢材料采用模锻加工而制成。
（　　）12. 对输气量较大、压力变化不大的输气干线采取增压措施时，宜选用离心式压缩机。
（　　）13. 当油管内堵塞不严重时，可以通过对堵塞物进行酸蚀解堵。
（　　）14. 气井生产制度不合理，也是造成气井（藏）产量递减的因素之一。
（　　）15. 气藏评价的任务是探明气田，搞清气田地下的基本情况。
（　　）16. 压裂酸化主要用在低渗透率的碳酸盐岩气层。
（　　）17. 在设计机器或部件时，要先画出零件图，而后再根据符合机器或部件要求的零件图画出装配图。
（　　）18. 机械制图中，可见过渡线用细实线表示。
（　　）19. 机械制图中，齿轮的齿根线用虚线表示。
（　　）20. 由不同材料嵌入或粘贴在一起的成品，用其中主要材料的制图符号表示。
（　　）21. 圆的直径的尺寸线的终端应画成箭头。
（　　）22. 尺寸线终端采用箭头形式，适用于各种类型的图样。

（　　）23. 熔断器对略大于负载额定电流的过载保护是十分可靠的。
（　　）24. 绝缘体在一定条件下也可能转化为导体。
（　　）25. 测电路电压时，电压表在电路中要串联。

三、简答题（每题4分，共36分）

1. 气藏试采方案的主要内容是什么？
2. 有边水、底水的气藏气井，出水早、迟主要受哪些因素影响？
3. 什么是自动化仪表的变送器，采气工艺中主要的变送器有哪些种类？
4. 金属土壤腐蚀的特点是什么？
5. 吸附法脱水的优点及缺点是什么？
6. 1151系列压力变送器的工作原理是什么？
7. 编制井站及输气管项目建议书主要包括哪些内容？
8. 气举阀排水采气的基本原理是什么？连续气举装置主要有哪三种？
9. 什么是集成电路？

四、计算题（每题7分，共14分）

1. 某气井井深 $L=2750m$，油管采气。套管压力 $p_c=19.500MPa$（绝），天然气的相对密度为0.57。求近似井底压力（$e^{0.194}=1.2141$，$e^{0.195}=1.2153$，$e^{0.196}=1.2165$，$e^{0.197}=1.2177$）。

2. 一条采气管线尺寸为 $\phi529mm×7mm$，长15km，已知管内天然气压力为0.5MPa（绝），温度为25℃，天然气压缩系数为1，试算管内天然气量。

模拟试题五答案

一、单项选择题

1. B	2. B	3. B	4. B	5. C	6. D	7. A	8. D	9. A	10. A
11. A	12. A	13. D	14. A	15. B	16. C	17. A	18. C	19. C	20. C
21. A	22. A	23. C	24. D	25. A					

二、判断题

1. ×　正确答案：轴线反映褶曲的延伸方向及褶曲的规模。　2. √　3. √　4. ×　正确答案：符合达西定律的渗流又称为线性渗流。　5. ×　正确答案：探明储量是编制气田开发方案、投资决策分析的依据。　6. ×　正确答案：气层中流体所承受的压力称为地层压力。　7. √　8. ×　正确答案：膨胀机法的效率高、经济效益好、过程简单。　9. √　10. √　11. √　12. √　13. √　14. √　15. √　16. √　17. ×　正确答案：在设计机器或部件时，要先画出装配图，而后再根据装配图画出符合机器或部件要求的零件图。　18. ×　正确答案：机械制图中，可见过渡线用粗实线表示。　19. ×　正确答案：机械制图中，齿轮的齿根线用细实线表示。　20.√　21.√　22.√　23.×　正确答案：熔断器对负载额定电流应是最大额定电流的120%。　24.√　25.×　正确答案：测电路电压时，电压表在电路中要并联。

三、简答题

1. 勘探简况；气藏地质特征；试采任务及试采区、试采井的选择；地质、动态资料的录取要求；试井计划；试采所需的采气工艺和净化、集输工程建设的要求等；凝析油回收方案和地层水的处理；气田的供水、供电、通信等设施的建设方案。

2. （1）井底距原始气水界面的高度。在相同条件下，井底距气水界面越近，气层水到井底的时间越短。（2）气井生产压差 Δp。生产压差越大，气层水到达井底的时间越短。（3）气层渗透性及气层孔缝结构。如气层纵向大裂缝越发育，底水达到井底的时间越短。（4）边底水水体的能量与活跃程度。

3. 变送器就是能将被测的某物理量按照一定的规律转换成另一种已知并能被检测的标准化物理量的转换装置。采气工艺中主要有压力变送器、温度变送器、液位变送器等。

4. 土壤腐蚀的特点：土壤腐蚀具有多相性；土壤具有毛细管多孔性；土壤具有不均匀性；土壤具有相对的固定性。

5. 吸附法脱水的优点：脱水后气体中水含量可低于1mg/L，露点降可达-70℃以下；对进料气的温度、压力、流量变化不敏感，操作弹性大；操作简单，占地面积小。

吸附法脱水的缺点：对于处理量大的大型装置，设备投资大，操作费用高；气体压降大于溶剂吸收法脱水；吸附剂使用寿命短，一般使用三年就需要更换；能耗高，处理量小时更为明显。

6. 操作期间，隔离膜片探测和传送过程压力到填充油，然后该液体传送过程压力至δ室的中心传感器膜片上。压力的不同使传感器膜片产生偏移，其最大偏移量为0.1mm，并正比于过程压力。传感器膜片两侧的电容极板检测膜片的位置，通过变送器的电子部分转换传感膜片与电容极板之间不同的电容值为一个二进制4~20mA 直流信号和一个HART数值信号。

7. （1）现有设备，集输管线的概况。（2）项目提出的背景和依据。（3）技改后的工艺技术，主要设备及建设规模。（4）技改地点，线路走向，布置方案。（5）项目构成，设计方案，配套工程。（6）环境保护，防震等要求。（7）实施计划和进度要求。（8）投资估算。（9）投资效果和社会效益。（10）结论。用各项数据论述大修技术改造项目在技术、经济方面的可行性、提出存在问题和建议。

8. 气举阀排水采气的原理是利用从套管注入的高压气，来逐级启动安装在油管柱上的若干个气举阀，逐段降低油管柱的液面，从而使水淹气井恢复生产。连续气举装置主要有：（1）开式气举装置，适用于无封隔器完井。（2）半闭式气举装置，适用于单封隔器完井。（3）闭式气举装置，适用于单封隔器及固定球阀完井。

9. 将晶体管、电阻器、电容器及其连接导线等整个线路集中制作在一块小的半导体基片上，所有元件成为不可分割的整体，并能完成特定功能的电子电路，称为集成电路。

四、计算题

1. 解：近似井底压力计算公式：
$$p_{wf}=p_w e^{1.251\times10^{-4}GL}$$
油管采气视套管压力为井口压力，即 $p_w = 19.500$ （MPa）
将 $G=0.57$，$L=2750$ 代入公式得：
$$p_{wf}=19.5e^{1.251\times10^{-4}\times0.57\times2750}=23.722(\text{MPa})$$
答：该井近似井底压力为 23.722MPa。

2. 解：已知：$L=15\text{km}=15000\text{m}$，$D=529-14=515\text{mm}=0.515\text{m}$，$p_{绝}=0.5\text{MPa}$，$T=273.15+15=298.15$（K），$Z=1$。

（1）计算管子容积：$V_1=\dfrac{\pi D^2 L}{4}=\dfrac{3.14\times0.515^2\times15000}{4}\approx3123$（m³）

（2）计算标准状态 $p=0.10133\text{MPa}$，$t=20℃$ 下的天然气体积，根据气态方程：
$$\frac{pV}{T}=\frac{p_1 V_1}{T_1 Z},\quad V=\frac{p_1 V_1 T}{p T_1 Z}$$
则：
$$V=\frac{0.5\times3123\times293.15}{0.10133\times298.15\times1}\approx15152(\text{m}^3)$$
答：管内有天然气 15152m³。

第四部分

高级技师技能操作

技能训练一　集气管线破裂更换施工作业

一、学习目的

学习并掌握集气管线破裂的正确更换施工步骤，能够在集气管线发生破裂事故时及时加以处理。

二、准备工作

450mm 管钳 1 把、气割设备 1 套、耐油橡胶隔离球 2 个、石棉布若干、氮气 1 瓶、电焊机 1 台、与集气管线等径的钢管 1 段、与集气管线等径的圆弧板 4 块、测爆仪 1 台、超声波探伤仪 1 台、二氧化碳灭火机若干个、铁锹 1 把。

三、操作步骤

（1）关闭需要更换管段两端的天然气输气站阀门，必要时可拆除部分管件、阀门，并用盲板封闭。

（2）排放更换管段区间的天然气，排放时天然气应点火燃烧，并注意集气管线内应有少量余气。当放空管处于较高位置，在天然气火焰高约 1m，压力 200~800Pa 时关闭放空阀，若处于较低位置，在火焰熄灭时应关闭放空阀。

（3）在更换管段两端约 5m 处切割隔离球孔。

（4）当隔离球孔割开并冷却之后，迅速将隔离球塞入管内，用打气筒将球打胀使它紧贴管壁，之后用润湿的石棉布盖住孔口并使隔离球固定。

（5）用空气置换两隔离球之间管段内的天然气。对大口径管可用鼓风机鼓入空气，鼓入空气量是该管段管容积的三倍。如果该管段内含有凝析油，必须先在管段低处开孔（开孔时不断注入惰性气体，如氮气或二氧化碳），用泵将凝析油从开孔处抽走。

（6）检查操作坑内有无天然气，可用测爆仪检查，确认无天然气后可切割和更换管段。

（7）封闭隔离球孔。当集气管线更换完毕之后，放掉隔离球内的气体，取出隔离球，然后在隔离球孔上焊接一块与集气管线等径的圆弧板，并加焊一层外加强圈。

（8）对全部焊口进行超声波探伤检查，然后通气试压，无渗漏为合格。

（9）对更换后的管段进行绝缘处理。

（10）恢复正常输气。

四、技术要求

（1）集气管线爆炸且开裂长度在 $0.5D$ 或 150mm 以上时，应更换管段。

（2）排放管段中的天然气时一定注意管内保留少量的余气，以免管内形成负压。

(3) 隔离孔应开在更换管段两头约 5m 处, 更换管段的长度不小于 1 倍管径。

(4) 需拆除管件、阀门并用盲板封口时, 一定在集气管线排放天然气结束之后进行。

(5) 切割隔离球孔时, 管内可能出现负压 (集气管线在山坡下) 或正压 (集气管线在山坡上) 情况, 负压时火焰在管内燃烧, 正压时火焰在集气管线外燃烧。若出现负压时, 应很快将隔离球孔割开, 立即用石棉布之类的灭火物盖住孔口, 关闭放空阀。若出现正压时, 则可用排污阀调节火焰高度, 隔离球孔割成后立即灭火并用灭火物盖住孔口。

(6) 隔离球的孔径取决于集气管线的管径:

ϕ500mm 以上的集气管线, 孔径为 ϕ150~200mm; ϕ250~400mm 的集气管线, 孔径为 ϕ100~150mm。

(7) 打入隔离球中的气体应是惰性气体或二氧化碳, 严禁使用氧气或其他可燃气体。

(8) 当更换管段在斜坡上, 位置在集气管线低处的隔离球应距离更换管段远一点。如果只使用一个隔离球, 那么, 这个隔离球应放在集气管线低处。

(9) 在野外施工中所使用的氮气, 可以装入工作压力 15MPa、容积 0.006m^3 的高压气瓶。实验证明, 当氮气占了可燃气体空间的 40% 时, 可燃气体失去燃烧或爆炸的能力。

五、应急措施

(1) 应备有二氧化碳或干粉灭火机用以灭火。

(2) 如果要做到开孔时天然气不燃烧, 可采用向管内注入氮气的办法。先用手提式电钻在管上钻一小孔 (约 10mm), 用一根小管插入管内。小管的另一端用软管与氮气瓶连接, 氮气通过小管注入管内。氮气注入量与管径有关, 对于 ϕ720mm 的集气管线可注入 0.5kg 氮气 (0.8m^3), 在注入氮气之后就可以切割隔离球孔。切割中应当不断注氮气, 如果管内存在凝析油, 更应采用注氮气后割孔的措施。

(3) 在隔离球置入管段内后, 可能被管内天然气推移或压破, 应当注意隔离球破裂后天然气爆炸伤人。为此, 可通过隔离球孔再置入一个隔离球, 在两球之间的集气管线预先割出一个小孔, 并用钢管引出天然气烧掉。注意钢管与小孔之间必须用湿润的石棉布紧压。

(4) 焊接中, 为防止天然气爆炸, 应先将处于地形低处的隔离球取出, 并用石棉布盖住孔口, 然后取出高处的隔离球, 也用石棉布盖住孔口。有条件时, 最好注入惰性气体后再进行焊接, 以保证人员的安全。

技能训练二　通球工艺参数的选择与计算

一、学习目的

熟练掌握清管过程中各种参数的计算并利用各种参数分析清管情况。

二、推球压差

大口径、长距离输气管线常用清管球清除管内污物。在通球清管时，必须正确估计最大推球压差，在不影响天然气输送的情况下，可调整输气压力和平衡气量。

影响最大推球压差的原因很多，如推举水柱的力，运行中的摩擦阻力，由于爬坡或脏物引起的卡球，停止再启动的惯性力等。其中，球前水柱的静压力及污水与管壁的摩擦阻力起主要作用。在计算输气量时还应计入正常输气压力损失。因此，通球前应根据地形高差、污水情况和目前输气压力差（与理论计算压差相比较）以及过去的清管统计资料进行综合分析，估计通球所需的最大推球压差。现场清管通球中常采用下列方法建立推球压差：

（1）输气管线的积水不多时，可以不调整输气压力及气量，推球压差在清管球运行中随着天然气速度变化自动建立和平衡。

（2）输气管线内的污水很多，估计推球压差可能较高，为了保证有足够的推球压差，必须及时预先调整清管球段的输气压力（发球站压力）。如果最大推球压差出现在输气管线的前端，考虑到管线允许最高工作压力，应适当降低发球站的输气压力。如果最大推球压差出现在输气管线的末端，在建立推球最大压差中应使球前压力的降低不致影响用户用气，球后压力的上升不超过管线允许最高工作压力。为此，要根据输气量和压力上升速度进行精确计算，选择合理的调整压力方案。

（3）球在运行过程中，当球后压力已升到管线最高允许工作压力时，可排放球前管内天然气降压或停止向该段进气，以增大推球压差。

三、球运行距离和速度的判断

通球清管中必须掌握运行情况，及时发现和处理通球中出现的问题，在收球时能准确地收球排污，既不过多排放天然气，又要避免将污水、污物推入输气站内，这就要求正确判断清管球的位置。

清管球运行位置的确定方法：

（1）清管球通过指示器发出信号。指示器应安装在发球站球阀下流1m左右的地方。收球站及中途有用户的输气站，则安在进站前500~1000m的地方，中途阀室安装在站内出站方向上。

（2）人工监听。在没有安装清管球指示器的输气管线上或有其他要求时，则可以沿线选择监听点，设专人监听，了解污水和清管球通过的情况。

（3）用容积法计算球的运行距离和速度。

球运行距离用下式计算：

$$L = \frac{4 p_b T Z Q_b}{\pi D^2 T_b p} e \tag{4-2-1}$$

式中　L——球运行距离，m；

　　　Q_b——发球后的累计进气量，m^3；

　　　p——推球压力，即球后管段的平均压力（可用发球站压力代替），MPa；

　　　T——球后管段天然气平均温度，K；

　　　Z——p，T 条件下的天然气压缩因子；

　　　p_b——标准参比条件下压力，0.101325MPa；

　　　D——输气管内径，m；

　　　T_b——标准参比条件下温度，293.15K；

　　　e——球的漏失量修正系数，一般为 0.92~0.99。

在实际操作中，每隔 15~30min 计算一次进气量及压力，将各次气量累计，应用式(4-2-1) 即可求得此时球的位置。

球在管内平均球速用下式计算：

$$v = \frac{L}{t} \tag{4-2-2}$$

式中　v——球运行速度，m/h；

　　　L——球运行距离，m；

　　　t——运行 L 距离的实际时间，h。

当输气管线内的污水不多，球的密封性较好（特别在使用双球）时，推球压力、气量也比较稳定。这时，球运行平均速度与管内天然气平均速度基本一致，而与线路走向、地形起伏无关，因此在发球时就可按照当时的输气量与清管段起终点平均压力，预算出球运行至各观察监听点的时间。

$$t = 32.079 \times 10^3 \times \frac{L D^2 p}{T Z Q} e \tag{4-2-3}$$

式中　t——球运行至相应观察监听点的时间，h；

　　　L——发球站到相应观察监听点距离，km；

　　　Q——输气量（发球前调整稳定的气量），m^3/d；

　　　p——通球管段平均压力，MPa。

用上述容积法计算球的位置时，除天然气量、压力计算误差影响外，关键在于清管球的密封性。但在单球清管时，球的漏失量为 1%~10%，球的漏失量修正系数值为 0.90~0.99。

例题：一条 $\phi 720mm \times 6mm$ 的输气管通球，已知管长 50km，球后天然气的流量为 $100 \times 10^4 m^3/d$，$T = 20℃$，$p = 0.980MPa$，试计算：发球后 30min 的运行距离、球速以及球到达距起点 35km 处和到达终点的时间（不考虑漏失量，即 $e = 1$）。

解：30min 后，累计进气量：

$$Q_\mathrm{b} = \frac{1000000}{24} \times \frac{30}{60} = 20833(\mathrm{m}^3)$$

30min 内球的运行距离：

$$L = \frac{4p_\mathrm{b}TZQ_\mathrm{b}}{\pi D^2 T_\mathrm{b} p} = \frac{4 \times 0.1013 \times (273+20) \times 1 \times 20833}{3.1416 \times (\frac{720-2 \times 6}{1000})^2 \times 293 \times 0.98} = 5470(\mathrm{m})$$

球速为：

$$v = \frac{L}{t} = \frac{5470}{0.5} = 10940(\mathrm{m/h}) = 10.9(\mathrm{km/h})$$

球运行到距发球点 35km 和到达终点的时间分别为：

$$t_1 = \frac{L_1}{v} = \frac{35}{10.9} = 3.2(\mathrm{h})$$

$$t_2 = \frac{L_2}{v} = \frac{50}{10.9} = 4.6(\mathrm{h})$$

（4）绘制线路纵断面图，并结合球的运行压差来分析。

当输气管线内的污物较多时，推球压差和速度变化与地形高差基本吻合，因而从发球站自动记录压力计记录的压力变化曲线与线路纵断面的高差变化相对照，也可以大致估计清管球的位置。

总之，通过上述四个方面的综合分析，就可以判断球的运行是否正常，是否发生球卡、球漏或推力不足等故障。

技能训练三　FJJ-2型地下管道防腐层检漏仪检漏操作

一、学习目的

学习并掌握管道防腐层检漏仪的使用和操作，及时了解管线防腐层绝缘状况。

二、准备工作

150mm一字形螺丝刀1把、150mm十字形螺丝刀1把、6in活动扳手1把、导线20m、接地棒1根。

三、操作步骤

（1）将仪器发射机输出的一端接阴极保护测试桩，另一端用20m长的导线连到接地棒上。将接地棒插入土中，并使其保持良好的接地。接地点应尽量远离管线且尽可能与管线垂直。

（2）接通发射机电源，指示灯闪烁，能听到间断振荡声，表示仪器工作正常。

（3）从5V挡开始调节输出电压，使输出电流达到仪器允许最大值（即输出功率不超过5W）。

（4）检漏员甲背接收机，将输入插头插入插孔，耳机插头插入输出插扎，输入插头的地电极（短线）戴在自己手腕上。检漏员乙将输入插头的信号电极（长线）戴在自己手腕上。

（5）打开接收机、调节衰减波段开关和音量旋钮，应能听到发射机的信号声。

（6）检漏员乙背探管机在前面探管，检漏员甲在后面，二人保持一定间距（一般为输入线的长度）沿管线走向检漏。

（7）当甲听到信号突然增至最大值时，乙所在地点即为可疑漏点。两人继续前走，漏点在两人中间时信号最弱。当甲走到漏点时信号声又增至最大，则判定该处为防腐层漏点。

四、技术要求

（1）管线上的覆土紧实后才能检漏，否则检漏效果不好。

（2）表形电极应与人体保持良好的电接触，可以紧拿在手中或戴在手腕上。不要戴着手套拿电极，也不要将电极戴在衣袖外。

（3）接收机的音量必须调节到恰当的程度。若调节得太强，信号强度的变化不能反映出来，调得太小又听不到信号声。

（4）发射机输出不能短路或过载，以免损坏机内元件。

（5）发射机的接地棒应插在紧实且比较潮湿的土壤中，以保持良好的电接触。发射机输出线与被检查管道也应保持良好的电接触。

（6）检查发射机电源电压时，应在满负载下进行，空载的电压不准。

五、常见故障的分析和处理

（1）若在检漏过程中接收机和探管机同时收不到发射机信号，说明发射机未向管道输出。这时应停止检漏，检查发射机。

（2）在检查中若探管机和接收机其中有一个突然收不到信号，而另一个能收到信号，则是本机内电池接触不良造成的。这时应关掉电源，打开电池盖取出电池重新装好，再开机。

技能训练四　QDY电子清管器探测定位仪的操作

一、学习目的

学习并掌握电子清管器探测定位仪（探管仪）的使用方法，确保及时准确地判断清管器的运行状况（是否通过探管仪所处位置），或在清管器被卡阻时及时准确地找到清管器的具体位置。

二、准备工作

发讯机1台、接收机1台、通过指示仪1台、充电机1台。

三、操作步骤

（1）将发讯机充电并检查电压是否正常，发讯机送入发射筒之前20min将电极接通，将发讯机与清管器骨架末端法兰相连接，此时，发讯机处于工作状态。

（2）将通过指示仪的两个探头接线插头插入仪器右侧插孔中，选择好探头的位置（与管道平行或垂直），两探头相距3~5m。

（3）将通过指示仪安放在事先选定位置上，在管内清管器达到此位置前20min开启仪器的电源开关。当清管器通过时，探头在收到信号之后，指示仪发出信号声，按下回零按钮，信号停止。

（4）将接收机的耳机插入仪器左侧插孔，探头插入右侧插孔，开启电源开关，仪器进入工作状态。戴上耳机，手持探头（探头与管线垂直），沿管线寻找发讯机。当接收机接到清管器发讯机发出的电磁波时，表头指针开始摆动，耳机内有信号。这时注意调节增益旋钮，可由表头指针与耳机信号相配合的情况来判定清管器的位置；接收机沿管线轴向移动，当接收机从清管器的一端移至另一端时，接收机信号由小增强到最大，又逐渐衰减到最小直至接近零，以后又增强到最大而逐渐衰减到零。在两个最大信号之间的最小信号就是发讯机位置，也就是探头正处在发讯机上方时，耳机几乎无声，表头指针接近零位。

（5）当检测清管器深度时（即管线埋深），应将接收机的探头与管道轴向平行，发讯机在探头的正下方时信号最大。然后，先后将探头移向发讯机两侧（沿管线轴向）将得到两个最小信号，这两个最小信号之间距离的0.8倍就是清管器的深度。

四、技术要求

（1）选择指示仪的观测点时应避开电焊机、电动机、步话机等的干扰，其相距不应小于10m，也应注意公路上车辆的干扰。

（2）指示仪的增益不能调节过大，否则会因为外界因素干扰而发生信号的误报，对一般的探测深度为2m的情况下，增益应调节到最大增益的1/3~2/3处。

（3）将带有发讯机的清管器送入发射筒并关闭盲板后，应对发讯机功能进行检查，检查发讯机的信号强度、接收机探测距离，然后根据管线埋深、壁厚及环境干扰等因素来调节仪器的增益。

（4）由于附近电线、步话机、电焊机及探头线圈的移动和地球磁场等因素的影响，接收机和指示仪的增益都不能调得比实际要求高，这样才能尽可能抑制干扰信号。

（5）接收机主要用于沿管线寻找清管器，也可固定在管线上作为通过指示仪。

（6）接收机采用 2 号干电池，容量 0.5Ah，耗电量 12mA，可连续工作 40h，在电压指示槽表指针读数低于 10V 时应更换电池，使用后要取出电池另地存放，以免电池的电解液腐蚀仪器。

（7）发讯机、指示仪中的电池若达不到使用要求时，应及时更换。

技能训练五　加缓蚀剂操作（滴注法）

一、学习目的

了解缓蚀剂防腐机理，正确加注缓蚀剂。

二、准备工作

（1）工具用具：300mm 活动扳手 2 把，250mm 活动扳手 1 把，450mm 管钳 1 把，阀门扳手 1 把，抽油枪 1 把，10L 白铁桶或塑料桶 1 个。

（2）材料：川天 2-1 缓蚀剂 50~150L（稀释液）。

（3）检查平衡罐、井口注入装置和仪表。要求安装完好、性能可靠、罐体密封不漏。

（4）穿戴好防护衣物、用品，备好缓蚀剂灼伤的急救药品。

（5）井口要有灭火设施，现场严禁烟火。

三、操作步骤

（1）关平衡罐的平衡阀和缓蚀剂注入阀。

（2）开平衡罐上放空阀，泄压为零。

（3）开平衡罐加料漏斗阀。

（4）关平衡罐排污阀。

（5）用抽油枪抽吸缓蚀剂，用桶从加料漏斗处倒入平衡罐内。

（6）关闭放空阀和加料漏斗阀。

（7）开平衡阀。

（8）开缓蚀剂注入阀，向井内注缓蚀剂。

（9）加注完毕，关注入阀、平衡阀，开放空阀，泄去平衡罐内压力。

（10）做好工作记录。

（11）打扫场地，彻底清洗工具、用具。

（12）操作完毕操作人员立即更换衣物及用品，并及时、彻底地进行清洗。

四、技术要求

（1）开平衡阀，待罐内压力与注入点压力一致后，才能开注入阀。

（2）控制注入阀开度，使缓蚀剂注入量均匀、连续。

（3）缓蚀剂稀释液的配制见产品说明书。

（4）排空时，站在上风方向操作，以防硫化氢中毒。应尽量少放空含硫天然气，以免污染环境，危害人、畜。

（5）加注过程中不应有缓蚀剂飞溅、漏失等现象。

（6）上罐顶操作时，操作人员行动应慎重，要防止滑倒、避免摔伤或缓蚀剂溅出伤人。

（7）川天 2-1 缓蚀剂（稀释液）注入量和注入时间（仅供参考）：

① 天然气产量为 $30\times10^4 \sim 50\times10^4 \mathrm{m}^3/\mathrm{d}$ 的气井，每半月加注一次，注入量约 40L。

② 间隙生产井每月加注一次，约 50L。

③ 关井后，每半年加注一次，套管内加入 40L，油管内加入 20L。

五、相关知识

缓蚀剂作用原理：借助于缓蚀剂分子在金属表面形成保护膜，隔绝硫化氢等腐蚀性的气体与钢材的接触，达到减缓、抑制钢材电化学腐蚀的作用，延长管材和设备的使用寿命。

四川含硫气井常用缓蚀剂有五种：液氨、粗吡啶、1901、7251、川天 2-1。液氨、粗吡啶和 1901 三种缓蚀剂曾用于气田防腐蚀，有较好的防腐蚀作用，但这类缓蚀剂有恶臭，尤其是 1901 具有强烈的恶臭，现场已不用。7251 水溶液缓蚀剂及川天 2-1 油溶性缓蚀剂均无恶臭。现场应用表明，它们很多指标和性能均接近或优于 1901 缓蚀剂，可在含硫气井和输气管线中使用。上述缓蚀剂均为有机物，挥发性强，对皮肤、鼻黏膜有刺激作用，操作时应戴上口罩和手套，作业完洗手。

缓蚀剂可用平衡罐（或泵）注入含硫气井或集输气管线。注入方法可根据缓蚀剂特性和井内情况而定，一般有下列两种情况：

（1）周期性地注入缓蚀剂，主要适用于已关井和产气量小的井。金属表面形成的膜越完整，两次注入之间的周期可越长。

（2）连续性地注入缓蚀剂，可不断修补金属表面的缓蚀剂膜，维持它的覆盖层，用于产气量大或产水量多的井。

技能训练六　哈里伯顿井口安全系统操作管理

一、学习目的

学习哈里伯顿井口安全系统的工作原理，掌握该系统投用的操作步骤，确保自动控制系统安全、平稳、可靠地运行和井口安全系统的正常启用。

二、准备工作

（1）确认气井生产正常、管线输气压力正常。
（2）系统经维护、调试，确认状况良好，可正常使用。

三、操作步骤

（一）系统投用操作步骤

只有在气井正常生产后，井口一级节流后压力低于高压先导阀设定值、输压大于低压先导阀设定值时，才能将系统正常投用。

（1）检查阶段。

① 控制盘上的控制气调压阀（面板右上）应逆时针旋到底（注意松锁定环），压下中继阀（面板右下）手柄（使其为关）。

② 切断阀上应有锁定帽或手轮机构（强制开位）。

③ 执行气路管线上各阀门（分离器排污阀、过滤器排污阀）应处于关闭状态。

④ 高、低压先导阀及引压截止阀、放空截止阀应处于关闭状态。

（2）开启气源引压截止阀，调节分离器后的执行气调压阀，使其输出压力在 200~250psi。

（3）开启高、低压先导阀的引压截止阀。

（4）拉出控制盘上中继阀手柄，同时顺时针缓慢旋转控制气调压阀，使压力表上的压力缓慢升至 30psi（1psi＝6.89kPa）左右，绝不能超过 35psi，确认压力表读数稳定后松开手柄，此时中继阀稳定在开位。

（5）检查各连接点是否有漏气情况，若有漏气必须进行处理。

（6）完毕。

（二）特殊情况的操作

使用中若系统不能恢复至正常状态，而生产又不能停止时，在取得调度室同意后，可暂用锁定帽盖住阀杆，将切断阀置为强制开位。操作如下：

（1）控制盘上的控制气调压阀应逆时针旋到底（注意松锁定环）。

（2）同时关闭井口一级节流针形阀。

（3）一人在控制盘前，拉出中继间手柄，同时观察切断阀阀杆，直至阀杆下降完毕。

(4) 此时另一人迅速将锁定帽旋上，将切断阀强制为开。

(5) 打开井口一级节流针形阀。

(6) 泄去气路中压力，关闭各处引压截止阀。

四、技术要求

(1) 执行气压力必须稳定在 200~250psi 范围内（最好为 225psi）。

(2) 控制气压力控制在 30psi 左右（不能超过 35psi）。

(3) 开关先导阀时，禁止操作先导阀的调节螺钉。

(4) 对井口一级节流针形阀操作是为了防止切断阀开时气流的瞬时冲击。

(5) 先导阀在维护保养时，严禁污物进入。

五、相关知识

哈里伯顿井口安全系统的用途：哈里伯顿井口安全系统在井口起火、井口一级节流后压力超高、干线压力（输压）超低及远程控制等特殊情况下关闭井口，一般并不用于正常情况下的开关井。

系统主要包括切断阀、高低压先导阀、中继阀、易熔塞和执行气源部分。从气路上来说，包括有执行气路、控制气路和泄放气路三部分。

执行气路首先从天然气管线中引出（一般在分离器后的天然气管线上），天然气作为执行气的气源，经调压后进入控制箱中继阀。中继阀将气源分为两路，一路经快速泄放阀后进入切断阀气缸作为执行气；另一路经调压阀（设定值为 207~242kPa）调压后成为控制气，经电磁阀后进入各控制点（高、低压先导阀和易熔塞），并给中继阀提供背压，泄放气路在系统动作时提供气体泄放通路。

系统处于正常状态时，执行气路导通，控制气路稳定，一旦发生某种异常情况，如起火引起易熔塞熔化、井口一级节流后压力超高（超过高压先导阀设定动作值）引起高压先导阀动作、干线压力（输压）超低（低于低压先导阀设定动作值）引起低压先导阀动作或远程控制（通过电磁阀），就会将控制气迅速泄放于大气中，造成中继阀背压丢失，使执行气路与泄放气路导通，执行气迅速泄放，导致切断阀关闭。

该系统在使用中的维护保养应注意：

(1) 在使用中，应随时观察、控制好执行气压力和控制气压力。

(2) 人员在控制盘旁活动时，不得靠、贴控制盘，以防止意外压下中继阀手柄，引起切断阀关闭。

(3) 使用中应随时注意井口一级节流后压力和输压，在气量调节或其他正常工艺操作时，应使压力控制在高、低压先导阀的动作值之内，避免出现波动。

(4) 系统在正常使用中，非调试人员禁止操作先导阀的调节螺钉。

技能训练七　集气管线阴极保护站日常操作管理

一、学习目的

学习并明确阴极保护站运行及管道保护的日常工作内容及有关参数要求。

二、准备工作

（1）准备万用表、$Cu/CuSO_4$（CSE）参比电极等。
（2）备用可更换的绝缘法兰、检查头、检查片、导线等。

三、操作步骤

（1）检查并清扫仪器、设备，保证清洁卫生。
（2）每日检查测量通电点电位，记录电位及输出电流、电压，并绘制阴极保护电位曲线图。
（3）定期检查阳极接地电阻。
（4）定期检查设备及避雷器导线接地。
（5）定期检查绝缘法兰绝缘效果。
（6）定期检查检查头的绝缘电阻值。
（7）定期检查检查片的使用情况。
（8）定期检查和消除管线其他部位漏电情况。
（9）按照规定定期切换恒电位仪。

四、技术要求

（1）爱护直流电源设备（电位仪、硅整流器等），在启动、停运、调节中严格遵守操作规程，不超负荷工作，站内设备的安装要正规，连接牢固。搞好设备的清洁卫生，注意室内保持干燥，通风良好，防止仪器过热。
（2）设备接地电阻和避雷器导线接地电阻，一般不大于 6Ω。在交直流电路中的避雷器、保安器、熔断丝应符合要求，其额定熔断电流应与设备负荷相适应；不允许用其他金属代替，在雷雨季节要注意防止雷击。
（3）在生产实践中摸索和制定本地区的合理保护电位，保护不到的管线要查明原因，采取措施，使全线都能受到保护。
（4）要连续向管线送电，送电时间不得少于全年的95%，连续停电时间不超过24h。
（5）通电点电位不合格应立即调整至合格，每月至少测量管线对地电位1次。
（6）阳极接地电阻每半年检查一次，阳极接地电阻要求在 0.5Ω 以下，最高不超过 2Ω。

（7）每半年测管地自然电位及沿线土壤电阻率一次。

（8）绝缘法兰的绝缘电阻应大于100kΩ。绝缘法兰是否漏电，可根据绝缘法兰两边管线的管地电位来判断。管线受保护一侧的管地电位应大于或等于-0.85V，不受保护一侧的管地电位应等于或接近于该点管地自然电位。如果二者电位相近或相等，则说明绝缘法兰漏电，应进行修理。如果不能修复，应利用管线停气机会更换绝缘法兰垫片。

（9）检查头接线柱与大地的绝缘电阻应大于10kΩ，用万用表测量，若小于此值，应检查接线柱与外套钢管是否有接触而使绝缘性能变差，若有则应维修和更换。

（10）管线其他部位漏电，是指管线跨越、穿越以及管线绝缘层损坏等漏电。

（11）检查片用来判断阴极保护的效果，沿管线每隔一定距离设一组，每隔1~2年应取出一组检查片进行分析和鉴定，同时应将另一组新的检查片按原要求埋入（一组检查片有4块，分别处于通电绝缘、不通电不绝缘、不通电绝缘状态）。检查片安装要经过严格的除锈、去除油污，并用天平称重，然后编号登记存档。埋设时放置条件必须一致。

五、相关知识

当阴极保护站竣工以后，仔细检查直流电源部分、阳极接地装置、检查头、检查片、房屋等设施均符合设计要求，即可开始工作。首先沿管线测点测管地自然电位，此项工作完成后就可以通电测试。先按通电点电位-1.25V，调整电源输出。但由于管线通电后产生极化现象，使管外地电位变化，即保持上述电位24h后重新调整输出电压，使之通电点电位至少达到-1.25V，沿管线测定管线保护电位，并使阴极保护最远端的保护电位至少达到-0.85V以上。若达不到此值，则应查明原因并进行整改，务必使全线保护电位均在最小保护电位以上。

技能训练八　用采气曲线划分气井生产阶段

一、学习目的

学会用采气曲线划分气井生产阶段。

二、操作方法

(一) 准备工作

(1) 选择一口生产气井。
(2) 收集整理该气井几年（或更长的时间）来生产动态资料。
(3) 作出采气曲线图。

(二) 操作步骤

(1) 无水采气阶段。
① 净化阶段。
② 稳产阶段。
③ 递减阶段。
(2) 气、水同产阶段。
① 稳产阶段。
② 递减阶段。
③ 低压生产阶段。
④ 排水采气阶段。

三、技术要求

(1) 用采气曲线划分气井生产阶段，应根据气井的具体特征综合分析，应能具体、形象地表述气井的动态特征。

(2) 操作步骤中所划分的几个生产阶段，仅仅是一些基本的生产阶段，在生产中还可根据气井的动态特征，划分出较多的其他生产阶段。

采气阶段的主要指标是氯离子含量不高，日产水量少，井口的油管、套管压差小。若气井生产中出现地层水后，氯离子含量升高，日产水量相应增多，井口的油管、套管压差逐渐明显增大，则应划分气、水同产阶段。

稳产阶段的主要指标是井口压力、日产气量、气水比相对稳定。气井的日产气量或井口压力递减很快或井口压力、日产气量都下降较快，则应视为递减阶段。

低压生产阶段的主要指标是井口流动压力较低，产出气量相对减少，为提高采收率，通过论证可建立压缩机站采气生产。

技能训练九　计算气田管理指标

一、学习目的

学习气田管理指标中气藏配产偏差率、气藏采气时率、气井利用率和气井测压率的计算方法，掌握各指标的考核意义和计算方法。

二、准备工作

(1) 掌握气藏开发方案，明确气藏配产和投入开发井数。
(2) 收集指令性开关井计划和临时调整计划资料。

三、操作步骤

(一) 气藏配产偏差率的计算

(1) 计算气藏日均采气量。
(2) 按公式计算气藏配产偏差率。
(3) 对比考核指标。
(4) 汇报考核结果。

(二) 气藏采气时率的计算

(1) 计算气藏气井月度实际总的生产时间。
(2) 统计计划关井时间。
(3) 按公式计算气藏采气时率。
(4) 对比考核指标。
(5) 汇报考核结果。

(三) 气井利用率的计算

(1) 统计实际开井数。
(2) 按公式计算气井利用率。
(3) 对比考核指标。
(4) 汇报考核结果。

(四) 气井测压率的计算

(1) 统计实际测压井数。
(2) 按公式计算气井测压率。
(3) 对比考核指标。
(4) 得出考核结果并分析汇报。

四、技术要求

(1) 气藏配产偏差率指标考核。

① 试采期间，整装气藏配产偏差率不超过±2%，每月考核一次。

② 正式开发的整装气藏，开发规模小于 $100×10^4 m^3/d$ 时，配产偏差率不超过±2%；开发规模在 $100×10^4 m^3/d$ 以上的，配产偏差率不超过±1.5%，每季度考核一次。

（2）气藏采气时率要求在95%以上，每月考核一次。

（3）气井利用率要求在90%以上，每月考核一次。

（4）气井测压率。

① 试采整装气藏测压率要求在98%以上，每月考核一次。

② 正式开发期的整装气藏测压率要求在95%以上，每月考核一次。

③ 其他类型气藏测压率要求在90%以上，每季度考核一次。

五、相关知识

气藏的配产是根据气藏各气井核定产能和气藏开发方案确定的。气藏配产偏差率用来考核气藏配产的执行情况。

$$气藏配产偏差率 = \frac{气藏采气量 - 气藏配产气量}{气藏配产气量} × 100\%$$

$$气藏配产气量 = 日配产量 × 考核期间配产天数$$

气藏采气时率和气井利用率是检查、考核气藏开采合理性的重要指标，多开井和增加生产时间，有利于使气藏实现均衡开采，以提高气田采收率和开发效益。

$$气藏采气时率 = \frac{采气井月度实际生产时间之和(h)}{投产气井数 × 日历时间(h) - 计划关井时间(h)} × 100\%$$

$$气井利用率 = \frac{实际开井数(口)}{已投产井数(口) - 计划关井数(口)} × 100\%$$

凡当月生产在24h以上的气井，称为开井生产；凡是由于地质目的或指令性关井者为计划关井。

气井测压分为井口仪器测压和井下压力计测压。气田现场最常用活塞式压力计（真重仪）测取压力，以提高资料的准确性。

技能训练十　利用压力梯度计算气层中部压力

一、学习目的

学习压力梯度的概念、掌握用压力梯度推算气层中部压力的原理和推算方法。

二、准备工作

收集整理井筒内各测点的井深及对应的压力值。

三、操作步骤

(1) 矫正各测点垂直井深。
(2) 计算压力梯度。
(3) 计算气层中部压力。

四、技术要求

(1) 地层压力取绝对值。
(2) 实测压力资料所对应的井深必须是经矫正后的垂直井深。
(3) 计算结果保留两位小数。

五、相关知识

(1) 测点垂直井深矫正：

$$L = L_0 \cos\alpha \tag{4-10-1}$$

式中　L——测点垂直井深，m；
　　　L_0——测点井深，m；
　　　α——井斜角度，(°)。

(2) 压力梯度计算公式：

$$p_T = \frac{p_2 - p_1}{L_2 - L_1} \tag{4-10-2}$$

式中　p_T——压力梯度，MPa/m；
　　　L_2, L_1——测点垂直井深，m；
　　　p_2, p_1——L_2, L_1 所对应的压力，MPa。

(3) 气层中部压力计算公式：

$$p_{wf} = p_2 + (L - L_2) p_T \tag{4-10-3}$$

式中　p_{wf}——气层中部井深压力，MPa；
　　　L——气层中部垂深，m；
　　　L_2——所选测点垂直井深，m；
　　　p_2——测点 L_2 所对应的压力，MPa。

技能训练十一　利用井筒压力值确定井筒液面深度（图解法）

一、学习目的

掌握通过井筒压力梯度判断井筒内是否存在积液及确定井筒液面深度的方法。

二、准备工作

（1）收集整理井筒内各测点的井深及对应的压力值。
（2）准备好计算纸、直尺、铅笔等工具。

三、操作步骤

（1）矫正各测点垂直井深。
（2）将矫正后的井深及对应的压力值描点在井深—压力直角坐标系中。
（3）分析各点的线性关系，作出线性关系好的点的回归直线。
（4）从两直线的交点读出对应的井深，即液面深度。
液面深度也可用计算法得到。

四、技术要求

（1）测点井深必须矫正，保留整数。
（2）坐标选择适当，描点要准确。
（3）计算结果保留整数。

技能训练十二　计算绝对无阻流量

一、学习目的

学习绝对无阻流量的概念，掌握绝对无阻流量的计算方法。

二、准备工作

(1) 收集整理试井资料。
(2) 收集整理近期生产数据。

三、操作步骤

(1) 计算目前地层压力。
(2) 在试井产气方程式中，取得相关参数（A，B 或 C，n）。
(3) 按公式计算绝对无阻流量。

四、技术要求

(1) 地层压力为绝对压力。
(2) 试井资料必须准确，确保参数的准确性。
(3) 计算结果保留一位小数。

技能训练十三　稳定试井

一、学习目的

学习稳定试井的概念，掌握稳定试井的方法，能绘制产气指示曲线和求取产气方程式，计算绝对无阻流量。

二、准备工作

（1）准备好稳定试井方案。
（2）准备好测试仪器，如活塞式压力计或电子压力计。
（3）试井前气井关井压力恢复稳定，地面工艺符合试井要求。

三、操作步骤

（1）测取气井井口最大关井压力或下压力计实测井底压力。
（2）开井，调节气量到第一测点，使其稳定生产。
（3）录取井口压力、气量、水量、温度等原始资料，按时测取井口真实压力。
（4）当该测点按计划完成后，调整气量到下一个测点，使其稳定生产。
（5）重复以上步骤，完成所有计划测点的测试工作。
（6）进行原始资料的处理和计算。
（7）取每一个测点下的稳定数据点，汇总整理为作图数据表。
（8）在标准计算纸上，绘制 $\dfrac{\Delta p^2}{q_g}$ 关系指示曲线，取得 A，B 值。
（9）在标准计算纸上，绘制 $\lg\Delta p^2 - \lg q_g$ 关系指示曲线，取得 C，n 值。
（10）写出二项式产气方程式，计算二项式绝对无阻流量。
（11）写出指数式产气方程式，计算指数式绝对无阻流量。
（12）进行试井成果分析、解释。
（13）编写试井报告。

四、技术要求

（1）稳定试井测点（工作制度）一般要求产量从小到大安排 4~5 个。
（2）每一个测点生产 8~10h，各测点测试时间相同。
（3）在调节气量时，一旦气量达到测点要求后应停止操作，中途不得随意调整气量，直至该测点测试完毕。
（4）一般每小时录取井口压力、气量、水量、温度等资料，每 2h 测取一次井口真实压力。

（5）各测点的稳定标准是：24h 内，井口压力变化宜为±（0.5%~1%），在连续 6~8h 内，产量变化为±（2%~5%）。

（6）在测试过程中，应边测试、边整理、边作图、边分析，如发现测点有问题，应及时进行重测或补测。

（7）所绘制的产气指示曲线应准确、美观。

（8）其他要求与试井知识要求相同。

技能训练十四　关井压力恢复试井

一、学习目的

学习不稳定试井的原理，掌握关井压力恢复试井的方法，能绘制压力恢复曲线，求取地层参数和二项式产气方程式，计算绝对无阻流量。

二、准备工作

（1）准备好压力恢复试井方案。
（2）准备好测试仪器，如活塞式压力计或电子压力计及计时器。
（3）试井前气井定产量稳定生产在5d以上，生产资料完整。

三、操作步骤

（1）关井前测取气井生产井口真重套管、油管压力。
（2）关井、计时、测压同时进行。
（3）关井初期，测压采用定值法（定克组砝码值），连续测取关井后压力恢复变化值。
（4）当压力恢复减缓，即定值法压力上升时间延长到3min后，采取定时间连续测压。
（5）当压力恢复稳定后，结束现场测试工作。
（6）进行原始资料的处理和计算。
（7）将计算结果汇总整理为作图数据表。
（8）在半对数坐标纸上，绘制 $p_{wf}^2(t)-\lg\dfrac{\Delta t}{t+\Delta t}$ 关系曲线。
（9）在曲线上划分各段，找出续流段、直线段和末尾段。
（10）求取地层压力。
（11）求取 A，B 值，建立二项式产气方程式，计算绝对无阻流量。
（12）求取地层参数，分析断层或边界效应等。
（13）编写试井报告。

四、技术要求

（1）气井关井时要动作迅速，关井后无泄漏。
（2）采取定值法测压时，预定的砝码值应合理，保证初期压力恢复连续性好。
（3）测压时应做到眼明手快，操作准确。
（4）采取定时间测压时，应注意时间间隔，做到"先密后稀"。

(5) 在试井过程中,应边测试、边整理、边作图、边分析,如发现测点有问题,应及时进行重测或补测。

(6) 所绘制的压力恢复曲线应准确、美观。

(7) 曲线各段的划分应充分分析后确定。

(8) 各参数的求取应准确。

(9) 其他要求与试井知识要求相同。

技能训练十五　编制气田开发方案

一、学习目的

学习气田开发方案的编制方法，了解气田开发方案编制的技术要求及作为方案编制重点的气藏开发部分设计的相关知识。

二、准备工作

（1）收集整理气田各种资料。
（2）进行编制前的总体要求讨论。

三、操作步骤

（1）收集气田开发的地质研究成果。
（2）收集气田类型判断及储量计算资料。
（3）收集气田布井方案、钻开程度研究资料。
（4）选择设计气田开发方式。
（5）气田开发指标概算。
（6）气田开发动态预测。
（7）气田生产制度预测。
（8）气田特殊开发措施研究。
（9）气田开发实验井、开发实验区实施。
（10）气田采收率估计和研究。
（11）气田开发的实施方向和调节。
（12）气田集气、输气、配气、脱硫、增压、轻烃回收系统设计论证。
（13）气田供水、排水、供配电、通信系统设计论证。
（14）气田开发的环境保护、节能降耗研究。
（15）气田开发经济指标概算论证。

四、技术要求

（1）编制开发方案是一项综合性任务，包括地质、钻井、开发、机动、经济供应、生活用水保障等环节，各部门之间必须协调进行。

（2）编制开发方案时应把地层、井筒、地面设备、矿场集输管网、输气干线、脱硫系统、增压系统、配气、用户及通信系统、供水、供电等看成一个整体来研究。要得到合理的开发方案，进行比较、论证，取长补短，选择其中最合理的方案实施。

（3）编制气田开发方案的主要依据有以下几点：

① 已探明可供工业开发的气藏数量或开发层系（裂缝系统）的数量，每个气藏预计工业可采储量和气田总储量。

② 气藏的原始地层压力、地层的物性参数（孔隙度、渗透率、含气饱和度等）、气水界面等气藏的静态资料。

③ 气藏的驱动类型，井间连通关系，单井产能的高低，以及通过试采反映的出气井特征等气藏（气井）的动态资料。

④ 天然气的物理化学性质和热力学性质，油、水的物理化学性质，地层水的产量，气水比等。

⑤ 国家对天然气的需求量。

⑥ 国家对天然气的气质要求，对开发气田的环境保护法令、规定等。

以上六项中最重要的是气田储量，一般是以压降储量作为开发设计的依据，没有压降储量时，应以多种计算方法（如容积法、弹性二相法等）计算储量，然后验证，找出最佳储量作为设计依据。

（4）按照气藏或裂缝系统的压力划分开发层系。一般把压力一致、相互连通的气藏或裂缝系统作为一个开发单元编制开发方案。

（5）确定气藏的开发方式，即用消耗式开发还是用保持压力式开发。

（6）按照开发层系的储量和驱动类型，确定开发速度、稳产年限和相应的生产能力（日采气量）。

（7）按照开发层系地层的岩性特点、地层水的活跃程度以及井身条件确定气井的工作制度和开采工艺，确定单井初产量和达到开发规模需要的总井数。

（8）按照开采规模、地层原始压力等参数进行水动力学计算，预测开发层系的动态，作出开发动态图。

（9）按照补充钻井数和开发层系的地质特点作出井位部署图及分年钻井工作的安排。

（10）确定采气流程的类型和集输管网的类型。

（11）确定天然气净化方案。

（12）气田供水、供电、通信、道路、生活设施的建设方案。

（13）气藏压力降低后，天然气的增压输送方案。保持压力方式开采凝析气田的天然气回注地层的方案。

（14）特殊开发措施包括对边水、底水问题，高含硫问题，凝析气田的相态问题，稀有元素的利用问题及地层水的处理等的研究。

五、相关知识

开发方案编制的内容和深度应按中国石油天然气行业标准"开发概念设计""开发方案编制""开发调整方案编制"的要求执行。一个完整的气田开发方案必须包括气藏工程设计、采气工程设计、地面建设工程设计和经济评价四部分，有时简称为地下部分和地面部分。作为气藏开发方案来讲，重点在气藏工程设计和项目经济评价内容上，地面工程部分则视方案要求情况必要时作详细设计。一个合理的气田开发方案不能单一依赖气田自身的条件来选择，而应对上述几部分工程的技术及经济指标作出综合评价，选择一体化的最优指标，才是最佳的气田开发方案。

气藏开发方案设计是在气藏地质特征研究、试采和动态特征研究、气水储量计算的基础上，在通过市场供求关系调查的前提下来进行并完成的。气藏开发方案编制的原则应根据不同类型气藏的特点提出气藏开发过程中必须遵守的基本方针和原则，保证气藏开发的科学化、合理化。例如，对底水气藏应控制气井钻开程度并控制气井生产压差和气藏采速；边水气藏应适当加强顶部气井开采、限制边部气井开采，以防边水的局部水窜或舌进；含硫气藏应考虑在气井腐蚀报废前尽可能多采出天然气等；对无后备资源补充的单个供气的气藏还应考虑较长的稳产时间以满足用户要求。对于任何一个气藏，在作预测方案设计时往往都要考虑不同开采措施下，不同井网部署、不同开采速度、不同开采方式等，并由此组合成几个到几十个的预测方案进行数模预测。

（一）采气速度设计

气藏的采气速度往往受制于地质条件的好坏和后备资源的多少。同时与开采投资环境和供求关系等外界因素有关。

一个普遍规律是，气藏孔隙度越高，渗透率越高，则采气速度越大；反之，则采气速度越小。在此要特别注意有水气藏，若气藏边（底）水活跃时，必须控制采气速度，以避免气藏形成过大的压降漏斗而导致气井过早水淹。尤其是底水气藏，当储层裂缝发育时，裂缝内的水窜往往对气井生产压差和气藏采气速度很敏感，必须将采气速度降低，否则易导致地层水窜入气藏内部造成水淹。

在编制方案时除重点考虑气藏本身的条件以外，还要考虑投资环境、用户条件、供求关系以及后备资源能力等因素，提出几种可能的气藏采气速度作为预测方案组合因素。当方案预测结束，做完经济评价并对比论证之后，采气速度才被最终确定。

（二）井网设计

对于气藏类型复杂、地质条件特殊且多以中小气藏为主的区域，在勘探特别是详探阶段，为了弄清气藏含气范围、储层横向变化等地质特征，一般布有一定数量的探井和评价井。这些气藏如果具有工业价值的话，探井和评价井大都具有相当高的产能，即在气藏勘探阶段，一般是在勘探的同时又掌握了气藏储量和产能，而到正式编制开发方案时往往只需布置少量开发井，有些气藏甚至可以完全依靠探井和评价井而不必再安排开发井。这就谈不上井网问题，或者说井网问题在勘探阶段即已经得到了充分考虑和解决。

（三）开采方式设计

开采方式设计可理解为气藏驱动方式的选择，下面分类叙述如何利用自然能量最大限度地使气藏获得最佳的最终开采效果。

对于凝析气藏，可考虑消耗式开采和注气保持压力开采两种方式。

对于边水气藏，可考虑控制边水推进（早期边部排水）和允许边水均匀地自然推进（把边水作为一种驱动能量）的两种开采方式。

对于底水气藏，应采用控制气井钻开程度和生产压差的生产方式或早期排水采气的双层开采方式。

按气藏开发井的投产先后可分为一次性投产方式（即一次性地部署开发井并完井投产）和接替式开采方式（即先打部分开发井投产，当气井不能继续稳产时再打产能接替井,以延长气藏稳产年限)。

按地面集输条件可分为靠自然能量集输开采和增压开采两种方式。虽然增压开采在一定程度上属于地面工艺研究范畴,但在气藏开发方案设计中由于气井井口压力极限要求不同,因此气藏工程设计时必须分别进行动态预测。

(四) 方案设计和动态预测

根据上面考虑的气藏开采方式、采气速度、井网部署等组成的气藏方案设计,会产生相当数量的开发方案,但有很多方案从气藏工程的角度来看明显不合理甚至是不可能的,也就没有必要逐一进行动态预测,即从简单排列组合的方案群中初选出不合理、不可能的方案,最后剩下的方案就构成了气藏工程设计中的预测方案,一般控制在几个至几十个供数值模拟动态预测。

动态预测必须先确定两个有关气井生产的问题。一是单井配产,即在不同采气速度、井网下生产井产量大小控制的问题。配产时主要依据气藏动态分析和气井产能分析结果提供一个初始产量供模拟预测试算,若试算结果(如气藏压力分布、稳产期长短等)不满足方案原则和开采方式要求,则需修改配产,重新预测直至满足为止。二是生产井生产方式的选择和确定。为与气藏整体开发应有最长稳产期的要求相结合,气井多选用先定产后定压的生产方式,即气井先按配产降压生产,稳产至井口压力降到输压时转入定井口压力降生产。

接下来开始进行气藏和气井动态预测。20世纪80年代前的预测方法是将物质平衡法与气井生产方程相结合进行,80年代后随着油气藏数模技术与计算机应用的发展,方案预测都使用数值模拟并在数以百计的实际气藏应用中取得理想效果。

气藏动态预测结果后应对每个方案的主要技术指标(如井网、采气速度、稳产年限、开采年限、阶段采出程度和最终采出率等)分别列表,并提供各方案气藏开采曲线和单井生产曲线,为以后的经济评价、地面工程设计提供依据。

技能训练十六　绘制井站工艺流程图

一、学习目的

通过绘制井站工艺流程图，学习和掌握工艺流程图的绘制技能。

二、准备工作

（1）熟悉所绘制井站所采用的设备、仪表的型号和规格。
（2）熟悉该井站的流程。
（3）准备相关的绘图仪器、工具、用具1套。
（4）确定管线、阀门、设备的比例。
（5）确定图纸的规格（A0，A1，A2，A3，A4，A5）。
（6）根据井站工艺流程图的繁简，按相关的要求，合理布局。

三、操作步骤

（1）将已经确定规格大小的图纸，用透明胶带牢固地粘贴于图板上。
（2）根据井站生产工艺流程图的走向逐件逐段绘制。
（3）绘制内容。因各气田或构造的气体组分不同，气量和压力的等级也不同，所设计安装的工艺流程也不同。根据井站类型，大致可分为单井站工艺流程图和多井站工艺流程图。

① 单井站工艺流程图：井口装置（采气树），化排罐，一级角式节流阀，保温装置（水套炉等），紧急放空和安全阀，消泡罐，分离器，集液器，计量装置，污水排放计量罐（池），各设备、管道操作参数。

② 多井站工艺流程图：井口装置（采气树），一级角式节流阀，集气支线，紧急放空装置，保温装置（水套炉），二级节流阀，安全装置，分离器，计量装置，汇管，输气干线，安全装置，高、中、低旁通，污水排放计量罐（池），清管装置等。

根据生产需要，有的井站需增设缓蚀剂注入装置，有的井站需增设防冻剂注入设备和凝析油回收设备，气举排水站增设化排、机抽等装置系统。

（4）标注井站各个设备以及管线的操作参数。
（5）按流程顺序，对阀件、设备、仪表等内容标注编号。
（6）将编号顺序整齐排列，填写于图纸右下角的标题框格内。
（7）图例及相关的说明标注于图纸右上角位置。

四、技术要求

（1）绘制的工艺流程图应准确、清晰，不得有误。

（2）流程图上的各种阀件、管线和设备的图示应符合气田集输及站场设计手册上规定的流程图图例要求，绘图层次分明。

（3）图纸标题栏内的内容用仿宋体书写。

技能训练十七　绘制气藏采气曲线

一、学习目的

掌握绘制气藏采气曲线的方法，熟练绘制气藏采气曲线。

二、准备工作

（1）选择气藏内 3~5 口具有代表性的气井。
（2）按要求收集应绘制曲线的资料数据。
（3）准备好绘图用的铅笔、标准计算纸、铅笔刀、三角板、直尺等。
（4）预先绘制好纵坐标、横坐标，并写好图名。
（5）确定相应的曲线单位和在坐标上的规格。

三、操作步骤

（1）绘制各气井井口套压曲线。
（2）绘制各气井井口油压曲线。
（3）绘制气藏月产气量及历年累计产气量曲线。
（4）绘制气藏月产水量及历年累计产水量曲线。
（5）绘制气藏月产油量及历年累计产油量曲线。
（6）绘制气藏月生产井数曲线。
（7）绘制月生产天数曲线。

四、技术要求

（1）气藏采气曲线起始时间应以气藏投入开发时间为准。
（2）选择的代表性气井应能代表气藏投入开发起始、构造不同部位、井口压力高低、单井产量高低和气藏观察水井等气藏状况。
（3）应绘制曲线资料数据，包括各气井套压、油压（生产或关井），气藏产气量、产水量、产油量和累计产气量、产水量、产油量，气井开井井数、月生产天数等。
（4）不同投产时间的气井，应注明投产时间。
（5）绘制曲线采用标准计算纸。
（6）生产数据为纵坐标，时间为横坐标。
（7）图名必须有气田、气藏、年、月。
（8）各数据应标明计量单位，曲线应标明表示的内容，如套压、油压、日产气量等，取好单位比例。
（9）各条曲线要求比例适中，曲线分布均匀，尽量避免曲线相交，保持曲线准确、清洁、美观。
（10）根据气藏的具体情况确定增减曲线的条数与其他内容。

技能训练十八　绘制单井工艺流程示意图

一、学习目的

熟悉气井工艺流程，能熟练绘制气井工艺流程图。

二、准备工作

（1）绘图仪器、工具用具1套。
（2）确定图纸的规格（A0，A1，A2，A3，A4，A5）。
（3）根据井站工艺流程的繁简，按规定符号合理布图。

三、操作步骤

（1）将已确定规格大小的图纸，用透明胶带牢固地粘贴于图板上。
（2）根据井站生产工艺流程的走向逐件逐段绘制。因各地区气田或构造的气体组分不同，气量和压力的等级不同，所设计安装的工艺流程也不同，但主要应包括：井口装置（采气树），一级角式节流阀，保温装置（锅炉、水套炉、套管式换热器、电热带等），紧急放空和安全阀，分离器、集液器，计量装置，液体计量罐。
（3）按流程顺序，对阀件、设备、仪表等内容标注编号。
（4）将编号顺序整齐排列，填写于图纸右下角的标题框格内。
（5）图例和说明标注于图纸右上角位置。

四、技术要求

（1）绘制的单井工艺流程示意图应准确、清晰，不得有误。
（2）流程示意图上各种阀件、管线和设备的图示应符合气田集输及站场设计手册上规定的流程图图例要求，绘图层次要分明。
（3）图纸标题栏内的内容用仿宋体书写。

技能训练十九　绘制井身结构图

一、学习目的

熟悉采气井井身结构，能熟练绘制井身结构图。

二、准备工作

（1）绘图仪器、工具用具 1 套。
（2）确定图纸大小的规格（A0，A1，A2，A3，A4，A5）。
（3）根据钻井工程和地质资料的数据按要求绘制。

三、操作步骤

（1）用透明胶带将已确定规格大小的图纸牢固地粘贴于绘图板上。
（2）根据收集整理的钻井工程和地质资料相关的各数据绘成草图。
（3）将修改准确的草图按套管大小，顺序画出正规的井身结构图。
（4）绘图内容：①钻井所用的各种不同规格的钻头和钻至井深；②下入井内各层套管规格尺寸及深度；③各层套管间的水泥返至地面的高度；④下入井内的油管管串规格尺寸及下入井内深度；⑤油管鞋结构、规格大小及长度；⑥井下的衬管位置、结构、规格大小及长度等；⑦该井口的海拔高度及补心海拔高度；⑧完钻方式和完钻井深及层位名称；⑨大个产层的井深及名称；⑩主力产层井深及名称。
（5）在图纸的顶部写出某气田、构造、井号；在图纸的右下角标注绘图日期；在结构图的两侧标注各种规格尺寸，油、气显示的符号及层位和油管规格尺寸及长度、下入深度等各种数据。
（6）在图纸的扉页上，叙述该井主要的钻井、试油、测试等井史情况。

四、技术要求

（1）绘制井身结构图的各种数据，必须以钻井工程、地质资料的真实数据为依据，分别标注于结构图的两侧，用横线（或箭头）标注准确。
（2）各层套管和油管用粗实线画出；固井水泥用密点，各种产层符号用地质惯用符号表示。
（3）绘图应整洁、清晰、准确，不得有误。
（4）绘图字迹要求端正。

高级技师技能考核组卷示例

一、QYD 电子清管器探测定位仪的定位操作

(一) 技术要求及说明

（1）选择指示仪的观测点时应避开电焊机、电动机、步话机等外界干扰，其相距不应小于 10m，还应注意公路上车辆的干扰。

（2）指示仪的增益不能调节过大，否则会因外界因素而发生信号的误报。在一般的探测深度为 2m 的情况下，增益应调节到最大增益的 1/3~2/3 处。

（3）将带有发讯机的清管器送入发射筒并关闭盲板之后，应对发讯机功能进行检查，检查发讯机信号强度、接收机探测距离，然后根据管线埋深、壁厚以及环境干扰因素来调节仪器的增益。

（4）由于附近电线、步话机、电焊机以及探头线圈的移动和地球磁场等因素影响，接收机或指示仪的增益都不能调得比实际要求高，这样才能尽可能抑制干扰信号。

（5）接收机主要用于沿管线寻找清管器，也可固定在管线上作为通过指示仪。

（6）接收机采用 2 号干电池，容量为 0.5A·h，耗电量为 12mA，可连续工作 40h。在电压指示槽表指针读数低于 10V 时应更换电池。使用后取出电池另地存放，以免电池的电解液腐蚀仪器。

（7）发讯机、指示仪中的电池若达不到使用要求时，应及时更换。

(二) 操作程序

（1）开启发讯机。
（2）操作清管器通过指示仪。
（3）探测清管器位置。
（4）探测清管器深度。
（5）关闭仪器。

(三) 考核时间

（1）准备时间 5min，正式操作时间 35min，总时间 40min。
（2）总时间超过 2min 停止作业。
（3）违章操作时，停止作业，且评分为 0。

(四) 配分、评分标准

序号	考核内容	评分要素	评分标准	配分	扣分	得分
1	开启发讯机	将发讯机充电并检查电压是否正常，接通电极，使发讯机处于工作状态，当作模拟"清管器"	未充电扣 4 分；未检查电压扣 4 分；未启动仪器扣 4 分	12		

续表

序号	考核内容	评分要素	评分标准	配分	扣分	得分
2	操作清管器通过指示仪	将通过指示仪的两个探头接线插头插入仪器右侧插孔中,选择好探头位置(与管道平行或垂直),两探头距离3~5m	探头位置未选对或距离不够扣6分;两探头距离不合适扣6分	12		
		将通过指示仪安放在预选选定的位置上,开启仪器的电源开关。当模拟"清管器"的发讯机通过时,探头在收到信号后,指示仪发出"嗽嗽"的信号声,按下回零按钮,信号声停止	通过指示仪位置未选对扣4分;未开启仪表扣4分;不会使用扣6分	16		
3	探测清管器位置	将接收机的耳机插入仪器左侧插孔。探头插入右侧插孔,开启电源开关,仪器进入工作状态	插孔插错扣5分;未开启仪表扣5分	10		
		戴上耳机、手持探头(探头与管线垂直),沿模拟"管线"寻找发讯机。当接收机接收到事先设置在测试坑中的"清管器"发出的电磁波时,表头指针开始振动,耳机内有信号声。此时注意调节增益旋钮,可由表头指针与耳机信号相配合的情况来判定"清管器"的位置,接收机沿"管线"输向移动,当接收机从"清管器"的一端移动到另一端时,接收机信号由小到最大,又逐渐衰弱到最小直至接近零,以后又增强至最大,又逐渐衰弱到零。在两个最大信号之间的最小信号处就是发讯机位置,也就是探头正处于发讯机上方时,耳机几乎无声,表头指针接近零位	不会使用扣10~15分;探测不到清管器位置扣10~15分	20		
4	探测清管器深度	当探测清管器深度时(即管线埋深),应将接收机的探头与管线输向平行,发讯机在探头的正下方时信号最大;然后,先后将探头移向发讯机两侧(沿管线轴向)将得到两个最小信号,这两个最小信号之间距离的0.8倍就是清管器的深度	不会使用扣10分;探测不准清管器的深度扣10分	20		
5	关闭仪器	测试完毕,关闭并收回仪器	测试完毕未关闭并收回仪器扣5分	5		
6	安全文明生产	工具的选择使用	不会选用扣2分			
		穿戴劳动保护用品	不按照规定穿戴劳保用品扣1分			
		尊重考评人员和现场工作人员,规范操作,正确使用、爱护工具和设备	违反一次扣1分			
		工完、料尽、场地清,工具、设备清洁整齐	未做到扣2分			
7	其他	超时及其他扣分		5		

续表

序号	考核内容	评分要素	评分标准	配分	扣分	得分
			合计	100		
备注			考评员签字			
			考核时间	年 月 日		

二、利用压力恢复试井资料求取流动系数

(一) 操作程序

(1) 审查整理气层温度 T、天然气偏差系数 Z、累计稳定生产时间 $T_时$ 及关井前的稳定产量 q_g 等数据。

(2) 根据整理后的压力恢复数据在半对数坐标纸上绘制压力恢复曲线图。

(3) 选取压力恢复曲线 $p_{wf}^2(t)$ — $\lg \dfrac{\Delta t}{T+\Delta t}$ 上的直线段。

(4) 求出直线段的斜率 b：

$$b = \mathrm{tg}a = \frac{[p_s^2(t)]_2 - [p_s^2(t)]_1}{\left(\lg \dfrac{t}{T_时+t}\right)_2 - \left(\lg \dfrac{t}{T_时+t}\right)_1}$$

(5) 利用实用公式计算流动系数：

$$\frac{kh}{\mu} = \frac{42.4 q_g p_{sc} Z T}{b \quad T_{sc}}$$

(6) 考试时提供天然气偏差系数表。

(二) 考核时间

(1) 提前 15min 进入考场。

(2) 考核额定时间 60min。

(三) 配分、评分标准

序号	考核内容	考核要求	评分标准	配分	扣分	得分
1	准备工作	选用绘图所用的材料、工具、用具	缺一件扣 1 分	5		
2	作图	选择合适的比例	选择图幅比例过大扣 2 分,过小扣 2 分	5		
		描点	描错一处扣 1 分	15		
3	求直线段斜率	选择直线段	选择不合理(斜率值偏差±5%)扣 15 分	20		
		计算直线段斜率	公式不正确扣 25 分;计算不正确扣 15 分	25		
4	求流动系数	根据实用公式计算	公式不正确扣 30 分;计算不正确扣 20 分	30		
			合计	100		
备注			考核员签字			
			考核时间	年 月 日		

三、求气井产气指数式方程及无阻流量

根据某井稳定试井资料整理成果表（题三表），求气井产气指数式方程及无阻流量。

题三表 某井稳定试井资料成果表

点序	p_f MPa	p_f^2	p_{wf} MPa	p_{wf}^2	$p_f^2-p_{wf}^2$	q_g $10^4 m^3/d$	$\dfrac{p_f^2-p_{wf}^2}{q_g}$	$\lg(p_f^2-p_{wf}^2)$	$\lg q_g$
0	6.842	46.813							
1			6.747	45.522	1.291	10	0.1291	0.11	1.00
2			6.578	43.27	3.543	18.227	0.1944	0.55	1.26
3			6.431	41.358	5.455	23.486	0.2323	0.74	1.37
4			6.305	39.753	7.06	27.309	0.2585	0.85	1.44

（一）操作程序

（1）绘制以 $\lg(p_f^2-p_{wf}^2)$ 为纵轴，以 $\lg q_g$ 为横轴的坐标系，见题三图。

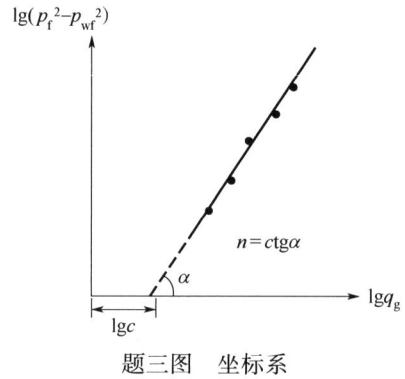

题三图 坐标系

（2）在坐标系上描点：描绘各测点 $[\lg(p_f^2-p_{wf}^2),\lg q_g]$ 值于坐标系上。

（3）求渗流指数 n 值：

① 做出各点的回归直线（连线时应尽可能使更多的点落在直线上，或均匀分布于直线两旁）。

② 用图解法求 n 值。如作平行于纵轴的直线与采气指示直线的夹角为 α，则 $n=\text{tg}\alpha$；如作平行于横轴的直线与采气指示直线的夹角为 α，则 $n=\text{ctg}\alpha$。

③ 计算法求 n 值。在直线上任取两点，分别记下其坐标值 a_1：$[\lg(p_f^2-p_{wf}^2)_1,\lg q_{g1}]$，$a_2$：$[\lg(p_f^2-p_{wf}^2)_2,\lg q_{g2}]$。则：

$$n=\frac{\lg q_{g2}-\lg q_{g1}}{\lg(p_f^2-p_{wf}^2)_2-\lg(p_f^2-p_{wf}^2)_1}$$

（4）求采气指数 c 值：

① 图解法求 $\lg c$：延长直线与横轴相交，直线与横轴的截距值为 $\lg c$。

② 计算法求 $\lg c$：在直线上任取一点，记下其坐标值 $[\lg(p_f^2-p_{wf}^2),\lg q_g]$，则，

$$\lg c = \lg q_g - n\lg(p_f^2 - p_{wf}^2)$$

③ 根据 $\lg c$ 查反对数即可求出 c。

(5) 写出产气指数式方程式：

$$q_g = c(p_f^2 - p_{wf}^2)^n$$

(6) 求出指数式无阻流量：

$$q_{AOF} = c(p_f^2 - p_{sc}^2)^n$$

(二) 考核时间

(1) 准备时间 5min。

(2) 正式操作：一人单独操作，额定时间 50min。

(三) 配分、评分标准

序号	考核内容	评分要素	评分标准	配分	扣分	得分
1	准备工作	选用绘图所用的材料、工具、用具	缺一件扣1分	5		
2	绘制指数式指示曲线	坐标轴的确定	绘制坐标轴有错扣5分；建立坐标系不规范或图面不整洁各扣5分	5		
		描点	描点偏离1mm，1个扣5分	5		
		绘各点回归直线	回归直线确定不合理扣5分	5		
		确定 $\lg c$	没在图上标明 $\lg c$ 扣5分	5		
		确定 n	没在图上标明 n 扣5分	5		
3	求 c、n 值	计算法	计算法求 c、n 值用错公式，一个扣5分；算错一个扣5分；计算结果有效位数保留不对，一个扣5分	20		
		图解法	图解法求 c、n 值时，读错一个扣5分	20		
4	写出产气方程式	分别根据两种方法求出的 c、n 值，写出指数式产气方程式	少写一个方法的产气方程式扣5分；错写一个方法的产气方程式扣5分	10		
5	求无阻流量	分别根据两种方法求出的 c、n 值，求出气井的无阻流量	计算无阻流量公式错一处扣5分；计算结果错一处扣5分	20		
			合计	100		
备注			考核员签字			
			考核时间	年 月 日		

四、求气井产气二项式方程及无阻流量

根据某井稳定试井资料整理成果表（题四表），求气井产气二项式方程及无阻流量。

题四表　某井稳定试井资料成果表

点序	p_f MPa	p_f^2	p_{wf} MPa	p_{wf}^2	$p_f^2 - p_{wf}^2$	q_g $10^4 \text{m}^3/\text{d}$	$\dfrac{p_f^2 - p_{wf}^2}{q_g}$	$\lg(p_f^2 - p_{wf}^2)$	$\lg q_g$
0	6.842	46.813							
1			6.747	45.522	1.291	10	0.1291	0.11	1

续表

点序	p_f MPa	p_f^2	p_{wf} MPa	p_{wf}^2	$p_f^2-p_{wf}^2$	q_g $10^4 m^3/d$	$\dfrac{p_f^2-p_{wf}^2}{q_g}$	$\lg(p_f^2-p_{wf}^2)$	$\lg q_g$
2			6.578	43.27	3.543	18.227	0.1944	0.55	1.26
3			6.431	41.358	5.455	23.486	0.2323	0.74	1.37
4			6.305	39.753	7.06	27.309	0.2585	0.85	1.44

(一) 操作程序

(1) 选择和绘制坐标轴：以 $\dfrac{p_f^2-p_{wf}^2}{q_g}$ 为纵坐标，q_g 为横坐标建立坐标系。

(2) 成果数据投影描点：描绘各稳定点 $\left(\dfrac{p_f^2-p_{wf}^2}{q_g}, q_g\right)$ 值于坐标系上。

(3) 绘制各点的回归直线（应尽可能使更多的点落在直线上，或均匀分布于直线两旁）。

(4) 图解法求 A，B 值：延伸回归直线与纵轴的截距为 A 值、斜率为 B 值。作平行于横轴的直线与采气指示直线的夹角为 α，则 $B=\mathrm{tg}\alpha$；A 值可直接读取（题四图）。

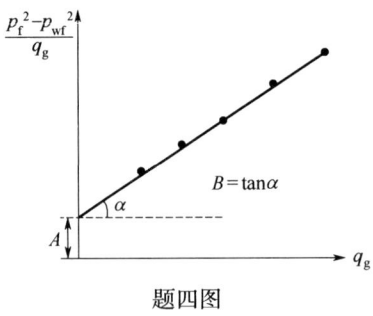

题四图

(5) 计算法求 A，B 值。

在直线上任取两点，分别记下其坐标值 a_1：$\left[\left(\dfrac{p_f^2-p_{wf}^2}{q_g}\right)_1, q_{g1}\right]$，$a_2$：$\left[\left(\dfrac{p_f^2-p_{wf}^2}{q_g}\right)_2, q_{g2}\right]$，则：

$$B=\dfrac{\left(\dfrac{p_f^2-p_{wf}^2}{q_g}\right)_2-\left(\dfrac{p_f^2-p_{wf}^2}{q_g}\right)_1}{q_{g2}-q_{g1}}$$

$$A=\dfrac{p_f^2-p_{wf}^2(t')}{q_g}-Bq_g$$

(6) 写出二项式方程：

$$p_f^2-p_{wf}^2=Aq_g+Bq_g^2$$

(7) 根据公式求出无阻流量：

$$q_{\text{AOF}} = \frac{\sqrt{A^2 + 4B(p_\text{f}^2 - p_\text{sc}^2)} - A}{2B}$$

(二) 考核时间

(1) 准备时间 5min。

(2) 正式操作：一人单独操作，额定时间 50min。

(三) 配分、评分标准

序号	考核内容	评分要素	评分标准	配分	扣分	得分
1	准备工作	选用绘图所用的材料、工具、用具	缺一件扣1分	5		
2	绘制二项式指示曲线	坐标轴的确定	建立坐标系不规范或图面不整洁,各扣3分	5		
		描点	描点偏离,一个扣2分	5		
		绘制各点回归直线	回归直线确定不合理扣5分	5		
		确定 A 值	未在图上标明 A 值扣3分	5		
		确定 B 值	未在图上标明 B 值扣3分	5		
3	求 A、B 值	计算法	计算法求 A、B 值时,用错公式一个扣4分;算错一个扣4分;计算结果有效位数保留不对,一个扣3分	20		
		图解法	图解法求 A、B 值时,算错一个扣4分	20		
4	写出产气方程式	分别根据两种方法求出的 A、B 值,写出产气二项式方程式	少写一个方法的产气方程式扣5分;错写一个方法的产气方程式扣5分	10		
5	求无阻流量	分别根据两种方法求出的 A、B 值,求出气井的无阻流量	计算无阻流量公式错一处扣5分;计算结果错一处扣5分	20		
备注			合计	100		
			考核员签字			
			考核时间		年 月 日	

五、图解法求单裂缝系统的动态压降储量及预测采出程度

(一) 操作程序

(1) 收集气井地层压力和对应的累计产气量。

(2) 在方格厘米纸上选择适当的比例尺,以地层压力为纵坐标、累计产气量为横坐标绘制压降储量曲线。

(3) 将压降储量曲线向右延伸与横坐标轴相交,交点即为该井的动态压降储量（为保证动态压降储量准确,也可将动态压降储量曲线线性回归,用直线方程式求取）。

(4) 在纵坐标上由拟地层压力 1.0MPa 点向右作横线与压降储量曲线相交,再由交点向横坐标轴做垂线,其交点在横坐标上的值即为拟地层压力 1.0MPa 时的累计产量（为保

证拟地层压力 1.0MPa 时的累计产量准确，也可用压降储量曲线线性回归线方程式求取）。

（5）用拟地层压力 1.0MPa 时的累计产量除以动态压降储量得拟地层为 1.0MPa 时的采出程度。

（二）考核时间

（1）提前 10min 进入考场。

（2）考核额定时间 60min。

（3）每超过时限 1min，从总分中扣 1 分，超过时限 10min 停止考核。

（三）配分、评分标准

序号	考核内容	评分要素	评分标准	配分	扣分	得分
1	准备工作	选用绘图所用的材料、工具、用具，收集各井相关计算参数	缺一件扣 1 分；缺一种参数扣 1 分	5		
2	作图	选择合适的比例	选择图幅比例过大扣 2 分；过小扣 2 分	5		
		描点	描错一处扣 5 分	20		
3	求储量	作压降储量曲线求储量	选择不合理扣 15 分；计算不正确扣 15 分（误差≤0.1×10^{8}m^3 视为正确）	30		
4	预测累计产量	求拟地层压力 1.0MPa 时的累计产量	方法不正确扣 25 分；计算不正确扣 15 分（误差≤0.1×10^{8}m^3 视为正确）	30		
5	求采出程度	计算采出程度	公式不正确扣 5 分；计算不正确扣 5 分	10		
备注			合计	100		
			考核员签字			
			考核时间		年 月 日	

六、绘制气藏折算压力剖面图

（一）操作程序

（1）收集气藏所在地区地温级率，井口常年平均温度，各井临界温度、临界压力、井口海拔、基准面海拔、天然气相对密度、系统关井稳定时的井口压力值，天然气压缩系数 Z。

（2）计算各井折算地层压力：

① 计算折算井深。

② 计算近似地层压力。

③ 计算地层压力：

$$p_{wf} = p_{wh} e^s$$

$$s = \frac{0.03415 r_g H}{\overline{T}\,\overline{Z}}$$

（3）建立坐标系。

（4）确定图名：×××气藏折算压力剖面图。

(5) 从西向东（或从南到北）将气藏各井沿长轴投影到横坐标上。
(6) 根据各井折算地层压力值范围，选取合适的纵轴坐标。
(7) 将各井折算地层压力值描点到坐标系中。
(8) 用折线段将各点连接起来成图。
(9) e^s 值数据表、天然气压缩系数数据表考试时提供。

（二）考核时间

(1) 提前 15min 进入考场。
(2) 考核额定时间 60min。

（三）配分、评分标准

序号	考核内容	评分要素	评分标准	配分	扣分	得分
1	准备工作	选用绘图所用的材料、工具、用具，收集各井相关计算参数	缺一件扣2分；缺一种参数扣2分	10		
2	计算折算地层压力	计算各井折算井深	公式不正确扣5分；结果不正确一个扣1分	10		
		计算各井井筒平均温度	公式不正确扣5分；结果不正确一个扣1分	10		
		查出各井天然气平均压缩系数	结果不正确一个扣1分	10		
		计算各井地层压力	公式不正确扣10分；结果不正确一个扣1分	35		
3	作图	建立坐标系	选择图幅比例过大扣2分；过小扣2分	15		
		描点	描错一处扣2分	5		
		连线	连线不清洁美观一处扣1分	5		
			合计	100		
备注			考核员签字			
			考核时间	年	月	日

七、利用测点压力求气井液面海拔（作图法）

（一）操作程序

(1) 收集气井各测点压力数据，列表。
(2) 在方格厘米纸上选择适当的比例尺，将各测点对应的压力值描在以井深为纵坐标、以地层压力为横坐标的直角坐标系上，依次连接相邻点，绘制成井深与压力关系图。
(3) 在井深与压力关系图上，求取两不同斜率直线的交点在纵坐标上的对应井深，即是液面井深（图切，也可以用两不同斜率直线的直线方程式求取）。
(4) 将液面井深换算成垂直井深：

$$H = h\cos\beta$$

式中　H——垂直井深，m；
　　　h——液面井深，m；
　　　β——井斜角，(°)。

(5) 选气井补心海拔高度,将垂直井深换算成海拔高度。

(二) 考核时间

(1) 提前 10min 进入考场。

(2) 考核额定时间 60min。

(三) 配分、评分标准

序号	考核内容	评分要素	评分标准	配分	扣分	得分
1	准备工作	选用绘图所用的材料、工具、用具	缺一件扣 1 分	5		
2	作图	选择合适的比例	选择图幅比例过大扣 2 分;过小扣 2 分	5		
		描点	描错一处扣 5 分	30		
3	求液面井深	依次连接相邻点,求取两不同斜率直线的交点在纵坐标上的对应井深	选择不合理扣 15 分;液面井深错扣 15 分(误差<±3%视为正确)	30		
4	求垂直井深	用井斜角换算	公式不正确扣 10 分;计算不正确扣 5 分	15		
5	求液面海拔高度	用补心海拔换算	公式不正确扣 5 分;选错海拔扣 10 分;计算不正确扣 5 分	15		
备注			合计	100		
			考核员签字			
			考核时间	年	月	日

八、FJJ-2 型地下管道防腐层检漏仪检漏操作

(一) 技术要求及说明

(1) 管线上的覆土紧实后才能检测,否则检漏效果不好。

(2) 表形电极应与人体保持良好的电接触,可以紧拿在手中或戴在手腕上,不要戴着手套拿电极,也不要将电极戴在衣袖外。

(3) 接收机的音量必须调节到适当程度。若调节得太强,信号强度的变化就不能反映出来,调节得太小又听不到信号声。

(4) 发射机输出不能短路和过载,避免损坏检漏仪内的元件。

(5) 发射机的接地棒应插在紧实且比较潮湿的土壤中,以保持良好的电接触。发射机输出线与被检查管道也应保持良好的电接触。

(6) 检查发射机电源电压时,应在满负荷下进行,空载检测的电压不准。

(7) 若在检漏过程中接收机和探管机突然同时收不到发射机的信号,说明发射机未向管道输出。这时应停止检漏,检查发射机。

(8) 在检查中若探管机和接收机其中一个突然接收不到信号,而另一个能收到信号时,则为收不到信号的机器内电池接触不好造成的。这时应关掉电源,打开电池盖,取出电池重新装好,再开机。

(二) 操作程序

(1) 仪器接线。

(2) 仪器启动。

(3) 仪器调节。

(4) 检漏探管。

(5) 关闭电源。

(三) 考核时间

(1) 准备时间 5min，正式操作时间 30min，总时间 35min。

(2) 总时间超过 5min 停止作业。

(3) 违章操作时，停止作业。

(四) 配分、评分标准

序号	考核内容	评分要素	评分标准	配分	扣分	得分
1	仪器接线	将仪器发射机输出的一端接到阴极保护测试桩，另一端用 20m 长的导线连接到接地棒上。将接地棒插入土壤中，并使其保持良好的接地。接地点应远离管道且连接线尽可能与管线垂直	导线连接不牢扣 4 分；导线连接错误扣 4 分；接地棒插入位置不当扣 4 分	12		
2	仪器启动	接通发射机电源。指示灯闪烁，能听到间断振荡声，便是仪器工作正常	未接通发射机扣 8 分	8		
3	仪器调节	从 5V 挡开始调节输出电压；使输出电流达到仪器允许的最大值(输出功率不超过 5W)	发射机输出短路或过载扣 8 分；发射机电源电压不足扣 8 分	16		
		检漏员甲背接收机，将输入插头插入插孔，耳机插头插入输出插孔，输入插头的地电极(短线)戴在自己手腕上。检漏员乙将输入插头的信号电极(长线)戴在自己手腕上	表形电极接触不良扣 8 分	16		
		打开接收机，调节衰减波段开关和音量旋钮，应能听到发射机的信号声	未打开接收机扣 4 分；不会调节扣 4 分	12		
4	检漏探管	检漏员乙背探管机在前面探管，检漏员甲在后面，二人保持一定间距(一般为输入线的长度)沿管道走向检漏	二人探管距离不当扣 8 分	8		
		当甲听到信号声突然增至最大值时，乙所站的位置即为可疑漏点，两人继续前走，漏点在两人中间的位置信号最弱，当甲走到漏点时信号声又增至最大，则判定该处为防腐层漏电点	不会判定漏电点扣 12 分	15		
5	关闭电源	测试完毕，关闭电源	测试完毕未关闭电源扣 8 分	8		
6	安全文明生产	工具选择使用	不会选用扣 4 分			
		穿戴劳动保护用品	未按照规定穿戴劳保用品扣 2 分			

续表

序号	考核内容	评分要素	评分标准	配分	扣分	得分
6	安全文明生产	尊重考评人员和现场工作人员,规范操作,正确使用、爱护工具和设备	违反一次扣2分			
		工完、料尽、场地清,工具、设备清洁整齐	未做到扣4分			
7	其他	超时及其他扣分		5		
备注			合计	100		
			考评员签字			
			考核时间	年 月 日		

九、阴极保护站常见故障及处理

(一) 技术要求及说明

(1) 测量通电点电位,不合格时应立即调整至合格。

(2) 阳极接地电阻要求在 0.5Ω 以下,最高不超过 2Ω。

(二) 操作程序

(1) 常见故障处理。

(2) 调整电位电阻。

(三) 考核时间

(1) 考试准备时间 5min,正式操作时间 25min,总时间 30min。计时从准备工作开始,直至操作完成结束。

(2) 总时间超过 5min 停止作业。

(四) 配分、评分标准

序号	考核内容	评分要素	评分标准	配分	扣分	得分
1	常见故障处理	若整机无直流电流和电压指示,则检查交直流熔断丝是否烧断,若是,则更换	判断检查错扣5分	5		
		若整机工作中"嗡嗡"发响,无直流输出,则检查整流半导体元件,若击穿,则更换同规格的半导体元件	判断检查错扣8分;检修质量差扣8分	16		
		若正常工作时,直流电流表突然无指示,则检查更换熔断丝或检查阳极线路	判断检查错扣6分;检修质量差扣6分	12		
		若整机工作时,直流电流慢慢下降,电压上升,则检查更换阳极或减小环路电阻	判断检查错扣6分;检修质量差扣6分	12		
		若整机直流电流短时间内增加较大,保护距离缩短,则根据绝缘法兰两边管线管地电位来判断绝缘法兰是否漏电,并及时处理	判断检查错扣6分;检修质量差扣6分;不会测量管地电位扣6分	18		
		若修理整机后,关电时管线电位比自然电位更低,则检查整机,如输出正、负极接错,立即停电,更正接线	判断检查错扣7分;检修质量差扣7分	14		

续表

序号	考核内容	评分要素	评分标准	配分	扣分	得分
2	调整电位电阻	测量通电电位,不合格时立即调整至合格。测量阳极接地电阻,要求在 0.5Ω 以下,最高不超过 2Ω	不会测量电位扣 6 分;不会测量电阻扣 6 分;调整不符合要求扣 6 分	18		
3	安全文明生产	工具的选择使用	不会选用扣 2 分			
		穿戴劳动保护用品	不按照规定穿戴劳保用品扣 1 分			
		尊重考评人员和现场工作人员,规范操作,正确使用、爱护工具和设备	违反一次扣 1 分			
		工完、料尽、场地清,工具、设备清洁整齐	未做到扣 2 分			
4	其他	超时及其他扣分		5		
备注			合计	100		
			考评员签字			
			考核时间		年 月 日	

十、更换破裂管段施工作业（答辩）

(一) 技术要求及说明

（1）当管段破裂长度在 $0.5D$ 或 50mm 以上时，应更换破裂管段。由于管内天然气不能完全排除干净，所以，更换管段的工作是"带气"作业，应严格按照要求进行。

（2）放空天然气时，若放空管线处于管线较低位置，在天然气火焰熄灭时，应立即关闭放空阀；若管线处于较高位置时，在火焰高约 1m 时关闭放空阀，这样可以在管内保留少量余气而不致形成负压。

（3）隔离孔的孔径取决于管径。一般 $\phi500mm$ 以上管线，孔径为 150~200mm；$\phi250$~400mm 管线，孔径为 100~150mm。

（4）打入隔离球中的气体，应是惰性气体或二氧化碳，禁止使用氧气或其他可燃性气体。

（5）若更换管段在斜坡上，位置在管线低处的隔离球应距离更换管段更远一点。若只使用一个隔离球，那么这个球必须放置在管线低处。

（6）隔离球放入管内，可能会被天然气推移或压破，为此，可通过球孔再放入一个隔离球，在两球之间的管线上预先割出一个小孔，并用一根钢管引出天然气烧掉。钢管与小孔间必须用湿润的石棉布压紧。

（7）在封闭球孔时，为防止天然气爆炸，应先将处于地形低处的隔离球取出，并用石棉布盖住孔口，最好注入惰性气体后再进行焊接，以确保操作人员安全。

(二) 操作程序

（1）准备。

（2）放空。

(3) 开隔离球孔。
(4) 放置隔离球。
(5) 空气置换。
(6) 交换管段。
(7) 封闭隔离球孔。
(8) 擦伤、试压、防腐。
(9) 恢复生产。

(三) 考核时间

考试总时间 30min（其中阐述时间 10min，答辩时间 20min）。

(四) 配分、评分标准

1. 论文评分（40 分）

序号	考核内容	评分要素	评分标准	配分	扣分	得分
1	编写封面	封面格式	格式不清楚扣1分	1		
2	施工作业方案	方案编制背景及依据	背景、依据资料叙述不准确扣1分；没有叙述扣2分	2		
		施工作业主要内容及其工作量	无主要内容或工作量叙述扣3分；叙述不清扣2分	3		
		施工作业时间安排	没有前期准备工作或不详细扣2分；没有时间及进度安排或不详细扣3分	4		
		具体操作步骤	根据提供的设计方案内容，每缺少一个步骤扣2分；每缺少一个关键步骤扣5分	5		
		组织及人员安排	缺少人员安排或安排不详细扣2分；缺少后勤组织安排或不详细扣2分	5		
		施工作业技术规范和要求	缺少一项规范或技术要求扣2分	5		
		安全应急预案	没有应急预案扣8分；没有叙述紧急情况处理扣2分；没有叙述人员逃生扣2分；没有叙述安全通道扣2分；没有安全操作要求扣2分	5		
3	附件	其他及附件	有特殊要求而没有叙述的扣1分；没有罗列附件的扣1分	8		
4	其他	卷面整洁情况、超时扣分		2		
			合计	40		
备注			考评员签字			
			考核时间	年 月 日		

2. 论文答辩（60分）

编号	问题	回答记录	答辩评分	备注
合计				

备注：答辩评分分为优(54~60分)、良(48~54分)、中(42~48分)、合格(36~42分)、不合格(低于36分)

考评员：　　　　记录员：　　　　年　月　日

十一、编制井站大修改造实施方案（答辩）

（一）操作步骤

（1）封面（应包括标题、编制人、审核人及编制日期等）。

（2）井站大修改造实施方案编制背景及依据。

（3）大修改造内容及其工作量。

（4）时间安排（包括前期准备、实施计划及进度安排）。

（5）具体操作步骤（包括停产、改造、恢复生产等方面）。

（6）组织及人员安排（包括现场人员组织安排、后勤物资组织安排等内容）。

（7）大修改造技术规范和要求。

（8）安全预案（包括紧急情况处理预案、大修改造现场安全操作要求、人员撤离的安全通道说明）。

（9）其他（包括大修改造中特殊要求等方面的内容，若无，可省去）。

（10）附件（包括相应的图件等方面的内容）。

（二）考核时间

（1）提前15min进入考场。

（2）考核额定时间30min（其中方案阐述时间10min，方案答辩时间20min）。

（三）配分、评分标准

1. 论文评分（40分）

序号	考核内容	评分要素	评分标准	配分	扣分	得分
1	编写封面	封面格式	格式不清楚扣1分	1		
2	方案编写	方案编制背景及依据	背景、依据资料叙述不准确扣1分；没有叙述扣2分	2		
		大修改造主要内容及其工作量	无主要内容或工作量叙述扣4分；叙述不清扣2分	4		
		大修改造时间安排	没有前期准备工作或不详细扣2分；没有时间及进度安排或不详细扣3分	5		

续表

序号	考核内容	评分要素	评分标准	配分	扣分	得分
2	方案编写	具体操作步骤	根据提供的设计方案的内容,每缺少一个步骤扣2分;每缺少一个关键步骤扣3分	8		
		组织及人员安排	缺少人员安排或安排不详细扣2分;缺少后勤组织安排或不详细扣2分	4		
		大修改造技术规范和要求	缺少一项规范或技术要求扣2分	4		
		安全应急预案	没有应急预案扣8分;没有叙述紧急情况处理扣2分;没有叙述人员逃生扣2分;没有叙述安全通道扣2分;没有安全操作要求扣2分	8		
3	附件	其他及附件	有特殊要求而没有叙述的扣1分;没有罗列附件的扣1分	2		
4	其他	卷面整洁情况、超时扣分		2		
备注			合计	40		
			考评员签字			
			考核时间		年　月　日	

2. 论文答辩（60分）

编号	问题	回答记录	答辩评分	备注
		合计		

备注:答辩评分分为优(54~60分)、良(48~54分)、中(42~48分)、合格(36~42分)、不合格(低于36分)

考评员：　　　　　　记录员：　　　　　　年　月　日

十二、编制新井投产方案（答辩）

(一) 操作步骤

(1) 封面（应包括标题、编制人、审核人及编制日期等）。

(2) 新井投产方案编制依据。

(3) 新井基本情况及相关基本数据。

(4) 新井投产主要工作量。

(5) 新井投产安排（包括投产前准备工作、实施计划及时间安排）。

(6) 组织及人员安排（包括现场人员组织安排、后勤物资组织安排等内容）。

(7) 井站设备及相关管线空气置换及吹扫。

(8) 井站设备及相关管线、阀门等的试压验漏。

(9) 开井并按照配产试生产。

(10) 新井投产技术要求。

(11) 安全预案（包括紧急情况处理预案、新井投产现场安全操作要求、人员撤离的安全通道说明）。

(12) 附件（包括相应的图件等方面的内容）。

(二) 考核时间

(1) 提前 15min 进入考场。

(2) 考核额定时间 30min（其中方案阐述时间 10min，方案答辩时间 20min）。

(三) 配分、评分标准

1. 论文评分（40 分）

序号	考核内容	评分要素	评分标准	配分	扣分	得分
1	编写封面	封面格式	格式不清楚扣 1 分	1		
2	方案编写	方案编制依据	依据资料叙述不准确扣 1 分；没有叙述扣 2 分	2		
		方案编制基本情况及相关基本数据、主要工作量	无基本情况及相关基本数据叙述扣 4 分；主要工作量叙述不清扣 2 分	6		
		新井投产安排	没有前期准备工作或不详细扣 2 分；没有时间及进度安排或不详细扣 3 分	5		
		组织及人员安排	缺少人员安排或安排不详细扣 2 分；缺少后勤组织安排或不详细扣 2 分	6		
		设备及相关管线置换、验漏	缺少一项扣 2 分	4		
		新井试配产及新井技术要求	缺少一项要求扣 2 分	4		
		安全应急预案	没有应急预案扣 8 分；没有叙述紧急情况处理扣 2 分；没有叙述人员逃生扣 2 分；没有叙述安全通道扣 2 分；没有安全操作要求扣 2 分	8		
3	附件	其他及附件	有特殊要求而没有叙述的扣 1 分；没有罗列附件的扣 1 分	2		
4	其他	卷面整洁情况、超时扣分		2		
			合计	40		
备注			考评员签字			
			考核时间	年 月 日		

2. 论文答辩（60分）

编号	问题	回答记录	答辩评分	备注
		合计		

备注：答辩评分分为优(54~60分)、良(48~54分)、中(42~48分)、合格(36~42分)、不合格（低于36分）

考评员：　　　　　记录员：　　　　年　月　日

十三、安全教育培训

（一）操作程序

1. 目的和范围

为保证生产和建设任务完成，避免或减少伤亡事故、财产损失，贯彻安全生产方针政策和法令，认真遵守企业有关安全生产的规章制度，保证实现安全生产。

适用于从事天然气生产的员工（包括新工人、实习生、代培人员、新调入人员、合同工、临时工、外来施工人员、参加生产劳动的待业人员、家属工等）。

2. 职责

基层劳资教育部门负责组织工作，技安部门负责进行安全教育培训。

3. 安全教育内容

1）日常安全教育

（1）基层单位每月组织一次安全学习，总结本月安全工作、布置下月安全工作。

（2）井站班组每周开展一次安全活动，并作好记录。

2）学习内容

（1）学习国家安全生产方针政策和法令、上级安全文件、有关安全生产规章制度。

（2）学习安全常识、安全生产责任制、事故预案等，提高岗位人员安全技能。

（3）学习安全、消防器材的使用方法，掌握工艺设备操作规程，提高业务水平。

（4）分析事故案例、生产中的异常现象及处理方法，从中吸取教训。

（5）作好事故预案的演练。

3）对新工人的安全教育主要内容

（1）基层单位入厂教育：

① 宣传安全生产方针政策和法令、上级指示决定。

② 介绍本气矿生产任务、性质、特点，安全规章制度，气矿内外典型经验和事故教训。

③ 劳动纪律、安全生产制度及注意事项。

④ 安全生产组织形式及负责人。

⑤ 劳动安全保护。

⑥ 防火、防爆、防毒。

(2) 井站班组教育：

① 介绍井站生产工艺设备的特点、危险区域及安全标志和防护知识。

② 从事的生产工作性质、岗位责任。

③ 防火、防爆、防中毒、防洪、防冻、防腐蚀、防泄漏等基本常识。

④ 介绍本班组的机器、工艺设备、工具的性能、特点，安全装置、防护设施的性能、作用和维护方法。

⑤ 保持工作场地、工艺设备整洁，正确排放污水，杜绝或减少污染事故的发生。

⑥ 个人劳动保护用品的正确使用和保管方法。

⑦ 预防事故的措施及发生事故后应采取的应急措施与报告方式，安全生产的经验教训。

4）特殊工种教育

(1) 凡从事车辆驾驶、电气、铲车、焊接、放射性等特殊作业人员，必须进行体检，进行安全技术培训，并经理论和实际考试合格，领取"安全操作证"后方能独立操作。

(2) 特殊作业工种人员每隔一定时期须经人事、技安部门考核复试，不合格者吊销"安全操作证"，直至考试合格方能上岗。

(3) 转工教育：

① 更换新工种及采用新工艺、新技术、新设备的工人，工作单位的领导和技安员或技术员应对其进行操作规程、生产特点、设备性能及注意事项的培训教育。

② 教育执行人应将教育内容、时间、姓名、工种和考核成绩等作出详细记录，由单位领导或技安员转交技安办填入"教育卡片"备查。

(4) 复工教育：

① 受伤职工，所属单位领导或技安员必须对其进行复工教育，并做好记录。

② 凡脱离本岗位半年以上的职工，复工前由所属工作单位的领导负责进安全操作规程、有关制度和注意事项的教育，并做好记录。

4. 安全教育培训组织计划

(1) 基层工会主席负责组织安全教育培训工作，人事部门负责培训计划拟订、召集工作，生产技安部负责具体培训工作。

(2) 基层生产单位行政正职领导负责组织领导安全教育培训工作及培训经费落实工作，技安员负责培训计划拟订、召集、具体培训工作。

(3) 保证专业培训学时。

① 基层行政领导专业培训不得少于20h。

② 技术干部、技安员每年受专业技安教育时间不得少于60h。

③ 采气工、输气工、增压工、调度工、打水工、巡逻工、阴极防腐工每年劳动保护教育培训不少于40h。

④ 焊工、电工、仪表工等特殊工种每两年专业培训不得少于1次（20d）。

（二）考核时间

(1) 提前15min进入考场。

(2) 考核额定时间60min。

(3) 每超过时限 1min，从总分中扣 1 分，超过时限 10min 停止考核。

（三）配分、评分标准

序号	考核内容	评分要素	评分标准	配分	扣分	得分
1	准备工作	文件、记录	缺一件扣 2 分	5		
2	培训目的范围	目的、范围	缺一项扣 5 分	10		
3	职责	职责明确	不明确扣 10 分	10		
4	安全教育培训	日常安全教育、安全学习内容、新工人的安全教育、特殊工种教育、转工教育、复工教育	缺一项扣 5 分	60		
5	教育培训组织计划	职务、工种、学时	缺一项扣 5 分	15		
备注			合计	100		
			考核员签字			
			考核时间	年　月　日		

十四、安全检查管理

（一）操作程序

1. 安全检查内容

（1）查思想：查对安全生产的认识是否正确；查安全责任心是否强；查对忽视安全生产的思想是否敢于斗争。

（2）查制度：查安全生产制度的建立和健全情况，是否有违章作业情况；查安全生产制度的执行情况，有无违章作业现象。

（3）查纪律：查岗位上劳动纪律的执行情况，有无擅离岗位现象。

（4）查领导：领导是否把安全生产摆在议事日程；对安全生产有功人员是否做到及时表扬和奖励；对忽视安全生产造成事故的责任者是否严肃处理；生产与安全是否做到"五同时"。

（5）查隐患：是否做到了文明、安全生产；每台设备是否都有安全装置，场站是否有不安全因素；压力容器管道壁厚减薄是否满足工作压力要求，设备是否有跑、冒、潮、滴、漏等。

2. 安全检查标准

（1）认真贯彻执行国家安全生产方针、政策、法令和上级的批示文件；建立健全各种安全管理制度、岗位安全生产责任制和安全操作技术规程，并严格执行。

（2）建立安全机构（安全领导小组），按时召开会议，研究解决生产过程中的重大问题，安全承包人到点检查率达 10%（每月一次），发现隐患督促整改。

（3）安全设备、安全器材完好；对安全设备、器材进行定期保养维护；生产场所安全警示、警语标志完好。

(4) 易燃易爆场所电气设备、电线、管线符合防火、防爆、防雷要求。

(5) 生产现场标准化，无违章指挥、违章作业，遵守劳动纪律。

(6) 上岗操作人员能正确穿戴劳保用品，使用消防器具。

(7) 岗位人员应经过技术和安全知识培训，并经考试合格，特殊人员应持证上岗，外来施工队伍应进行安全技术交底并持准入证进入施工现场。

(8) 定期开展安全教育、安全法规学习、事故预案应急演练，岗位人员具有一定安全知识和处理突发事故的能力。

(9) 定期开展安全检查，基层单位每月一次，班组每周一次，安全检查有领导、技安人员、技术员参加。发现问题及时处理，对不能立即整改的安全隐患应落实预防措施，明确整改期限，对无力整改的安全隐患应及时上报整改，并做好上报记录。

(10) 生产（停用）设备的安全防护装置齐全有效，灵活可靠，有定期检查维护记录，生产设备做到"三清、四无、五不漏"，生产环境清洁卫生规范化。

(11) 建立安全台账，并认真填写，按时上报安全月报表。

(12) 发生事故按规定统计上报，及时召开事故分析会，严格按"三不放过"原则处理事故，20d内上报对责任者的处理意见。

3. 对查出隐患的处理办法

(1) 每次安全大检查，带队人员应如实填写"安全生产检查情况表"，对查出的隐患必须认真研究，填写存档、上报。

(2) 对查出的安全隐患情况进行分类，一类为井站班组整改隐患；二类为基层单位整改隐患；三类为上级主管部门整改隐患。

(3) 对井站班组能自行整改的安全隐患，安全领导小组必须发送"安全整改通知书"督促整改，井站班组应按时将整改情况上报安全领导小组存档。

(4) 对二类、三类隐患交基层单位主管领导批示处理。

(5) 技安员、检查人员、指挥人员查出有危及生产、生命、财产安全的重大隐患，有权责令停产、停业或限期整改。

(6) 隐患整改实行"谁检查、谁验收"的原则。

4. 管理内容

(1) 周末碰头会上总结本周安全工作，部署下周安全生产工作，对存在的安全隐患提出整改意见，发放隐患整改通知书。

(2) 每月召开一次安委会，学习安全文件，总结本月安全生产工作，部署下月安全生产工作，向安委会提交遗留安全隐患、事故分析报告。

(3) 开展安全生产竞赛活动，每月生产会上表彰先进，处理违章、事故。每月进行一次安全大检查，严格执行奖惩考核制度。

(4) 组织职工学习本岗位安全技术操作规程和设备保养规程，达到"四懂三会"，即：懂设备性能、懂设备作用、懂设备的一般结构原理、懂设备事故的预防和处理；会使用、会维护、会保养。

(5) 组织职工学习各项安全管理规定和各类事故典型案例，检查事故隐患，纠正非标准化动作和习惯性错误操作。

（6）组织职工修改安全生产制度，促使员工自觉执行规定规范。

（7）学习新工艺、新技术，不断提高领导干部、员工的业务素质，加强新工人、大中专（技校）毕业生、外来人员入厂安全教育培训工作，做好各项培训、活动记录。

（8）定期召开安委会，及时调整安委会成员，公布领导对要害生产部位检查情况。

5. 安全生产管理考核

按照安全生产管理考核规定进行考核。

（二）考核时间

（1）提前15min进入考场。

（2）考核额定时间60min。

（3）每超过时限1min，从总分中扣1分，超过时限10min停止考核。

（三）配分、评分标准

序号	考核内容	评分要素	评分标准	配分	扣分	得分
1	准备工作	安全检查文件、记录、标准	缺一件扣1分	5		
2	安全检查内容	查思想、查制度、查纪律、查领导、查隐患	缺一项扣4分	10		
3	安全检查标准	建立制度、机构；设备、器材保养维护；生产场所安全，建立警示、警语标志；防火、防爆、防雷要求；生产现场标准化，无违章指挥、违章作业，劳动纪律；劳保用品，消防器具；安全教育、培训、考试，持证上岗，安全交底；安全台账，报表；定期开展安全检查；事故分析、处理	缺一项扣5分	30		
4	管理内容	周末碰头会，月安委会；安全生产竞赛活动；员工岗位业务、技术学习；员工安全管理制度学习；新工外来人员学习培训；领导要害生产部位检查	缺一项扣10分	25		
5	对隐患处理	隐患研究分析、填写存档、上报；隐患分类整改；重大隐患处理；隐患整改原则	缺一项扣5分	25		
6	安全生产考核	按照安全生产管理考核规定进行考核（只要求做此项工作，不作具体考核）	不进行考核扣5分	5		
备注			合计	100		
			考核员签字			
			考核时间		年 月 日	

参 考 文 献

[1] 钟孚勋. 气藏工程 [M]. 北京：石油工业出版社，2001.
[2] 张良鹤. 天然气集输工程 [M]. 北京：石油工业出版社，2001.
[3] 杨川东. 采气工程 [M]. 北京：石油工业出版社，2001.
[4] 林存瑛. 天然气矿场集输 [M]. 北京：石油工业出版社，1997.
[5] 王志昌. 输气管道工程 [M]. 北京：石油工业出版社，1997.
[6] 中国石油天然气总公司劳资局. 采气工 [M]. 北京：石油工业出版社，1996.
[7] 金大鹰. 机械制图 [M]. 5版. 北京：机械工业出版社，2000.
[8] 中国石油天然气集团公司人事劳资部. 采气工 [M]. 北京：石油工业出版社，2000.
[9] Williams R I. 油气工业监控与数据采集（SCADA）系统 [M]. 石油规划设计总院，译. 北京：石油工业出版社，1995.